城市河湖

生态治理与环境设计

孙景亮 主编

中国水利水电出版社
www.waterpub.com.cn

城市河湖生态修复，是近几年来在我国水利工程行业一项跨界且涉及部门与专业较为广泛的项目工作，也是我院近些年来从事的一项重要专业技术工作内容。《城市河湖生态治理与环境设计》这本书，就是组织我院承担完成这 12 项工程项目任务的技术人员，与中国水利水电出版社水文化出版分社的编辑人员总结、编写和工程现场拍摄完成的。

有人说："人类走向病毒失控的'后抗生素时代'，寻找病源是必要的。"但更重要的是对我们的世界观、价值观和开发治理模式的反思。在过去我们生存方式的哪些方面对自然环境是不够负责任的？人类到底应该如何与自然和谐相处？我们的工程实践和技术的应用，在某个时期所反映出的水平，也都像是我们一个旅途的驿站，一个发展过程的轨迹，一个真实记录写照。并不就是一个供人模仿的工程标杆，或者一个完美的设计范例。

人类为自身生存所进行的活动到底应该是以人为本还是以生态为本？我认为：在一个特定的历史阶段，任何一件事情都要受到当时社会、经济、技术的制约，唯人和唯生态论都有问题，偏向哪一方都欠妥当。每一个项目的最终实施，都是项目当时所处社会、经济与技术等因素博弈的最终结果，而不是某些设计人员的理想产物。在近期城市河湖整治中有一个使用频率很高的词汇"生态治理"，很多的工程项目从概念设计到工程设计，言必称生态，尤其堤岸设计和滨水带的环境景观设计，其外部工程形态和内在的建材材质，与生态的理念有所结合，就称其为"生态治理"了。其实，生态程度是一个相对的概念，是一个比较级，而非绝对值。

生态不仅是指柔性护坡和简单的透水材料的应用，例如绿植草皮、植草沟等。生态是指种子、基因、群落、食物链等，从微生物、微循环到大的水循环、生物群落系统。所以，生态的问题并不是一个简单的单项技术和材料问题，是一种理念、认识，是一种生活、生产方式，是一种对待自然和工程的态度。我们要从很多层面，从土壤、阳光、水分，管理、技术、产业、政策、法律等诸多方面看待和解决城市的河湖生态问题。

绿色生态思想实质上是表现出我们如何对待自然界的一种立场、一种观点、一种态度和一种品格，亦即一种如何对待自然的道德伦理观。一言以蔽之，某个工程的生态治理不外乎是一种尊重自然、顺应自然、适应社会和经济的治理方式的定格，都只是反映了我们一个真实的认知过程，并不是一个固定了的、绝对正确与否的东西。

　　反过来，我们看过去的生态治理，虽然相对于短缺经济时代已经是一种很大的进步了，但是，我认为生态治理到目前来说还是一个认识过程，一个工程实践的过程。以人为本的理念，仅仅是把人的利益和要求作为考虑问题的出发点，在设计和开发的全过程中，始终想到和强调的是人。如果各种技术的发展或生活品质的提升，也都采用以人为本的思考模式，而忽视了其他因素互为作用的关系，使得工程设计被处理得就过于生硬和牵强，就很难与整个大的区域的人文和自然环境相协调，甚至还会损害了大的环境，破坏了大的生态平衡。纯生态的东西其实在工程界根本就不存在，只要是存在兴建工程和开发活动，就已经是干扰原生态了。只能是局限在当时的认识水平和社会、经济、技术限制条件下，尽量生态化考虑且达成工程参于各方认识上的一致而已。所以不要对某件事情脱离其历史背景进行放大和无端指责，我们所做的只能是忠实地记录和总结。

　　当人类赖以生存的环境遭到了破坏，最终遭到惩罚的首先是人类自己。人类社会在技术高度发展、物质极大丰富、人的欲望得到充分满足的同时，也面临比过去一切时代都更为严峻的资源危机及生态危机，甚至人类自身的生存都受到大自然无情的惩罚。21世纪，全球生态系统面临的最大的问题莫过于环境极度恶化，自然灾害不断。面对这新的一波全球环境性灾难问题，仅以"人"为中心，只考虑"与人类相关"的生态环境的传统生态学，也就是"浅层生态学"，将会逐渐地被取代，以"自然万物"为主的新的深层生态理念，即"深层生态学"(Deep Ecology) 正在酝酿成为未来的主流生态观。"深层生态学"认为，万物各有其本身"内在的"联系和价值，物种的多样性才能形成世界的丰富、和谐与完美。

维持自然界生态系统的平衡是人类得以生存和发展的必备前提。在整个自然生态体系中，人类只是其庞大家族中的一员，对整个生态链条的任一环节的破坏，都将最终导致整个生态系统的崩溃，从而也给人类自身带来毁灭性打击。所以，人类应该善待自然、与自然万物和谐相处，最终达到"天人合一"的完美生态境界。今天人类的生存环境越来越成为人们关注的重点，深层生态学的思想、天人合一的理念必将对人类的工程理念和环境理念，产生更加深远的影响。

《城市河湖生态治理与环境设计》这本书是近年来我们从事城市河湖生态治理实践活动的忠实记录，它已经把当时的认识水平和技术能力以及建设材料作为工程轨迹留在了华北大地之上。时光荏苒，一些工程已经建设运用十余年，收到了良好的社会、环境、经济效益。但是，现在看来，在设计理念、工程技术和建筑用材各个方面都与当下的实际情况有了较大差别。如果拿到今天来再做这件事情，可能就是另一种光景了。因为世界上任何事物都是不断地在发展变化之中，新旧交替，前事为后事之师。愿这本书作为一个时代的工程痕迹定格留存下来，并为广大的业内工程专业技术人员和大中专学生学习参考，这是我们倾力打造并奉献给大家的一份真诚的礼物。

主编简介

孙景亮，汉族，中共党员，教授级高级工程师，河北省"工程设计大师"，河北省省委和省政府管理"优秀专家"，全国水利系统"劳动模范"，天津市"五一劳动奖章"获得者。1956年2月出生于河北省沧州市孟村回族自治县；1978年7月毕业于华北水利水电学院水工系农田水利工程专业，大学本科学历；2007年12月三峡大学水利工程专业研究生毕业获工程硕士学位。国家注册土木工程师（水利水电工程）、咨询工程师（投资）、水利监理工程师、总监理工程师；国际职业经理人、高级项目管理师、特级企业管理师。现任河北省水利水电勘测设计研究院院长、党委副书记。

从事水利水电工程规划、勘测、设计工作30余年，主持完成了《河北省位山引黄入冀工程初步设计》《河北省平原河道建闸蓄水规划》《南水北调东线河北省补充规划》《南水北调中线总干渠京石段应急供水工程初步设计》《南水北调河北省配套工程规划》《河北省承德市双峰寺水库工程初步设计》等多项省部级重点工程项目；获得部级科技进步二等奖2项、省级科技进步三等奖2项；全国优秀水利水电工程勘测设计金质奖1项、银质奖2项、铜质奖1项；省级优秀勘察设计一、二等奖8项；省级优秀工程咨询成果"一等奖"9项；公开发表专业学术论文40余篇，其中5篇在核心期刊发表，出版《孙景亮水利文集》专著1部、合著出版专著2部；参与编制省、部级技术标准、规范、规程5部。在担任宽城满族自治县科技副县长期间，1995、1996年两度获国家振华科技扶贫奖励基金服务奖。

获得2012年度全国勘察设计行业优秀院长、2013年中国设计行业优秀院长、2013年中国水利行业50位优秀院长、2014年度河北省工程勘察设计行业优秀院长、2014年中国建筑勘察设计杰出贡献企业家、2014年中国工程设计优秀企业家（院长）、2015年全国工程设计行业杰出贡献企业家、2015年全国诚信经营企业家等多项荣誉称号。

前言

唐山环城水系工程 ················ 001

南水北调中线京石段应急供水工程（石家庄至北拒马河段） ········· 049

目录

桑干河生态河湖工程·················159

大羊坊沟生态治理与环境设计·········179

滏阳河衡水市区段
河道综合整治工程 ················ 249

唐山环城水系工程

TANGSHAN
HUANCHENG SHUIXI GONGCHENG

编制人员：李　英　宋宝生　杨　铎　姚晨光　经兰铭
　　　　　孙　浩　范庆贤　刘俊婷　姜彤宇　刘大鹏
　　　　　刘力鹏　孙晓真　陈宝清　孙长庆　张　薇

导言
DAOYAN ....●

　　唐山市环城水系工程是由陡河、李各庄河、西北排水渠（又称凤凰河）、青龙河、凤凰湖、南湖组成的河河相连及河湖相通的大小不一的水循环体系。唐山环城水系规划设计坚持"生态、自然、环保"的理念，按照"水通、船通、路通、景通、林带通"的要求，统筹防洪排涝、生态景观、地城文化、休闲游览、产业聚集等功能，构筑城河相依、水绿交融、人水和谐，独具魅力的滨水生态景观，建成了蓄水面积达 16.5km^2 的"城在水中，水绕城流"的北方水城。整个水系全长 57km，新建和改建桥梁 56 座，建设橡胶坝、钢坝、滚水坝等蓄水建筑物 16 座，滨河道路 15km，新建和完善绿地 350 万 m^2，并根据区域特性布置了 12 个景观节点，在景观设计上凸显了人性化，做到一桥一景，一坝一景，形成了功能齐全、景色怡人的水、路、桥、坝、驳岸、绿地完整水系。

　　唐山环城水系，从河底的清淤，到河道的拓宽，从两岸污水的整治，到河坝的加固，从两岸景点的规划布局建设，到两岸的拆迁绿化，水系两岸发生翻天覆地的巨大变迁。环城水系是唐山城市建设史上

治理前的陡河

治理后的陡河

唐山环城水系工程

的一项大工程，是唐山城市转型、建设生态城市的又一典型范例，是造福唐山市民的又一幸福工程。该工程于 2009 年 3 月 18 日开工建设，2010 年 4 月 30 日正式通航，通航河道长度达 38.8km。环城水系的建设如血脉般滋养着 12 个城市节点和滨河景观，将沿河 100km² 区域的城市空间，打造成城水相依、山环水抱的宜居美景，改善了市区人居环境，提升了城市品位，将一条集观光旅游、休闲度假于一体的文化景观带和特色服务产业经济带展现在世人面前。

环城水系蜿蜒唐山市区，如蓝丝带般将市内各大公园串接。这条蓝丝带，就像人体的动脉，滋养着周边的大地生态，更孕育着意气风发的精神。

河流孕育了城市，孕育了人类文明。河水奔流不息，娓娓诉说着城市与文明的故事。陡河封存着久远唐山城的蓝色记忆；环城水系缔造着未来唐山城的蓝色神话。

凤凰湖图

1 工程基本情况

GONGCHENG
JIBEN
QINGKUANG..............................●

1.1 工程概况

　　唐山城区现有陡河、青龙河两条主要河道，陡河、青龙河分别位于城区东、西部，独立成系互不连通。唐山环城水系工程将青龙河、陡河及南湖相连，形成陡河、青龙河防洪排涝综合整治工程脉络，打造了环绕中心城区长约57km的环城水系。整个水系蓄水面积16.5km²，滨水区域120 km²，总蓄水量1948万m³。构筑起"城在水中""水清、岸绿、景美、人水和谐"的滨水生态景观，实现"让河流走进城市，让城市拥抱河流"宏观美景。

　　该项工程包括新建西北排水渠、凤凰湖工程，陡河、青龙河、李各庄河生态水环境治理工程、景观补水管线工程和滨河景观道路建设。其中新建西北排水渠长12.5km，景观水坝9座，倒虹吸18座；新建凤凰湖水面面积9.6万m²；陡河河道治理长度为26km，新建挡水建筑物6座（船闸钢坝3座、船闸橡胶坝3座）；青龙河治理长度5km，新建橡胶坝3座；景观补水工程包括泵站一座和15km的输水管线；滨河道路15km。项目总投资57亿元。

1.2 环境分析

1.2.1 唐山历史和文化

　　唐山历史悠久，早在4万年前就有人类劳作生息。因唐太宗曾两次东征屯兵于现在市区中部的大城山，山赐唐姓，唐山因此而得名；大城山下的成鲜水（今天的陡河）遂名唐溪。随着清代晚期"洋务运动"的兴起，清光绪三年（1877年）在唐山设开平矿务局，引进西方先进技术，办矿挖煤 1878年唐山建乔屯镇，1889年改名唐山镇，1938年正式建市。在中国近现代工业发展中唐山市占有重要地位，是中国近代工业发祥地之一。唐山市诞生过中国的五个第一：中国第一座现代化煤井；第一条标准轨距铁路；第一台蒸汽机车；第一袋机制水泥；第一件卫生陶

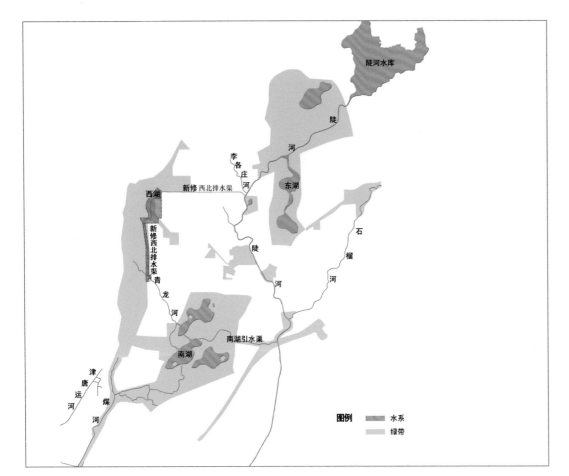

水系图

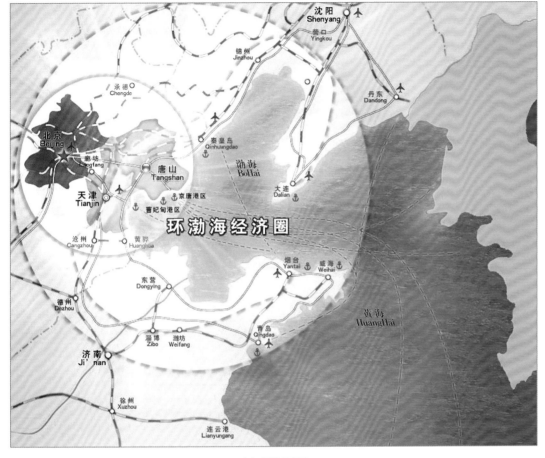

地理位置图

瓷。唐山市被誉为"中国近代工业的摇篮"和"中国北方瓷都"。

唐山文化底蕴丰厚，人杰地灵。"不食周粟""老马识途"，戚继光"改斗"等典故都发生在这里。唐山是中国评剧的发源地，评剧、皮影、乐亭大鼓被誉为"冀东三枝花"，在国内外有着广泛的影响。

1.2.2 地理位置

唐山地理位置优越，位于渤海湾冀东沿海地区，南临渤海，北依燕山，东与秦皇岛市隔滦河相望，西以蓟运河为界与天津市为邻，为京东之重镇，首都之屏障，唐山与北京、天津构成鼎足之势，是连接华北、东北两大地区的咽喉要地和走廊。

隔海与朝鲜、韩国、日本相望，成为东北亚区域经济的重要组成部分。

1.2.3 水文分析

流经唐山市区的河流主要有七条：中心区有陡河、青龙河、李各庄河和龙王庙河；新区有还乡河；古冶区有沙河和石榴河。

陡河是唐山市区东部纵穿开平区、路北区、路南区的一条较大支流，属季节性河流。其上游分为东西两支。东支为管河，发源于迁安县东蛇探峪村，河长 30.4km，集水面积 286km^2。西支为泉水河，发源于丰润县上水路村东北马蹄泉，河长 45km，集水面积 244km^2。两河在双桥村附近汇合，以下始称陡河，陡河穿过唐山市区，向南经侯边庄入丰南境内，与涧河注入渤海。全长 121.5km，流域面积 1340km^2。陡河水库位于唐山市河北桥东北 11km 处双桥乡冶里村北的陡河上，控制流域面积 530km^2，多年平均自产径流量 6670 万 m^3。陡河水库到市区段区间面积 170km^2，多年平均径流量 1275 万 m^3。

通过陡河水库的调控和错峰作用，与区间叠加后陡河 100 年一遇标准的设计流量为 200～600m^3/s。陡河唐山市区段设计洪峰流量 500～600 m^3/s，市区上游 200～500m^3/s。

青龙河、李各庄河和龙王庙河均为陡河支流，且是唐山市中心区的排污、排沥河道，流域面积分别为 52.8km²、48.8km² 和 15.1km²。

1.2.4 工程地质

工程区地处渤海沿岸的蓟滦冲积洪积平原及垄岗区，地势中部高，四周低，地面高程 9.96 ~ 27.89m，地形起伏较大。

陡河段地面高程 9.96 ~ 27.89m，设计河底高程 5.81 ~ 18.29m，河底坐落于第②、③、④工程地质单元壤土、细砂层上，河道开挖深度 4.67 ~ 7.51m，应注意边坡稳定问题。建议临时开挖边坡坡比：壤土 1:2、细砂 1:2.5。河底及边坡出露为第②、③、④工程地质单元壤土、细砂层，其渗透系数建议值分别为 3.8×10^{-5}cm/s、2.2×10^{-5}cm/s、4.0×10^{-3}cm/s，壤土层具弱透水性，细砂层具中等透水性，建议采取必要的防渗措施。

西北排水渠段地面高程 17.36 ~ 28.85m，设计河底高程 14.00 ~ 23.00m，河底坐落于第②、③、④、⑤工程地质单元壤土、粉砂层上，基坑开挖深度 2.94 ~ 5.90m，应注意边坡稳定问题。建议临时开挖边坡坡比：壤土 1:1.5、粉砂 1:2。河底及边坡出露为第②、③、④、⑤工程地质单元壤土、粉砂层，其渗透系数建议值分别为 3.8×10^{-5}cm/s、2.0×10^{-2}cm/s，壤土层具微透水性，粉砂层具中等透水性，建议采取必要的防渗措施。

1.2.5 存在问题

（1）防洪标准偏低。陡河上游段（陡河水库至河北桥）基本没有进行过整治，防洪缺口较大，河道防洪标准为 5 年一遇，远低于 100 年一遇的防洪标准。陡河市区段虽进行了整治，但在桥梁、橡胶板等卡口部位洪水位与地面相差较小，河道超高不足，防洪标准低于设计标准。青龙河河道现状大部分地段没有进行过治理，防洪标准偏低。

治理前的李各庄河

随着唐山市西北部凤凰新城的建设，城市排水标准偏低，远不能满足雨季排涝。遇大暴雨时，局部地面积水 1m 以上。

（2）水质污染严重、水环境恶劣。陡河、青龙河均为季节性河流，河岸沿线存在污水乱排、垃圾乱倒现象，环境污染严重。

（3）城市水缺乏，水资源未形成系统，且未能得到合理利用。

（4）城市滨水空间未能得到充分开发和利用。

（5）陡河两岸发展不平衡。

2 总体规划与布局

ZONGTI

GUIHUA YU

BUJU............................●

2.1 设计原则与目标

2.1.1 设计原则

1 功能性原则

陡河、青龙河均为天然行洪河道，河道综合整治首先应满足其防洪排涝功能要求。

2 尊重自然

遵循河道的天然走势及现状河槽宽度。

3 生态原则

保护为主，生态优先，保护和利用相辅相成。

4 经济性原则

以生态与自然作为景观基调，减少运行期的管理及养护成本。

5 地方性原则

挖掘文化底蕴，体现地方特色。

2.1.2 设计目标

坚持生态、自然、环保的理念，统筹防洪排涝、生态景观、地域文化、休闲游览等功能。在提高河道整体防洪能力及标准的同时，恢复河流生态系统，完善河道

游憩功能，营造城市滨河景观，带动两岸经济发展。

2.2 规划与布局

2.2.1 功能定位

根据不同的区域特点突出各自的功能特色，规划将其分为八个区段进行定位。

1 陡河上游段——郊野自然生态区

陡河水库至屈庄铁路桥段，长8.43km，周边主要是农田和林地，该区段定位为郊野自然生态区。规划设计以原生态景观为主，创造一种由自然渐渐过渡到城市的田园景观，为久居城市的人们提供一片可以亲近大自然、享受大自然的城郊乐园。

2 陡河入城区段——城市形象展示区

屈庄铁路桥至河北桥段，长2.57km，该段为上游郊野段与中游城区段的过渡段。

3 陡河中游段——工业文化生活区

河北桥至胜利桥段，全长10.10Km，现状两岸主要为居住及工业用地。

4 陡河下游段——湿地生态恢复区

胜利桥至南湖连接渠段，全长5km，两岸基本为农田和村庄。

5 南湖——湿地修复景观区

6 青龙河段——城市休闲生活区

青龙河治理段为站前路至南湖段，长5.00km，两侧用地紧张，主要为居住区。

7 西北排水渠西段——滨河大道景观区

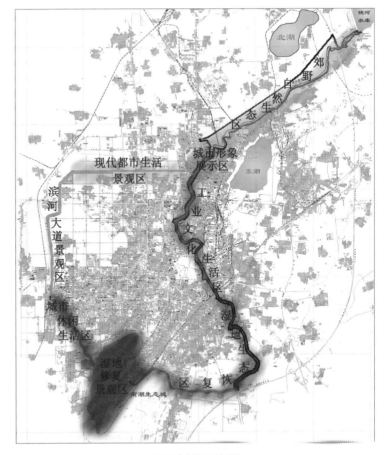

区位划分示意图

凤凰湖至火车站段，为凤凰新城区，定位为滨河大道景观区及城市形象展示区。规划设计致力于诠释凤凰新城的鲜明个性。

8 西北排水渠北段——现代都市生活景观区

凤凰湖至李各庄河段，规划设计以"谱写一曲现代都市的生活乐章"为主题。

2.2.2 总体布局

根据唐山市总体规划和功能定位进行布局。

陡河水库至河北桥段，以生态防护、水源涵养为基本功能，兼顾休闲旅游的生态公园，也将是一条通向市区的重要景观走廊。在此基础上，打造一个基于现状肌理，自然、纯净的郊野公园，使其成为一条绵延 10km 的健康水岸。沿河道两侧布置散步路，中间点缀少量的休息和游憩空间。河道南侧用地较窄，部分临近公路，此外大片居民区对河道生态系统的恢复存在一定隐患。设计将在水系南侧建立河道防护林，作为水体的安全屏障。同时通过栈道、特色观景台的设置达到一定的连接性与亲水性。

陡河中游段（河北桥至胜利桥段），依据河道两侧绿地现状和城市用地性质，本段河道规划共分四段、若干个重要节点。全段以陡河百年历程的"工业文化"

为主题，以史为序，从北向南，由历史走向现代再延伸到自然。四段主题分别为：第一段弯道山公园段，从河北桥至长宁桥，以体现唐山"北方陶都"的陶瓷文化为主题；第二段城市生活段，从长宁桥至建华桥，以体现唐山近代工业文化为主题；第三段大城山公园段，以体现唐山现代工业文化遗产的后工业文化为主题；第四段都市生活段，从建华桥至新华桥，以体现唐山城市发展的唐城文化为主题。节点分别是：长宁桥至建华桥城市生活段的"石涅锈园"，大城山公园段的"双塔影秀"节点和"文明新辉"节点，新华桥至南新东道桥都市生活段的"饮水思源"节点。

陡河下游段（胜利桥至南湖连接渠），依据河道两侧绿地现状和城市用地性质，本段河道以体现当代社会主流的生态文化为主题，旨在将"陡河城区段的现代景观延伸到自然和生态中"，因此可称为"生态恢复段"。在位于南新东道桥污水处理厂西侧，根据河道设计，布置了一个观景岛。其余段落则以宽阔的河滩地为主要景

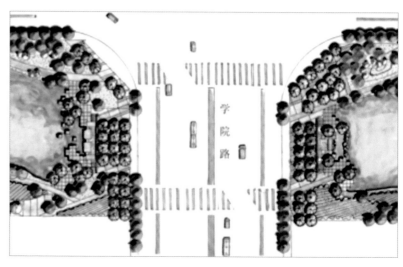

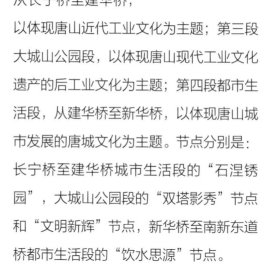

西北排水渠节点效果图

观载体，再现乡土生态的自然风貌。

西北排水渠河茵路至学院路段用地局促，北侧主要为工业园区，南侧主要为教育科研用地，预留绿地较窄。借鉴音乐中的"起、承、转、合"，布置科技之光和创新广场两个节点。"科技之光"节点位于建设路处，创新广场位于学院路处。

凤凰湖位于整个水系的西北角，为重要的城市公共空间，拥有大面积水景，是水上娱乐项目开展的主要地段。河道岸线曲折有致，节点中设计了几何形小山体所组成的灵璧石花园，集合大面积的花境，以及花境中高大的观景平台，为岸上活动提供多样的场地空间和丰富的空间体验，体现出"凤凰来仪"主题文化下海纳百川、有容乃大的寓意。

西北排水渠西段（凤凰湖至站前路），

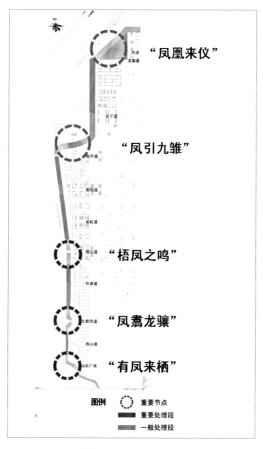

西北排水渠西线节点布置图

为凤凰新城区，以"凤凰"为主题，依据滨河空间两侧城市用地性质和环境景观共设五个节点，疏密有致地串联起整条滨水空间。五个节点从南向北分别为"有凤来栖""凤翥龙骧""梧凤之鸣""凤引九雏""凤凰来仪"。"有凤来栖"节点位于火车站前广场处，以欢迎游客造访、停留和欣赏，节点内部以多样化的亲水空间、尺度宜人的绿地和大型水景吸引游人讲驻休憩。"凤翥龙骧"节点是"奋发有为"之意，位于有唐山西大门之称北新

西道处，从满足城市入口的标志性和形象性出发，规划设计了眼睛湖和以龙为寓意的一组建筑。"梧凤之鸣"节点位于中部的翔云道，该处河道通过竖向变化的台地空间为新城市民创造了一个休闲、娱乐的多功能新滨水广场，展示唐山皮影、大鼓等民间艺术文化。"凤引九雏"节点位于裕华道北侧。河道在此西转北上，是整个新修水系中少有的新开挖的有弯度水系。景观设计中借鉴自然河流的弯道、驳岸与水流交叉渗透的形态，由已趋于柔和的曲线条，逐渐过渡和放大到西湖段的公园，喻为"凤引九雏"。

青龙河段根据功能定位，以青龙河为景观走廊，规划设计了休闲会所、商业街、城市广场、大型购物中心、休闲度假酒店等区域配套服务，在有限的滨水空间里营造丰富多彩的城市居民活动场所，让滨河空间成为城市公共客厅，形成自然生态的现代都市公共休闲空间。

2.2.3 工程总布置

唐山环城水系工程治理河道总长57km，包括陡河、青龙河、李各庄河防洪排涝综合整治，新建西北排水渠和凤凰湖、景观补水工程和滨河景观大道。

陡河为天然河道，位于唐山市区东部，治理河段起始陡河水库，终至南湖连接渠，河段全长约26km。根据防洪规

划，结合景观设计要求，治理河段划分为陡河水库至河北桥河段、河北桥至胜利桥河段和胜利桥至南湖连接渠河段。陡河水库至河北桥河段长约11km，上游与陡河水库放水洞尾渠衔接，下游接市区行洪河道。该段陡河枯水期较长，断流明显，沿河绝大部分裸露土质驳岸，坡度较大。为满足景观蓄水，河段内规划新建后屯桥和北外环桥2座船闸橡胶坝，坝址分别位于4+000和8+800；拆除重建桥梁5座。该段河道底宽为45～60m，景观蓄水深0.5～2.8m。河北桥至胜利桥河段长约10km，拆除河道现有挡水建筑物，新建3座船闸钢坝和1座船闸橡胶坝；河道现有桥梁18座，拆除重建1座，维修改建2座，装饰15座。该段河道底宽约为60m，景观蓄水深1.4～3.1m。胜利桥至南湖连接渠河段长约5km，上游与市区行洪河道衔接，下游接南湖连接渠。河道底宽约为60m，景观蓄水深2.0～4.0m。

西北排水渠位于唐山市西北部，为新开挖河道，连接李各庄河和青龙河，以解决唐山市西北部的排水问题。根据排水的需要，确定西北排水渠的走向。西北排水渠起点在龙华道东进入李各庄河交口，一直沿龙华道向西至光明道，称西北排水渠北线；西线沿站前路东侧向南，入青龙河。

线路总长 12.5km。在北线末端和西线起点扩挖凤凰湖。整个河段布置滚水坝 9 座，橡胶坝 2 座，倒虹吸 18 座，桥梁 8 座，景观栈桥及观景平台若干。

青龙河位于唐山市西南部，为天然行洪河道，本次治理范围为西北排水渠交叉点至唐胥路段，长 4.7km，新建人行桥 6 座，橡胶坝 3 座。

李各庄河为陡河支流，上游河段已经治理完成，仅剩李各庄闸下游与陡河连接段挡墙存在缺口。

2.2.4 用水量分析

1 需水量计算

根据各段河道景观水位、水面宽度，计算蓄水量，考虑蒸发渗漏损失计算整个水系需水量（见下表）。考虑到本地区水资源量的缺乏，按每年补水一次设计。

2 可供水量

（1）滦河供水。潘家口水库分配给唐山市水量为 4.4 亿 m^3，其中供唐山市区工业及生活用水量 3.0 亿 m^3（不含陡河下游农业用水），剩余 1.4 亿 m^3 的水量为滦河下游灌区农业用水。目前唐山市用水量包括农业不足 3 亿 m^3，2004 年引滦河用水量为 1.23 亿 m^3，2007 年调水 1.3 亿 m^3。曹妃甸近期用水 0.8 亿 m^3，远期用水 1.8 亿 m^3，唐山市滦河分水指标远期基本用完，近期还有 0.9 亿 m^3 没有用完。

（2）雨洪水资源量。陡河水库—唐山市区区间流域面积 170km^2，根据河北省水利厅 2004 年编制的《河北省水资源评价》，该地区多年平均降水量 620mm，多年平均径流深 75mm，区间多年平均径流量 1275 万 m^3。

根据市区范围，50% 年市区雨水总量 2600 万 m^3，市区段雨水经过管网进行集中处理，增加了雨水资源，当地水资源量主要进入环城水系，50% 年估算有 1000 万 m^3。这部分水量主要集中在汛期。

（3）陡河水库。陡河水库以上控制流域面积 530km^2，多年平均自产径流量 6670 万 m^3。另外，引滦水也进入陡河水库，再供唐山地区使用。

（4）市区中水。全市共建成西郊、东郊、北郊等七座污水处理厂，经过处理后，水质指标介于人体非直接性接触和人体非全身性接触之间。基本达到景观用水标准。

污水处理厂处理后的水大部分退入附近河道，经统计，进入陡河水量为 4673 万 m^3。进青龙河水量为 2555 万 m^3。

综上，中水可利用量 7228 万 m^3，陡

环城水系需水量成果表

项目	长度 /km	面积 /km^2	损失量 / 万 m^3			蓄水量 / 万 m^3	补水量 / 万 m^3 补 1 次水	补充流动水量 / 万 m^3
			蒸发量	渗漏量	蒸发渗漏			
陡河	26	2.2	121	69.4	190.4	468	658	
西北排水渠	12.3	0.5	30.0	16.3	46.3	136	183	
李各庄河	0.3	0.01	2	1	3	6	9	
青龙河	6.0	0.2	10.5	5.9	16.4	26	42	
南湖		8.5	468	268	736	1000	1736	864（按 200 天 0.5m^3/s 计算）
陡河至南湖连接渠	6.4	0.21	11.6	6.6	18.2	37	55	
东湖		1.09	59.9	34.4	94.3	199	293	
陡河至东湖连接渠	2.6	0.08	4.4	2.5	6.9	16	23	
凤凰湖		0.2	11	6.3	17.3	60	77	
合计	53.7	13	718	410	1128	1948	3076	864

河自产水量 1154 万 m³，当地雨水 1000 万 m³，过路水向丰南农业用水 7837 万 m³，滦河水资源量分唐山指标没有用完。

整个水系总蓄水量 1948 万 m³，蒸发渗漏 1128 万 m³；如每年按补水一次考虑，需补水量为 3076 万 m³；如果考虑每年两次补水，需要水量 5024 万 m³。考虑流动水量 864 万 m³ 情况下，需水量在 1992 万 ~ 5888 万 m³ 之间，小于可供水量，环城水系水源可以保证。

3 供水安排

应优先考虑采用污水处理厂处理后的中水和雨水，现状排入陡河、青龙河的年中水水量 7228 万 m³，当地雨水 1000 万 m³，该水量可满足唐山市环城水系用水。

新开河、陡河上游通过从陡河引水，利用陡河自产水，或从滦河引水解决，需要水量 779.3 万 ~ 2199.3 万 m³，从水库上游引水指标 3000 万 m³。可以满足环城水系用水。

在特殊情况下，可考虑用滦河调水，近期利用唐山未用完指标；远期滦河水量指标给曹妃甸，但唐山市工业用水由地下水改用地表水，可以先蓄进环城水系，再供工业供水。

流动水可以利用中水排放陡河、青龙河直接解决，也可利用丰南过陡河农业用水，新开河向两边跌水水面流动采用由陡河引水到新开河高地蓄水向两边分水形成。

总之，以中水、雨水为主，水库上游争取 3000 万 m³。唐山市环城水系水资源量是有保障的。

3 河道设计
HEDAO
SHEJI ·····························●

3.1 设计标准

根据 2002 年编制的《防洪规划》，陡河防洪标准为 100 年一遇，青龙河和李各庄河为陡河的支流，且为排涝河道，因此这两条河的防洪标准均定为 50 年一遇。

西北排水渠、西湖承担城市西北部排涝任务，标准为 20 年一遇。

3.2 陡河

陡河是一条天然河道，治理原则首先遵循天然走势及现状河槽宽度，并结合岸边生态景观蓄水工程要求进行河槽清淤、扩挖和复堤。其次结合两岸城市建设规划，对局部河段堤线进行调整，对破损及两岸侵占河滩地较为严重的堤段重新规划堤线并进行复堤，对现有堤防原则上不进行大幅度的加高，以保持两岸视觉通透。

3.2.1 竖向设计

竖向设计依据现状地形条件，以"在满足防洪要求的前提下尽量少挖方，不填方"为原则，并考虑与上、下游河道衔接综合确定。本次河道设计纵坡仍采用现状纵坡，自陡河水库至河北桥段河道纵坡为 1/1200，河北桥以下至南湖引渠河段 1/2200 左右。

3.2.2 横断面设计

横断面设计综合考虑了河道行洪、防冲、蓄水及抗浮等结构要求，横断面的选取主要是在现状断面条件下结合景观设计要求确定。

1 上游段

该段现状为梯形断面，自然土质驳岸，根据分区定位，该段为郊野自然生态区，横断面设计仍维持现状断面形式和原河道自然驳岸型式。对于原堤坡坡度较大堤段，采取放缓堤坡方法，将横坡比例降低至 1:3 以下，结合多变的微地形，扩大浅滩湿地，形成洪水滞留区。河道底宽为 45 ~ 60m，深水河槽用于景观蓄水，深

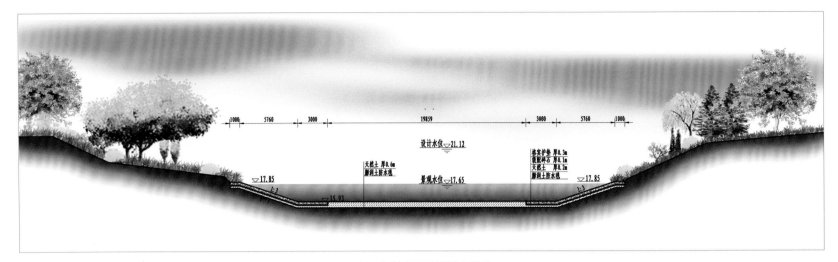

陡河上游段河道横断面图

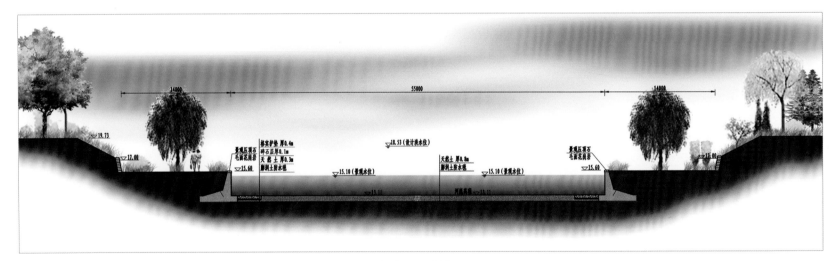

陡河中游段河道横断面图

水河槽两侧布置亲水平台，平台宽度一般为3m；平台以上自然缓坡到顶，并进行绿化，堤顶宽8m。

2 中游段

该段河道设计为矩形复式断面，设一、二级挡墙进行防护。一级挡墙位于主河槽内，采用钢筋混凝土挡墙结构。河底均采用0.4m厚格宾护垫进行防护，

河底防渗采用钠基膨润土防水毯。二级挡墙位于河道两岸，河北桥至唐山热电公司段（桩号11+000~16+100）和钢厂桥至胜利桥段（桩号19+000~21+500），二级挡墙设计为舒布洛克自嵌式挡墙；唐山热电公司至电厂桥段（桩号16+100~16+800），左岸二级挡墙为植物生态袋结构，右岸为生态混

凝土护坡；电厂桥至利民桥段（桩号16+800~17+600），由于受到两侧占地限制，仍保持原河道护岸结构不变，只做表面装饰；利民桥至钢厂桥段（桩号17+600~19+000），左岸二级挡墙为人工置石结构，右岸为格宾石笼防护。一、二级挡墙之间为8~15m宽的亲水平台，二级挡墙外侧为带状景观公园。

施工完的生态袋护坡

植物生长后的生态袋护坡

3 下游段

在满足防洪要求的前提下，根据河道工程设计，除少部分驳岸为垂直混凝土墙以外，本段河道驳岸在设计水位以下部分均为斜坡式的自然驳岸。

3.2.3 驳岸设计

陡河现状驳岸完全以水利防洪功能为主导，形式单调生硬而缺少活力。现状驳岸改造是本次规划设计的重要改造目标，设计采用生态型驳岸。

在满足防洪要求的前提下，驳岸改造遵循如下原则。

（1）充分结合现状改造设计，体现滨水景观亲水空间的可观性与可达性。

（2）斜坡驳岸改为直驳岸以增强亲水性。

（3）丰富并降低洪水位以上空间，且以软化处理。

（4）亲水活动平台接近设计水位，平台处种植水生植物。

（5）河道中冲刷的驳岸纯硬化处理。

改现状斜坡驳岸为多级直驳岸，以增强亲水性和减少水位变化带来的视觉差异。

充分利用设计水位线以上2～4m的竖向空间，让滨河路、亲水平台、绿地、驳岸立体化组织。将单一的巡河路改造为立体化滨水活动场地；增加二级滨水路及亲水平台，并种植灌木、水生植物软化硬

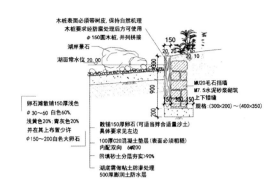

山石景观二级驳岸

木桩驳岸

山石景观二级驳岸

质驳岸。

景观水位以下采用钢筋混凝土直墙进行防护，墙顶高程按景观要求高出景观水面0.5m。局部河段根据景观要求设浅水嬉戏区，浅水区水深0.5~1.0m，浅水区墙顶至景观水位以上0.5m水位变化区，采用植物生态袋或防护部分特殊地段，如火电厂北侧及新华闸下游部分垂直驳岸仅作表面景观装饰，大城山东段的近竖直驳岸，大量增加山石景观以呼应对岸之山景。

陡河下游局部段和湖心观景岛，为体现原生态采用木桩驳岸。木桩采用长1.2m，直径15cm的带树皮松木桩，经防腐处理后并列拼接插入土中0.9m，外露0.3m。木桩背后以M7.5水泥砂浆上下错缝砌筑MU20毛石挡墙。墙高1.0m，宽0.3m，埋入设计水位以下1.0m，并掩埋于绿地斜坡内。木桩迎水面外设置2m宽卵石滩。

3.2.4 防渗设计

根据工程地质勘探成果，河底及边坡出露的地质单元壤土层和地质单元细砂层上，其渗透系数建议值分别为3.8×10^{-5}cm/s、2.2×10^{-5}cm/s、4.0×10^{-3}cm/s，属弱透水和中等透水，透水性偏大，为满足景观蓄水要求，需对景观水位以下河道采取防渗措施。防渗采用生态环保的新型防渗材料——钠基膨润土防水毯。

3.2.5 防冲设计

陡河水库至河北桥段位于唐山市区北郊，近期仅考虑对景观水位以下河道进行防护，防护措施采取在防渗层以上铺设30cm厚格宾护垫，格宾护垫以下设10cm级配碎石垫层；局部河段结合景观设计要求采用钢筋混凝土挡墙对两岸进行防护。景观水位以上河道考虑远期再实施防护。

河北桥至胜利桥段位于唐山市区，鉴于河道两岸防护对象的重要性，考虑对河道进行全断面防护。防护措施为：景观水位以下主河槽两侧采用钢筋混凝土挡墙进行防护，河底采取在防渗层以上铺设40cm厚格宾护垫，格宾护垫以下设10cm级配碎石垫层；景观水位以上亲水平台结合景观设计采取地面铺装或绿化等方式进行防护，两岸采取自嵌式挡墙进行防护。

胜利桥至南湖连接渠段位于唐山市区南郊，近期仅考虑对景观水位以下河道进行防护，防护措施为：河底考虑在防渗层以上铺设30cm厚格宾护垫，格宾护垫以下设10cm级配碎石垫层；两岸结合景观设计要求采用钢筋混凝土挡墙进行防护。景观水位以上河道考虑远期再实施防护。

3.2.6 自嵌式挡墙设计

自嵌式挡墙是在干垒挡土墙基础上开发的一种新型柔性结构，该结构是一种新型的拟重力式结构，它主要依靠自嵌块块体、回填土通过土工格栅连接构成的复合体来抵抗动、静荷载，达到稳定的目的。

1 自嵌式挡土墙的特点

（1）柔性结构，安全可靠。块体可以自由移动或调整相互位置，来释放或消减荷载；对小规模基础沉陷或遇到短暂的非常荷载组合（如地震、车载、高地下水位等）时具有相当高的适应

自嵌式挡土墙

自嵌式挡土墙全景图

能力。

（2）对地基承载力的要求低，基础开挖量一般比其他型式的挡墙少并无须特别处理。

（3）施工方便。块体之间干垒，无需砂浆砌筑；挡土块独特的后缘结构和锚固棒孔可确保每块位置准确，整个墙体齐整。

（4）耐久性强。

（5）经济适用。自嵌式挡墙的基础尺寸较小，基础材料用量较小，墙身材料用量也较小，因此可节省材料用量；自嵌式挡墙一次成型无须任何表面处理或装修；施工进度比任何形式的挡墙高，可以节省大量的人工费用；高强的耐久性具有比较高的使用寿命，后期无须维护，这样

长期经济效应比其他形式的挡墙要好；自嵌式挡墙容易拆卸并可以重复利用。

（6）生态友好。可种植水生植物，充分发挥植物的修复作用；特有的鱼巢设计，形成一个植物、鱼和各种生物共存的空间；解决植物营养来源问题；特有的"渗透性"构造发挥了生态护岸的作用；起到净化水质、抑制藻类生长的作用。

（7）形式多样，造型美观。

2 自嵌式挡土墙构造

自嵌式挡土墙是在填土及在填土中间隔地布置具有一定抗拉强度的拉筋与直接干垒的自嵌式挡土块三部分组成。填料以砂、砾石、碎石、建筑垃圾等非黏性土为佳。拉筋材料以复合土工合成材料的土工格栅为主，分层水平布置。自嵌式挡土块一般

工厂化生产的混凝土预制品，目前有曲面型、直面型和植生型等。自嵌式挡土块的作用是防止拉筋间填土从侧向被挤出，并保持结构物具有一定的几何形状，增加结构物的外观美。自嵌式挡土墙一端是用锚固棒将土工格栅与自嵌式挡土块相连接，土工格栅一端埋在自嵌式挡土块后压实的填土中，土工格栅与填土间的摩擦力形成

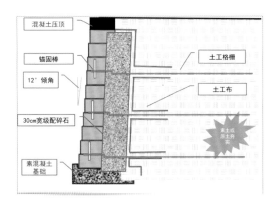

自嵌式挡土墙构造

相当大的抗拉应力，将全部填土连接成整体，并能抵抗土压力、水压力以及由动荷载和地震产生的动力。第一层自嵌式挡土块设置在混凝土基础上，混凝土基础呈"L"形，能有效防止自嵌式挡土墙的水平移动，从自嵌式挡土块长方形孔前端向回填土 50cm 之内填充级配碎石，级配碎石作为反滤层，除能提高块与块之间摩擦力外及时应对水位骤降及水流变化。填土均匀铺在碎石层后面，压实后水平铺设土工格栅，用锚固棒连接块体与土工格栅。土工格栅上的填土层厚最大 30cm，墙后 1.5m 范围内不得使用大型设备进行碾压。自嵌式挡土块本身是刚性的，但墙面体系是干垒的柔性的，故墙体可根据设计和景观要求布置成曲线形。

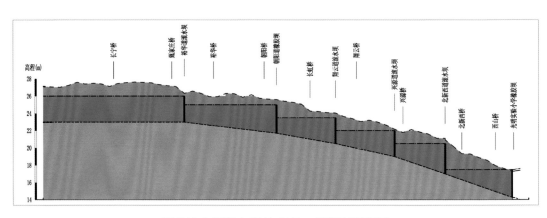

西北排水渠竖向设计方案一纵断面示意图

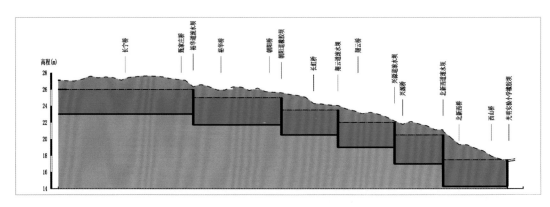

西北排水渠竖向设计方案二纵断面示意图

3.3 西北排水渠

3.3.1 竖向设计

西北排水渠为新开挖河道。西北部地势较高，西部凤凰湖向东至河茵路和向南至站前路高差均为 10m。为解决 10m 落差，保证各区段的水景效果，北线（凤凰湖向东至河茵路）设计挡水建筑物 4 座，西线（凤凰湖向南至站前路）设计挡水建筑物 6 座。河底纵坡可选以下两种方案：①整个河底设自然纵坡；②相邻两挡水建

筑物之间河底采用平坡，高差集中在建筑物处解决。

方案一土方开挖量较小，河底的坡度有利于缓解河道的淤积问题，但因为河底有坡度，所以相邻水坝之间水体深度就不一样，挡水坝的布置和高度需要满足坝下最小景观水深要求，造成坝前水深较大，坝后水深较小。方案二可以保证水坝之间的水体深度均一，但由于没有坡度，河道容易淤积，开挖土方量较大，坝体高度加大，增加了水坝的工程量。综合考虑经济

性及运用维护方便，选择方案一。

根据地形地势，结合建筑物水头分配成果，分段确定渠道纵坡，北线河道桩号 5+500 ~ 0+000 段（光明桥至李各庄河）总长 5.5km，2+900 ~ 0+000 段纵坡为 0.6‰ ~ 4‰，2+900 ~ 5+500 段纵坡为 0。西线河道桩号 5+500 ~ 12+500 段（光明桥至光明实验小学橡胶坝）总长度为 7.0km，5+500 ~ 8+500 段纵坡为 0，8+500 ~ 12+500 段纵坡为 1.18‰ ~ 3.42‰。

河茵路至龙泽路段节点施工图

学院路至光明路段节点实景图

3.3.2 横断面设计

为配合景观布置，西北排水渠横断面设计形式多样：有矩形横断面、复式断面，及梯形断面。

（1）河茵路至龙泽路段。该段河道堤距为 65.0 ～ 45.0m。河道采用复式断面型式，两岸坡脚采用自嵌式挡墙护砌，高度护砌至景观水位以下 0.3~1.0m。在自嵌式挡墙顶至景观水位以上 0.5m 范围设防冲景观石，景观石外设 2.0m 宽滨水步道。步道以上迎水坡采用 1:2.5 植物护坡至堤顶。

（2）龙泽路至学院路段。河道开挖深度 2.9 ～ 5.9m，横断面布置为复式断面，景观蓄水深 1.3 ～ 3m，蓄水槽断面型式为矩形断面或近似矩形断面，两岸设置滨水步道，滨水步道宽度约 2m，高出景观水位 0.3~0.8m。亲水步道以上根据地形条件

限制，采取自然放坡后生物护坡或挡土墙型式与地面衔接。

（3）学院路至光明路段。该段河道占地相对比较开阔，河道边岸线设计为蜿蜒的曲线段，水面宽 40 ～ 150m，设计水深 3m。右岸为复式断面，下部为钢筋混凝土悬臂式挡土墙，墙顶淹没在景观水位以下 0.8m，景观水位以上 0.3m 设置滨水步道，滨水步道与挡墙顶之间采用 1:2.5 边坡衔接，采用植草砖种植水生植物防护，滨水步道以上二级边坡采用生物护坡；左岸采用自然放坡，种植水生植物，局部摆放景观石。

（4）龙富道至长宁道段。此段紧邻西湖段，河底为平底，深水区水深为 2.5m。左岸下部挡墙为钢筋混凝土悬臂挡墙，挡墙顶以上采用自然放坡，由河道向两岸坡比由陡到缓，宽度约为 8.0m，右岸由于紧邻滨河路，受征地限制，用地紧张为保证景观水面的宽度，故右岸设计为半重力式钢筋混凝土直立挡墙。挡墙顶部铺木栈道或园路，在河道和滨河路之间形成休闲的过渡空间。

（5）长宁道至裕华道段。该段河道左岸布置与龙富道至长宁道段基本相同，下部

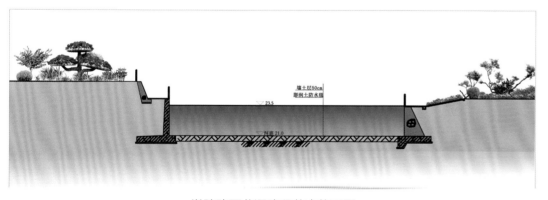

学院路至龙泽路段节点施工图

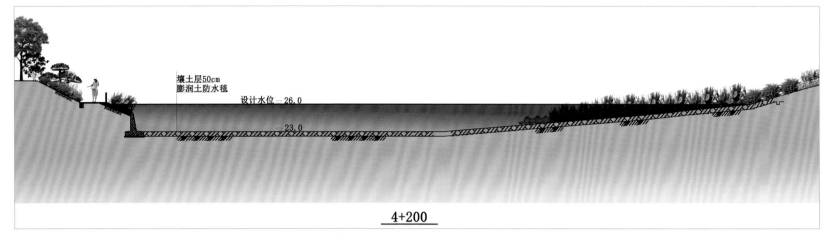

壤土层50cm
膨润土防水毯
设计水位—26.0
23.0

4+200

学院路至光明路段节点施工图

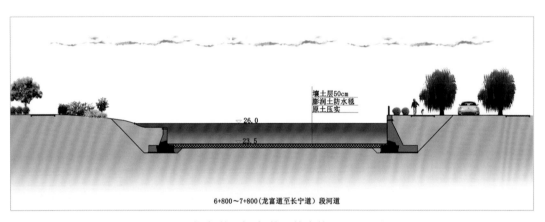

壤土层50cm
膨润土防水毯
原土压实
26.0
23.5

6+800～7+800(龙富道至长宁道)段河道

龙富道至长宁道段节点施工图

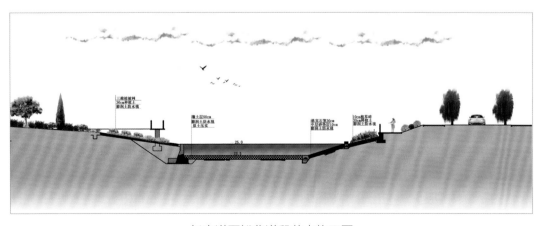

三维植被网
30cm种植土
膨润土防水毯

壤土层50cm
膨润土防水毯
原土压实

碎石层30cm
中粗砂垫层10cm
膨润土防水毯

10cm植草砖
壤土层50cm
膨润土防水毯

25.0

长宁道至裕华道段节点施工图

挡墙为钢筋混凝土悬臂挡墙，挡墙顶以上采用自然放坡。右岸左岸设计为1:4的自然坡，岸边种植水生植物，形成立体的绿色长廊。

（6）裕华道至翔云道段。此段河道右侧即为站前路，左岸设计为1:4的自然坡，岸边种植水生植物，形成立体的绿色长廊。走在对面的站前路可以欣赏左岸的绿色长廊。右岸均采用三级挡墙的型式，一、二级挡墙为水下结构采用钢筋混凝土结构，一级挡墙为半重力式挡墙，二级挡墙为悬臂式挡墙。三级挡墙远离水面且高度较低采用浆砌石结构，顶部采用大理石压顶。一级挡墙与二级挡墙之间为种植缓冲区，宽度3.0m，局部有亲水平台处宽度可达6.0m，形成局部浅水区，浅水区水深0.5m，即安全又可种植水生植物，达到亲近自然的景观效果。

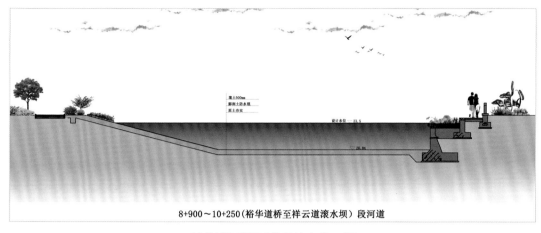

裕华道至翔云道段节点施工图

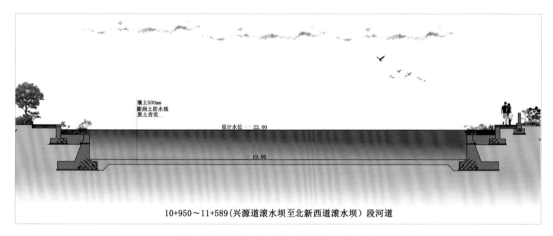

翔云道至光明实验小学段节点施工图

各种驳岸形式均以生态、景观为指导。北线驳岸形式主要为：自嵌式挡墙＋置石驳岸、草坡入水驳岸和景观硬质驳岸；西线驳岸形式主要为二级自然驳岸、生态型自然驳岸、亲水硬质驳岸和滨河步道与台地式驳岸四种。

（1）置石驳岸。河茵路至龙泽路段采用置石驳岸。

置石驳岸节点施工图

置石驳岸节点实景图

（7）翔云道至光明实验小学段。此段河道右侧也为站前路，两侧用地均较窄，为形成较宽的景观水面，两侧均设计为直立挡墙。右岸均采用三级挡墙的型式，一、二级挡墙为水下结构采用钢筋混凝土结构，一级挡墙为半重力式挡墙，二级挡墙为悬臂式挡墙。挡墙基础埋深不小于1.0m，底板厚0.6～0.8m。三级挡墙远离水面且高度较低采用浆砌石结构，顶部采用大理石压顶。为了丰富河道的景观层次，在一、二级挡墙之间设1.8～4.5m的水生植物种植区，水深0.5m，既缓冲了视觉效果，又能起到安全的作用。堤顶设置步行道，道宽3.0m，与站前路之间采用绿化带过渡。

3.3.3 驳岸设计

西北排水渠依据河道各段功能及岸畔绿地使用的不同，分别确定各段驳岸形式，

（2）草坡入水驳岸。该驳岸以夯实种植土直接与浅水区种植区衔接，浅水区以上护坡采用植草砖或三维土工网垫绿化防护。驳岸入水处随机布置若干水冲石。

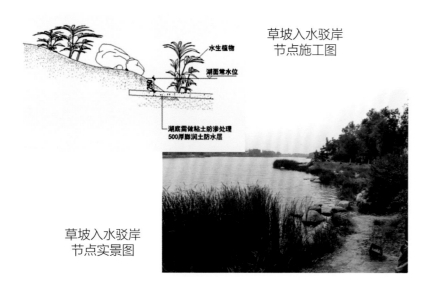

草坡入水驳岸
节点施工图

草坡入水驳岸
节点实景图

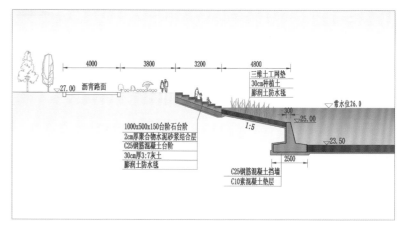

带台阶自然驳岸

（3）二级自然驳岸。西湖南至裕华道为水上娱乐项目行船段，布置为该类型驳岸。一级驳岸满足行船的功能，二级驳岸为弥补一级驳岸 3m 水深造成亲水性很差而设计为滩涂类空间，或是水景，或是种植湿生植物。

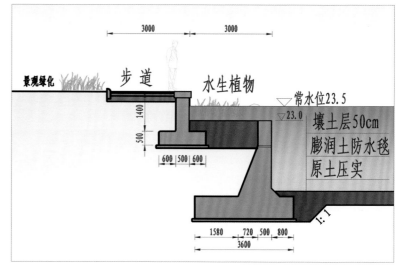

自然驳岸（一）

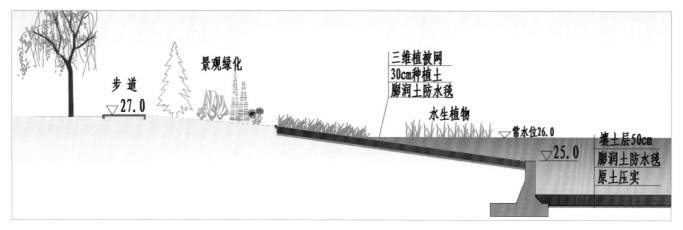

自然驳岸（二）

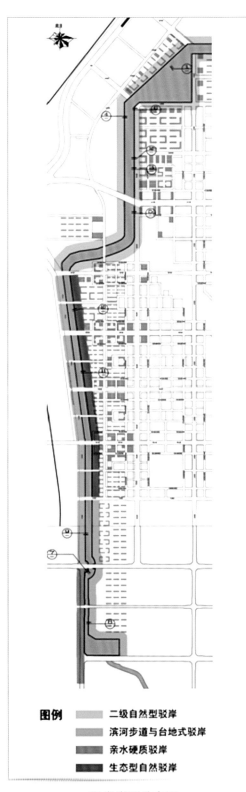

图例
二级自然型驳岸
滨河步道与台地式驳岸
亲水硬质驳岸
生态型自然驳岸

驳岸类型分布图

（4）生态型自然驳岸。生态自然驳岸以维护城市稳定的生态系统为目标，构建相对丰富的水生于湿生植物群落。

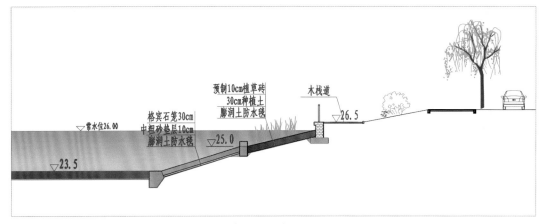

生态型自然驳岸

（5）滨河步道与台地式驳岸。该类型驳岸是在保证亲水平台高度一致的情况下，通过二级台地可变的高度来调整沿岸河道与城市路面间高差。裕华道南侧至兴源道北侧的河道布置为该类型驳岸。

3.3.4 防渗设计

河道全断面防渗，防渗采用钠基膨润土防水毯。

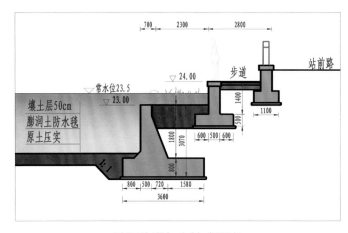

滨河步道与台地式驳岸

3.4 凤凰湖

凤凰湖公园位于唐山市西北处,属于西北排水渠西段和北端的连接部。凤凰湖公园是未来城市发展的门户,公园连接了城市中心区与周边新兴组团,是唐山新的公共中心规划中一片重要的公共绿地。

凤凰湖公园规划有:凤凰湖、休闲广场、水中栈道、花海绿地和儿童嬉戏区。西湖水面面积0.2km^2,设计水深3.0m,水面宽度50~200m。

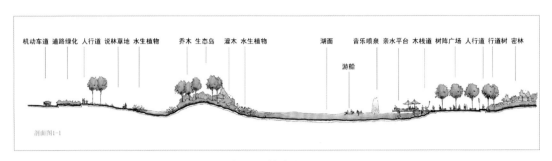

凤凰湖公园节点断面(一)

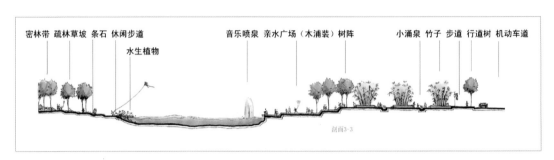

凤凰湖公园节点断面(二)

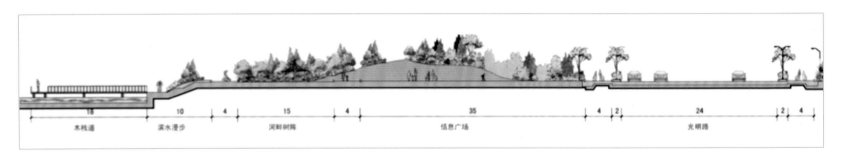

凤凰湖公园节点断面(三)

凤凰湖公园节点平面效果图

西湖实景照片

3.5 青龙河

青龙河为天然行洪河道，站前路至西电路段，长 2.0km，现状为梯形断面，混凝土预制块护坡。西电路段至唐胥路段，长 2.75km，河道整治基本完成，两岸为三级格宾石笼挡墙，河底纵坡为 0，设置 5 级跌

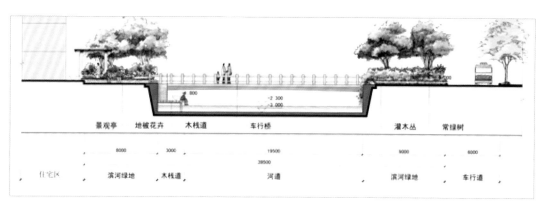

青龙河节点断面图

治理前的青龙河

治理后的青龙河

水，每级跌差 0.5m，没有蓄水建筑物，缺少景观水面，硬质驳岸裸漏，景观效果差。本工程对站前路至西电路段 河道进行整治，改造西电路段至唐胥路段驳岸，增加蓄水建筑物，形成景观水面，增加亲水设施和景观绿化。

河道纵坡基本维持现状纵坡。站前路至南新道段长 1.0km，两侧为居民区，用地较窄，为增加水面，横断面设计为矩形断面。南新道至西电路段设计为梯形复式断面，主河槽用于景观蓄水，景观水位以下采用格宾护垫护坡，景观水位以上 30cm 设

置滨水步道，滨水步道以上采用草皮生态护坡，边坡 1:2.0，两岸设带状公园。西电路至唐胥路段，将两岸第三级挡墙拆除改造为植物护坡，二级挡墙局部拆除或加高，墙顶高程高出景观水位 30cm，二级挡墙与三级挡墙之间平台进行铺装改为滨水步道，滨水步道外侧设大理石栏杆。

4 建筑物设计
JIANZHUWU
SHEJI ·····························●

环城水系建筑物设计强调功能性与景观性的统一，并将其与岸畔绿地、游憩设施和亲水空间一体化设计，成为水岸空间的延伸。规划设计原则为：对于有防洪要求的陡河、青龙河使用不影响行洪的橡胶坝和钢坝，新开河多考虑造型优美的滚水坝。

北外环船闸橡胶坝

首、下闸首长度均为 15.0m，闸室段长 18.0m，下游防护段长 21.0m。船闸单向冲水，分上下行双航道布置，航道净宽 5.0m。每孔均设置 1 扇"一"字形工作闸门，闸门开启采用液压启闭机启闭，一门一机布置，液压启闭机布置在两侧边墩内。工作闸门的操作方式为静水启闭，平压方式采用廊道充水。闸室输水廊道系统设置在闸首两侧边墩里，输水廊道采用 DN1000 钢管，廊道设置 1 扇 1.0m×1.0m 的平面钢闸门进行控制。

橡胶坝坝高 3.2m，坝长 20.87m，由上游防护段、橡胶坝段和下游防护段等组成。橡胶坝底板顺水流方向长 11.0m，左边墩采用重力式挡墙，右边墩与船闸边墩衔接，采用 L 型挡墙。坝袋采用充水式，锚固型式为螺栓压板式双线锚固，坝袋端部采用堵头式，内压比 1.40，坝袋型号 JBD3.2-220-2，胶布型号 J220220-2。

4.1 陡河

为满足景观蓄水及旅游通航要求，新建 6 座通航蓄水建筑物，各建筑物技术指标见下表。

4.1.1 船闸橡胶坝

1 后屯桥船闸橡胶坝

后屯桥船闸橡胶坝由橡胶坝和船闸组成，垂直水流方向总长 41.27m，其中船闸宽 20.4m，橡胶坝长 20.87m。船闸布置在河道右岸，橡胶坝布置在河道左岸．

船闸由上游防护段、上闸首、闸室、下闸首及下游防护段组成，顺水流方向总长 79.0m。其中上游防护段长 10.0m，上闸

2 北外环船闸橡胶坝

北外环河桥船闸橡胶坝由橡胶坝和船闸组成，垂直水流方向总长 58.8m，其中船闸宽 20.4m，橡胶坝长 38.4m。船闸布置在河道右岸，橡胶坝布置在河道左岸。船闸单向冲水，分上、下行双航道布置，航

蓄水建筑物技术指标表

建筑物名称	坝高/m	坝长/m	底板高程/m	上游蓄水位/m	下游蓄水位/m
后屯桥船闸橡胶坝	3.20	20.87	16.14	19.14	17.65
北外环船闸橡胶坝	2.80	38.40	14.70	17.65	16.20
河茵桥船闸钢坝	2.80	53.40	13.40	16.20	15.10
建华桥船闸橡胶坝	3.10	54.70	12.00	15.10	13.19
华新桥船闸钢坝	3.20	49.30	9.99	13.19	11.70
胜利桥船闸钢坝	3.20	49.30	8.50	11.70	10.20

道净宽 5.0m。橡胶坝坝高 2.8m，坝长 38.40m，底板顺水流方向长 10.0m。

3 建华桥船闸橡胶坝

建华桥船闸橡胶坝位于建华桥上游约 130m 处，由橡胶坝和船闸组成，垂直水流方向总长 75.10m，其中船闸宽 20.4m，橡胶坝长 54.7m。船闸布置在河道右岸，橡胶坝布置在河道左岸。船闸单向冲水，分上、下行双航道布置，航道净宽 5.0m。橡胶坝坝高 3.1m，坝长 54.7m，底板顺水流方向长 10.0m。

建华桥船闸橡胶坝（一）

建华桥船闸橡胶坝（二）

河茵桥船闸钢坝

4.1.2 船闸钢坝

1 河茵桥船闸钢坝

河茵桥船闸钢坝位于陡河市区段河茵桥下游桩号 12+400 处,建筑物主要由船闸、钢坝、上下游连接段挡墙等部分组成,钢坝位于河道左岸,船闸位于河道右岸。河茵桥船闸钢坝上游设计水位 16.20m,下游设计水位 15.10m。

船闸单向冲水,分上下行双航道布置,航道净宽 5.0m。

河茵桥钢坝总宽 53.40m,总长度 43m,顺水流方向依次由铺盖、钢坝底板、消力池和护坦等部分组成。钢坝底板是由左启闭机室、钢坝段、右启闭机室三部分组成的整体结构。钢坝底板采用钢筋混凝土结构,前段厚 2.30m,后段厚 1.20m,底板长度 8.60m,钢坝底板宽 45.0m。底板是钢坝闸门的安

装载体,主要预埋件均位于底板中部和左右启闭机室内部。钢坝主轴要求基础为避免不均匀沉降宜采用桩基。钢坝闸门主要由活动部分(也称门叶)、埋固部分和启闭机械三部分组成。钢坝底轴直径 1.2m,通过 7 个支铰与底板连接,两端深入启闭机室与启闭机连接。闸门与两侧启闭机室边墙通过止水柔性连接。

2 华新桥船闸钢坝

华新桥船闸钢坝位于华新桥上游,由船闸和钢坝组成。船闸单向冲水,分上下行双航道布置,航道净宽 5.0m。钢坝总宽 49.30m,总长度 43m,上游设计水位 13.19m,下游设计水位 11.70m。钢坝闸门宽度 40m,闸门挡水高度 3.2m,钢坝底轴直径 0.95m,通过 6 个支铰与底板连接。

3 胜利桥船闸钢坝

胜利桥船闸钢坝位于华新桥上游，由船闸和钢坝组成。船闸单向冲水，分上下行双航道布置，航道净宽 5.0m。钢坝总宽 49.30m，总长度 43m，上游设计水位 11.70m，下游设计水位 .10.20m。钢坝闸门宽度 40m，闸门挡水高度 3.2m。

4.1.3 桥梁设计

陡河现有桥梁 23 座，陡河水库至河北桥段现有桥梁 5 座，桥梁主体结构严重损坏，已成为危桥，因此均拆除重建。河北桥至胜利桥段现有桥梁 18 座，自来水厂桥已不能满足城市交通的需要拆除重建；河北桥交通量大，考虑行人、行车安全性，拓宽两侧桥梁增加人行道；其余桥梁仅进行外观造型装修，以与周边景观节点协调，见右表。

桥梁规划整体布局是以"凤凰展翅"的形态，并汲取自然界中各种艺术造型为创意构思，与环城水系的主题功能区融会贯通为一体，根据不同的功能区采用不同的设计理念和设计风格。

4.1.4 管理用房设计

管理用房为 6 座通航蓄水建筑物设备及管理用房。管理用房外观造型设计与建筑物所在周边环境及景观节点相适应。各建筑物管理用房技术指标见右表。

拆除重建桥梁一览表

序号	桥梁名称	跨径 /m	桥宽 /m	结构形式
1	后屯桥	25+25+25	16.6	简支变连续梁桥
2	后陡河 1 号桥	25+25+25	16.6	简支变连续梁桥
3	前陡河桥	25+25+25	20.6	简支变连续梁桥
4	马家沟桥	25+25+25	16.6	简支变连续梁桥
5	前屈庄桥	25+25+25	16.6	简支变连续梁桥

管理用房指标表

	后屯桥橡胶坝管理房	北外环桥橡胶坝管理房	河茵桥船闸钢坝管理房	建华桥橡胶坝管理房	华新桥船闸钢坝管理房	胜利桥船闸钢坝管理房
建筑面积 /m²	183.49	191.01	255.72	174.08	131.36	191.10
占地面积 /m²	281.44	469.12	362.53	214.16	232.11	301.90
建筑高度 /m	6.55	6.15	7.35	7.30	13.95	9.12
结构形式	钢筋混凝土	钢筋混凝土	钢筋混凝土	钢筋混凝土	钢筋混凝土	框架结构
建筑等级	二级	二级	二级	二级	二级	二级
建筑耐火等级	二级	二级	二级	二级	二级	二级
合理使用年限 / 年	50	50	50	50	50	50
建筑层数	一层	一层	一层	一层	一层	一层
抗震设防烈度	八度	八度	八度	八度	八度	八度
屋面防水等级	Ⅲ级	Ⅲ级	Ⅲ级	Ⅲ级	Ⅲ级	Ⅲ级

北外环船闸钢坝管理房

建华桥船闸钢坝管理房

河茵桥橡胶坝管理房

华新桥船闸钢坝管理房

4.1.5 码头设计

　　游船码头布置在交通比较方便的位置。游船码头由售票室、管理室、储藏室、休息等候区和码头区组成。陡河沿线共布设码头 7 处：重点码头 3 处，分别位于弯道山处、河东路桥处和钢厂桥南景观节点处；一般码头 4 处，位于主要桥梁附近。

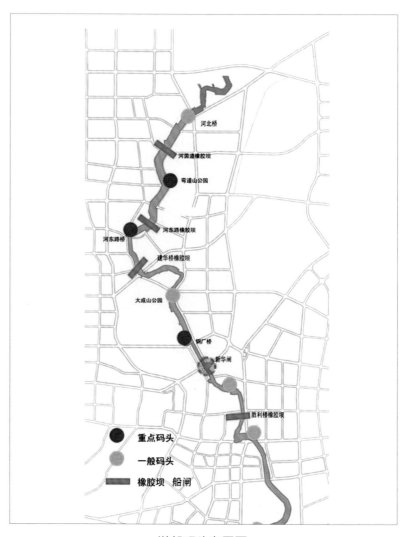

游船码头布置图

码头实景

4.2 西北排水渠

西北排水渠布置建筑物主要为：滚水坝、橡胶坝、倒虹吸、桥梁和亲水平台等。

西北排水渠为新开挖河道，主要用于雨季排沥，为保证枯水期景观效果，规划设计蓄水建筑物 9 座，分别为 7 座滚水坝和 2 座橡胶坝。西北排水渠遇现状公路采用倒虹吸型式穿越，共布置倒虹吸 18 座。根据路网规划，新建人行桥 6 座，公路桥 7 座。为了增加亲水效果，沿线布置景观栈桥和观景平台若干。

4.2.1 滚水坝

由于地形高差较大，为保证景观水面的连续性，选用造型优美的滚水坝来调节蓄水深度，并利用跌水造景完成河水曝气的生态净化过程。各滚水坝设计技术指标见上表。

滚水坝设计指标表

建筑物名称	坝高 /m	坝长 /m	底板高程 /m	上游蓄水位 /m	下游蓄水位 /m
工农路置石坝	3.20	51.40	15.50	18.70	17.00
太阳石连拱坝	3.70	19.20	17.80	21.50	18.70
华岩路鱼鳞坝	3.00	18.00	23.00	26.00	23.50
裕华道梅花桩坝	3.00	49.40	23.00	26.00	23.50
翔云道之字坝	3.00	49.00	20.50	23.50	22.00
兴源道趾蹠坝	3.00	49.00	19.00	22.00	20.50
北新西道叠水坝	3.50	49.00	17.00	20.50	17.50

为满足丰水期排沥和检修放空需要，各滚水坝均设排水管，管径 1.0m。为增加景观效果，保证枯水期坝顶溢流，各滚水坝均设置坝顶溢流系统。溢流系统结合排水管布置，采用贯流泵从坝下提水由管路输送至坝顶溢流水槽，产生溢流效果。

1 工农路置石坝

工农路置石坝位于工农路倒虹吸下游，坝高 3.2m，坝长 51.4m。置石坝底板、心墙采用钢筋混凝土结构，坝底板顶高程

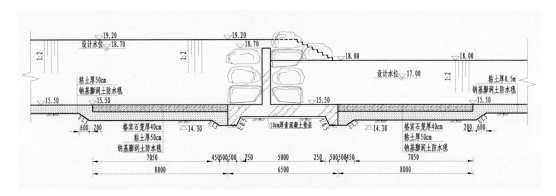

图中标注文字：
19.20　设计水位 18.70　19.20　18.70　18.00　18.00
1:2　1:2　1:2
设计水位 17.00
粘土厚50cm　粘土厚0.5m
钠基膨润土防水毯　钠基膨润土防水毯
15.50　15.50　15.50　15.50
600 200　格宾石笼厚40cm　10cm厚素混凝土垫层　格宾石笼厚40cm　200 600
粘土厚50cm　粘土厚50cm
钠基膨润土防水毯　钠基膨润土防水毯
7050　7050
14.30　14.30　14.30
450 500 500　250　5000　250 500 500 450
8000　6500　8000

置石坝剖面图

15.50m，底板厚 0.7m，下设 10cm 厚素混凝土垫层，心墙厚 0.5m，顶高程为 18.70m。置石坝两端采用粘土防渗，心墙两侧 2m 范围内及置石坝两端回填粘土范围内放置长、宽、高均不小于 1.0m 的景观石。置石坝上下游采用格宾石笼护砌，护砌长度 8.0m，厚度为 0.4m。

2 太阳石连拱坝

连拱坝为钢筋混凝土结构，坝址处河道宽 19.2m，设计坝高 3.7m，布置 4 个半圆拱圈，拱圈半径 2.2m，拱圈厚 0.5m，坝体顺水流方向长 7.0m。

3 华岩路鱼鳞坝

鱼鳞坝因其外形酷似鱼的鳞片而命名。坝址处河道宽度 18.0m，坝长同河道宽度为 18.0m，设计坝高 3.0m。坝体采用浆砌石结构，表面采用钢筋混凝土防护，厚 80cm。坝体顺水流方向长 12.5m，上游侧为 1:0.5 斜坡，坝顶宽 0.56m，下游堰面为 1:3 斜坡。堰面上分层布置直径 1.5m 的鱼鳞块，鱼鳞块高 25cm。鱼鳞块表面装饰采用 20mm 厚 1:0.2 水泥石膏砂浆结合层，15mm 厚水磨石面层。

4 裕华道梅花桩坝

梅花桩坝坝址处河道宽度 49.4m，坝长同河道宽度为 49.4m，设计坝高 3.0m。坝体为浆砌石结构，表面采用钢筋混凝土防护，厚 80cm。坝体顺水流方向长 11.9m，上游侧为 1:0.3 斜坡，下游堰面为两段坡度为 1:5 和 1:1 的斜坡，折坡点高程 24.50m，堰面上设直径 1.5m 的混凝土圆柱桩菱形布置，间距 30cm。桩表面装饰采用 20mm 厚 1:3 水泥砂浆结合层和 20mm

厚彩色花岗岩贴面。梅花桩坝可实现两岸游人穿行，考虑堰面行走安全，堰面设置活动的防护铁链栏杆，分别在最上层桩和最下层桩上放置树桩形栏杆柱，间距 5.09m，栏杆柱之间设防护铁链。

5 翔云道之字坝

之字坝坝址处河道宽度 49.0m，坝长同河道宽度为 49.0m，设计坝高 3.0m。

置石坝实景

连拱坝实景

施工中的鱼鳞坝

翔云道之字坝实景

采用钢筋混凝土结构，底板厚80cm，顺水流方向长6.7m，上游堰面为1:0.2斜坡，堰顶宽0.6m。堰顶每隔0.6m设置长1.0m，宽0.6m的趾墩。下游堰面为1:3.3斜坡，长3.0m，为节省材料，下游堰面设计为悬臂结构，悬挑长1.8m，堰面下每隔6.4m设置一厚0.7m中墩。

7 北新西道叠水坝

叠水坝坝址处河道宽度49.0m，坝

梅花桩坝实景

坝体为钢筋混凝土结构，底板厚80cm，顺水流方向长7.0m，之字形薄壁堰厚0.5m，折弯半径为0.5m，间距2.4m，堰顶做成半径0.1m的圆角。

6 兴源道趾蹾坝

坝址处河道宽度49.0m，坝长同河道宽度为49.0m，设计坝高3.0m。坝体

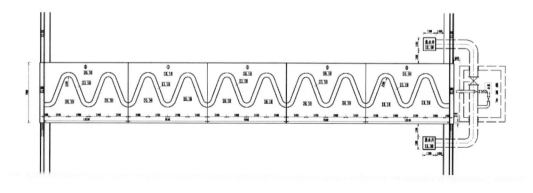
之字坝平面图

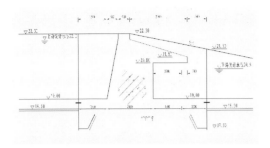

趾蹾坝实景及节点施工图

叠水坝实景

长同河道宽度为49.0m，设计坝高3.5m。坝体采用浆砌石结构，坝体表面采用钢筋混凝土防护，厚80cm。坝体顺水流方向长20.25m，上游堰面为1:0.5斜坡，下游堰面为1:5斜坡。下游堰面设三级跌水，每级跌差1.0m，第一级跌水低于坝顶0.2m。跌水为浆砌石结构，浆砌石表面镶嵌粒径不小于30cm的卵石。跌水顶宽1.0m，上游侧为1:0.5斜坡，下游侧为1:0.2斜坡。

4.2.2 橡胶坝

橡胶坝两座，为朝阳路橡胶坝和光明小学橡胶坝。

两座橡胶坝坝袋均采用充水式，两边为堵头式结构，螺栓压板式双线锚固。坝袋材料采用二布三胶锦纶帆布，坝袋内压比为1.4。设计坝高均为3.3m，朝阳路橡胶坝坝长48.0m，光明小学橡胶坝坝长28.0m。

橡胶坝充水采用深井取水，DN80充水管直接与深井泵连接，橡胶坝坍坝采用自流排水方式，DN250自流排水管直接通入下游河道。

橡胶坝实景

4.2.3 倒虹吸

西北排水渠遇现状公路采用倒虹吸型式穿越，为了不破坏道路影响交通，避免与市政给水、污水、热力、煤气等管道以及电缆、通讯等交叉干扰影响，采用顶管施工，顶管管材选用 JCCP 管。根据路下管路铺设情况，顶管从已铺设管路下方顶进。顶管上、下游均设有竖井，井净尺寸为 7.5m×3.0m，井底板厚 70cm。顶管管底高于井底 0.5m 顶进，顶管为管径 1.6m 的双排管道，顶管间距 1.5m。公路两侧为半重力式钢筋混凝土挡墙，墙顶有 1.5m 宽悬臂挑檐，以满足上部装饰需要。公路挡墙外河底采用钢筋混凝土防护。

倒虹吸上部进行装饰，设计为形象桥，外观形态根据所处规划城市节点风貌位置不同，分别采取古典风格、园林风格和现代风格，根据不同风格分别选用石材，GRC 等装饰材料。

长宁道倒虹吸装饰设计主题为"长虹卧波"，两侧用钢飘带装饰成悬带拱桥形

式，整体造型婉约优雅，正如清代石涛云："荷叶五寸荷花娇，贴波不碍画船摇"。在公路两侧挡土墙结构外侧分别增加两个飘带拱形装饰构架，用钢材装饰，吊杆采用不锈钢管以保证其稳定性及美观性。玻璃栏杆的运用，很好的弱化了两者的冲突性，又丰富了景观材质，增加了视觉舒适度。

长宁道倒虹吸实景图

4.2.4 桥梁

西北排水渠桥梁设计理念为"城市让生活更美好"，采取路、桥、景观一体化设计，达到"一桥一景，上桥下公园"的目标，体现唐山改革开放的成就，展现美好的明天。桥梁形态为现代风格，突出钢铁工业文化特色，以新颖的表现手法展示城市未来。

西北排水渠新建桥梁8座，见下页表。

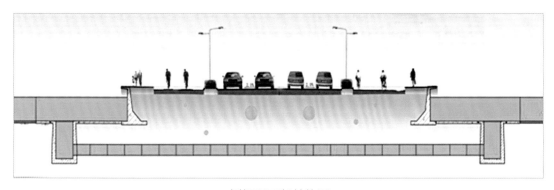

倒虹吸下部结构图

桥梁技术指标表

序号	工程名称	桥 型	桥宽/m	跨径/m	通航要求
1	敬老院门前桥	简支梁桥	14.6	16+16+16	无
2	北方矿业门前桥	简支梁桥	14.6	12+12+12	无
3	博志房地产门前桥	简支梁桥	14.6	8+16+8	无
4	骨质瓷门前桥	简支梁桥	14.6	10+10+10	无
5	宋学庄1号桥	简支梁桥	9.6	16+20+16	净宽20m，净高2.5m
6	宋学庄2号桥	简支梁桥	9.6	16+20+16	净宽20m，净高2.5m
7	友谊路桥	立交连续梁桥	40.0	3×30+（30+45+30）+3×30=285	净宽20m，净高2.5m
8	吴家庄桥	钢结构连续箱梁	21	17+28+17	净宽20m，净高2.5m

宋学庄2号桥

友谊路桥

4.2.5 亲水平台

在注重人与自然和谐相处的今天，人们对水环境的要求越来越高，人人渴望见到水清天蓝、绿树夹岸、鱼虾洄游的河道生态景观。亲水平台为我们提供了一个观赏水生动植物、和水环境亲密接触的场所，使环境生态化、人性化，达到实用且美的目的。该工程各亲水平台沿河道两岸错综分布，主要由亲水平台、观景平台、码头、栈桥、栈道等组成。亲水平台、观景平台多为矩形或较规则平面，其特点为亲水性强，美观简洁，且平台从各方向挑出，伸入水中深处，人站在平台上犹如站在甲板上，尽情享受波光粼粼的美景；形状规则的栈桥多为3m宽板带，有效地连接了两岸，使行人可横穿整个河道，给人以"小桥流水"之境；不规则栈桥与栈道多为沿河道布置条形板带，蜿蜒曲折的处在水面与河道边绿化植物带间，犹如一条活泼的纽带将"动""静"俏皮地结合起来。各亲水平台主体为框架结构，基础分别采用桩基、柱下钢筋混凝土独立基础、浆砌石条形基础。

亲水平台

4.2.6 补水工程

新开河自产水量很少，为满足景观循环用水，并考虑日常蒸发渗漏损失，需要补水。补水水源为陡河水库。由于唐山西北部地势较高，不满足自流条件，因此采用泵站提水，泵站后接输水管道至西北排水渠。

1 唐津高速取水泵站

泵站主要功能是从陡河引水至西北排水渠，为水系补充景观用水。泵站位于唐津高速下游，陡河右岸，引水角度90°。考虑水厂消耗及管道长距离输水损耗，泵站设计供水量为43.2万 m^3/d，设计流量为 $2m^3/s$，设计扬程12m。选用3台潜水泵，2用一备，水泵型号为WQK3600-12-185，配套功率 $3 \times 185kW$。

泵站由取水口、引水闸、进水池、泵房、流量计井、出水管等主要建筑物以及附属建筑物组成。取水口为钢筋混凝土U形槽，长10.0m。引水闸为钢筋混凝土箱涵式结构，闸室段长6.0m，过水断面2.5m×2.5m。进水池为钢筋混凝土箱式结构，进水池内设3台型号为WQK3600-12-185的潜水排污泵。

2 补水管线

水源管线起点位于唐津泵站出水口，在陡河右岸与规划滨河景观大道之间，

并行于陡河向下游敷设，在管道桩号10+450位置向西穿越李各庄河，然后沿西北排水渠北岸向西铺设至华岩路鱼鳞坝上游，管道全长15.0km。管道采用预应力钢筒混凝土管与焊接钢管组合，以预应力钢筒混凝土管为主，与设备连接管段、穿越铁路公路及河道管段使用焊接钢管。沿线穿越国道、省道及高速等重要道路16条，采用直接顶进钢管方式穿越；穿越铁路4条，采用顶进预应力钢筒混凝土套管穿越，在套管内敷设输水钢管；穿越河流一条（李各庄河），采用倒虹吸方式穿越。

4.3 青龙河

青龙河规划建筑物主要为橡胶坝和人行桥。

4.3.1 橡胶坝

青龙河现有橡胶坝一座，为了保证景观水面新建橡胶坝3座，技术指标见下表。

4.3.2 人行桥

为连接两岸交通，新建人行桥6座。技术指标见下表。

橡胶坝技术指标表

建筑物名称	坝高/m	坝长/m	底板高程/m	上游蓄水位/m	下游蓄水位/m
1号橡胶坝	2.0	27.0	9.80	11.80	10.50
2号橡胶坝	2.0	44.0	8.50	10.50	9.00
3号橡胶坝	2.0	38.0	7.00	9.00	7.50

人行桥技术指标表

名称	河道桩号	设计人群荷载/(kN/m^2)	桥渠交角/(°)	桥型	桥宽/m
1号人行桥	K0+733.89	4.6	90	(5.79+6.76+5.79)m 连续刚构	2.46+2×0.27
2号人行桥	K0+976	4.625	90	2×8.2m T形刚构	2.6+2×0.2
3号人行桥	K1+061.87	4.6	90	(5.79+6.76+5.79)m 连续刚构	2.46+2×0.27
4号人行桥	K1+173.56	4.6	90	(6.2+9.0+6.2)m 连续刚构	2.4+2×0.3
5号人行桥	K1+324	4.5	90	3×10m 空心板	2.8+2×0.1
6号人行桥	K1+479.48	4.55	90	(6.0+9.6+6.0)m 连续刚构	2.6+2×0.2

人行桥

5 滨水景观设计
BINSHUI
JINGGUAN
SHEJI ....●

唐山，隶属河北省，地处渤海湾中心地带。位于河北省东部，因位于中部的大城山（原名唐山）而得名，李世民念其爱妃，山赐唐姓，唐山由此而得名。唐山是全国文明城市，全国卫生城市，国家园林城市，京津唐城市群的核心城市之一，中文别称凤凰城。

昔日蜿蜒流长的陡河哺育了唐山这座城市，今朝环城水系的玉带扮靓凤凰城的容颜，跨越百年沧桑，尽展一朝巨变，增一湖、通四湖造城市水景，使河河相通，河湖相连，凤凰湖、北湖、东湖、南湖遥相呼应，河道功能与城市水景相得益彰，

一座城中有山，环城是水，山水相依。

唐山环城水系运用最先锋的理念践证了一个北方缺水城市的华丽转身，实现了对城市建设和人居环境的特殊贡献。北牵长城、南接海岸，在与两条旅游线路交相

辉映中，凸显唐山城市中心旅游板块的权威性，并发挥其强有力的辐射带动作用。这不仅是环城水系本身综合性科学利用的问题，其对唐山整个城市的转型、对现代新型产业的培育都具有极其重要的意义。

唐山市环城水系工程主要包括唐河、青龙河、李各庄河改造，凤凰河道，唐河水库引水工程及滨河景观道路建设四项内容，通过新建 13km 的凤凰河与南湖生态引水渠相连，并同南湖、东湖、凤凰湖相通，形成河河相连、河湖相通的水循环系统，形成环绕中心城区的长约 57km 的环城水系，构筑起"城在水中""水清、岸绿、景美、人水和谐"的滨水生态景观，

城市形象展示区

郊野自然生态区

滨河大道景观区观景栈桥

工业文化生活区

是凤凰城的蓝色交响。"华北水城"是河北省唐山市落实科学发展观，建设科学发展示范区的又一创造性实践。唐山，一座百年沿海重工业城市正凤凰涅槃似的向生态城市迈进。

根据环城水系资源特点、承载能力及主题定位，其总体规划，整个水系将分为8个主题功能区，即郊野自然生态区、城市形象展示区、工业文化生活区、湿地生态恢复区、现代都市文化景观区、滨河大

道景观区、都市休闲生活区和湿地修复景观区。

（1）郊野自然生态区——陡河上游段。这一区段将成为以生态防护、水源涵养为基本功能，在此基础上，打造一个基于现状肌理，自然、纯净的郊野公园，使其成为一条绵延 10km 的健康水岸。并具有可以烧烤、野游功能的场所，给人们提供亲近大自然、了解大自然、享受大自然的机会。

（2）城市形象展示区——该区段是由市郊进入市区的过渡段和城市形象展示段。从建筑和景观方面构建城市入口标识物，让来客有耳目一新之感。并设置相应的雕塑、文化墙展现城市的文化、民俗特点。

（3）工业文化生活区——陡河中游段。全段以陡河百年历程的"工业文化"

现代都市文化景观区

为主题，以史为序，从北向南，由历史走向现代再延伸到自然。除了滨河绿化外，更多是在改造或搬迁的旧工业遗址基础上，保留工业历史遗迹。同时配合景观改造，使陡河这条唐山的母亲河焕发新的活力，体现后工业文明感。

（4）湿地生态恢复区——陡河下游及南湖补水渠。本段河道景观设计以体现当代社会主流的生态文化为主题，旨在将"陡河城区段的现代景观延伸到自然和生态中"，以湿地植物为主的景观，既可美化环境，又可净化水质，再现乡土生态的自然风貌。设置湿地展示区、苗圃展示区、农作物耕种展示区等各类功能区，以展示自然生物的生长环境与生长周期。农作物示范区附近可以设置小型餐厅，

参与者还有机会亲口品尝到产自园内试验田的新鲜农产品。

（5）现代都市文化景观区——北段水系穿越凤凰新城。该区段反映唐山的都市现代化进程，与唐山整体建设一起反映现代都市生活场景，其风格体现出都市感和时代感。设置每个时期具有代表性的雕塑，按时间段展现文化的发展进程，并配备相应的绿化景观及亭廊小品，供居民们散步休憩。

（6）滨河大道景观区——西段新修水系连接西二环和站前路，营造滨河景观风格，体现城市的现代活力与景观形象。沿路设置特色座椅，绿化景观，具有文化气息的路灯，打造集观赏与功能于一体的景观大道。

（7）都市休闲生活区——青龙河中上游改造段两侧，主要为居住区。滨河景观注重为两侧居民提供娱乐、休闲空间和场所。

滨河大道景观区

生态花海观赏区

不同区段，在打造丰富多彩的滨水景观带的同时，彰显唐山的文化特色，形成一条源远流长的唐山"文脉"。

环城水系的八大功能分区，重点突出，水系如血脉般滋养着滨河景观，将沿河 $100km^2$ 区域的城市空间，打造城水相依、山环水抱的宜居美景环城水系，不仅有利于改善人居环境，提升城市品位，提高百姓幸福指数，更重要的是，建设环城水系，有利于提升土地价值，促进城市开发。

设置相应的广场、以供居民集中活动的场所，设计具有地方特色的建筑物，提供室内娱乐活动的场所。

（8）湿地修复景观区——青龙河下游及南湖公园，注重自然生态的景观营造。加强城市湿地的修复，进行景观的规划设计。首要任务是倡导生态与功能相结合，以湿地的科普宣教、湿地功能利用、弘扬湿地文化等为主题，并建有一定规模的旅游休闲设施，可供人们旅游观光、休闲娱乐的生态型主题公园。

水是城市流动的文明。唐山环城水系规划八大功能区，打造出层次丰富、彰显城市文化的环城水系景观空间，把唐山市的地域文化、历史文化、工业文化融入到

湿地修复景观区

6 津唐运河生态治理工程

JINTANG YUNHE
SHENGTAI ZHILI
GONGCHENG ....●

6.1 项目基本情况

6.1.1 项目区概况

丰南区是唐山市重要组成城区之一，其中西城区处于津唐运河上游，规划面积5.7km²，因城区地面高程较低，整个城区防洪受津唐运河影响较为严重，津唐运河汛期最高洪水位3.6m，而现状西城区地面高程高于3.6m的区域仅为1.5km²左右，接近一半的城区地面高程低于津唐运河洪水位。一旦遇到较大洪涝水，半个西城区面临被淹危险。

依据丰南区城市总体规划布局结构，西城区建设以运河周边地区为设计重点，以行政中心建设为带动，通过行政中心、文化中心、区级商业中心等项目的建设，带动西城区城市建设迅速发展。围绕运河端头形成西城区最具有生命力的城市核心空间，沿运河和铁路两侧形成城市南北向生态绿廊，将自然元素引入城市空间中，同时以运河带状公园为原点向城区内渗透东西向生态通道，生态界面和城市绿色空间发展带环绕在西城区周边，与各景观道路结合形成"绿网"。

为此河北省水利水电勘测设计研究院从2006年9月开始对津唐运河、煤河等河道进行生态防洪综合整治的规划设计工作，并于2009年11月开工建设。主要建设内容包括惠丰湖扩湖工程、津唐运河整治工程、主题公园连接渠工程、水系连接渠工程、滨河大街枢纽扬水站、津唐运河橡胶坝、煤河节制闸、主题公园连接渠节制闸、北八街扬水站、北八街景观跌水、友谊大街景观跌水等内容。

目前整个工程已基本完工，尤其是通过水系连接工程将唐山大南湖和与丰南惠丰湖连通，基本实现了两湖间的通航、补水等功能，使丰南西城区津唐运河水系成为整个唐山环城水系的一个组成部分。

6.1.2 环境分析

1 地理位置

丰南区地处环渤海湾中心地带，南临渤海，北依燕山，是连接华北、东北的咽喉要地和走廊。丰南区总面积

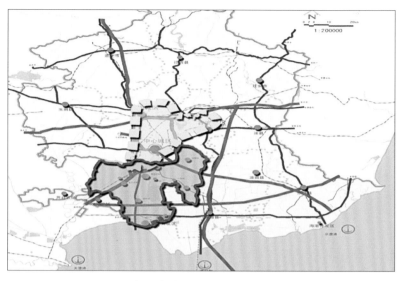

唐山市丰南区地理位置图

1568km²，人口53万人。是全国著名的钢铁和陶瓷生产基地，每年生产优质钢材800多万t，生产卫生洁具1000万件。西城区建成区面积5.7km²，规划人口3.2万人。

丰南区水系图

2 河流水系

丰南区自东向西有小戟门河、沙河、陡河、王家河及煤河和津唐运河等五条骨干行洪或排水河道，有分别汇入5条骨干河流的支流渠道25条，另外有双龙河和还乡河，改道两条河流分别流经丰南区东、西边界。其中煤河、津唐运河从丰南西城区穿过，对西城区防洪安全构成影响。

津唐运河原为发展津、唐两地水运而开挖的人工河道，原计划在闫庄与蓟运河接通，由此向北开挖，直接延伸至唐山。津唐运河1959年11月动工，1963年3月挖至白石庄附近时，因遇流沙和资金不足等原因无法继续开挖，水运计划落空，此后津唐运河成为丰南区西部地区的骨干排水河道。

现状煤河主要承担丰南城区排水和上游唐山主城区排水任务。煤河上游为青龙河，北起刘火新庄，南至采煤塌陷坑，全长约6km，贯穿市区西部。

3 社会经济

丰南区现已形成了以冶金建材、机械、食品、化工、造纸、纺织工业为主，涉及27个行业部门的门类比较齐全的工业生产体系。

4 水文情势

津唐运河北起胥各庄镇白石庄，南至汉沽农场裴庄汇入还乡河分洪道后入蓟运

治理前的津塘运河（一）

治理前的津塘运河（二）

河，全长27.8km，流域面积576km²，其中境内面积285 km²，为丰南区骨干排涝河道。津唐运河开挖初期，洼地涝水不能及时排出，1963年随是大旱之年，南孙庄乡董庄子一带仍有5000余亩农田出现涝灾。

1965年和1967年又先后开挖了引煤入运和油葫芦泊水库泄洪道汇入津唐运河工程，加大了沥水的排泄量。但每逢汛期，因河道水位往往高于两岸洼地水位，沥水仍不能及时排除，大面积农田沥涝仍然非常严重。1964—1979年先后在津唐运河两岸建成了么家泊、艾坨、唐坊、孙老庄、南孙庄、董庄子、东田庄等扬水站，有效地解决了农田排涝问题。

为防止蓟运河及还乡河汛期洪水倒灌津唐运河，解决津唐运河丰南境内的沥水排放，并考虑为两岸农业蓄水灌溉，1973年在津唐运河上修建了裴庄枢纽，该枢纽位于津唐运河与还乡河分洪道汇合

处上游，是一座以防洪为主兼排沥、蓄水的多功能工程。设计防洪水位（蓟运河侧）4.0m，设计蓄水位（津唐运河侧）2.471m，设计排涝流量为150m³/s，相应的上游水位为1.971m，下游水位为1.771m。考虑到裴庄防洪闸的挡水作用，津唐运河两岸堤防按还乡河分洪道裴庄水位加1.00m超高进行复堤，设计堤顶高程为4.50m。1993年在裴庄闸上游的王打刁庄修建了津唐运河王打刁蓄水闸，该闸为中型水闸，设计闸上行洪水位3.26m，设计闸下行洪水位3.12m，正常蓄水位2.0m，设计过闸流量180m³/s，设计洪水标准为10年一遇。

煤河是人工开挖的运煤河道，于么家泊西南2km处汇入津唐运河。油葫芦泊水库始建于1958年，位于西城区西部，水库设计蓄水位3.1m，总库容3450万m³，防洪标准为10年一遇，入库洪水经水库东南角泄洪道下泄至刘家型村东入津

唐运河。

5 面临问题

西城区处于津唐运河上游，因城区地面高程较低，整个城区防洪受津唐运河影响较为严重，现状防洪能力与丰南区的城市发展不相适应，防洪形势严峻，一遇较大洪涝水，半个西城区即被淹，给人民生命财产带来巨大损失。因此只有尽快完善丰南区防洪体系，才能有效应对频发的洪水。

津唐运河周边环境现状已不能满足城市发展需要，只有加快津唐运河和铁路两侧水环境规划，才能与西城区总体规划相合拍并提高城市品位。

另外，随着丰南区国民经济的发展和人民生活条件的改善，对周边环境要求也日益增高，西城区自然条件优越，西有运河穿越城区、东临铁路防护绿带，加快城市建设合理布局并与防洪体系相结合，对整合历史文化资源、濒水生态资源、现代休闲资源，加强城市生态建设和濒水景观建设，将丰南区打造成为独具特色的文化休闲胜地和生态新城具有重要的社会意义。

治理前的津塘运河两岸

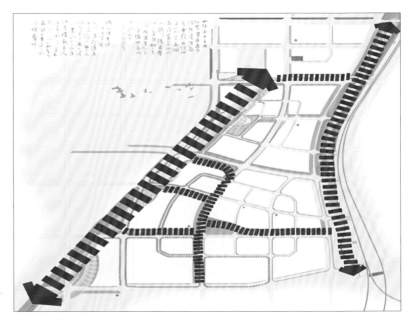

丰南西城区水网规划图

6.1.3 设计理念与目标

1 设计理念

丰南西城区西有津唐运河、东有铁路取土人工河，并南北贯穿西城区，加之相互沟通的水渠，将形成具有环城特色和水网布局的宜居城市，因此总体环境定位为休闲、游玩、娱乐并适当结合历史文化，使人们在休闲中领略历史文化。规划源于天人合一的哲学思想，强调景观环境艺术设计，据人与水之间相融相生的概念，顺应现有地形、地貌，营造城市河流绿色廊道。

2 总体目标

总体目标为通过有效的治理和管理，解决西城区的防洪与生态景观问题，使津唐运河沿岸与铁路西侧取土坑区域成为丰南区防洪、景观、旅游、休闲等多种功能的生态防护区，成为丰南区的一道风景线。

大南湖与西城区水系间的船闸橡胶坝

6.2 主要工程布置及建筑物

西城区建成区面积 5.73km²,规划人口 3.2 万人。西城区规划指导思想为:西城区建设在满足防洪要求的前提下,空间环境的规划设计应强调整体性和序列感,注重各个功能空间的整体和谐与景观结构的有机构成;充分利用现状的运河、煤河等水体,在此基础上结合用地布局形成两条景观轴线的指导思想。

1 唐山环城水系与丰南津唐运河水系连通工程

丰南西城区东侧的铁路取土坑规划为主题公园,水系上游没有补充水源,而该位置(白石庄处)距唐山大南湖的距离也只有 4.3km,从地势上分析,总体为东高西低,并具备一定的水位差,为此本次沿国丰大街打通西城区白石庄处铁路取土坑与大南湖的水系通道。使丰南水系成为整个唐山环城水系的一个组成部分。

本次充分利用现状地形条件进行开挖并在河道内布置景观水面,以便于居民休憩、游玩。并在青年路东侧的修建橡胶坝一座。橡胶坝两侧设通航船闸,以便于

大南湖的游船能顺利进入丰南景观水系游玩,同时为防止水体渗漏损失,需全断面采取防渗措施。

2 津唐运河扩湖工程布置

津唐运河友谊大街以北为津唐运河源头,在运河右岸有多座池塘,根据西城区总体规划城市中心公园建于此处,规划贯通运河与各池塘间水力联系形成人工湖泊,并对湖泊形状和湖岸进行整治,满足公园景观美化要求。整个湖区水面面积约 800 亩,在湖区侧设置 3 个景观人工小岛。

湖岸驳岸型式根据沿岸不同的功能分

夕阳下的惠丰湖

区设置不同的护砌型式，在湖岸东侧、北侧区域根据西城区总体规划主要为市民广场和商业集聚区，岸线驳岸布置以硬质护岸为主，主要布置亲水平台、亲水台阶、沿河景观甬道等亲水设施，并在西北侧修建一处沿湖亲水栈道，力求最大的亲水景观效果，湖区西侧驳岸主要以自然驳岸为主，辅以岸坡堆石、草坡入水等自然驳岸景观，并规划修建两座景观桥梁连通湖岸和小岛。湖区设计蓄水位2.5m，设计湖底高程1.0m，湖底采用膨润土防水毯进行防渗，防水毯以上覆土厚度1.0m。

3 津唐运河整治总体布置

规划在西城区南侧滨河南一街与津唐运河交汇处的下游修建一座集防洪、蓄水、扬水等多功能于一体的控制性工程——津唐运河节制闸枢纽工程，汛期利用该枢纽拦蓄下游回水，并通过该枢纽扬水站排除西城区及上游区域汇入津唐运河的洪涝水，以满足西城区的防洪要求。枯水期在津唐运河水位较低时，通过从闸下游向上游扬水，抬高上游津唐运河蓄水位，满足西城区生态景观的蓄水要求。

因津唐运河蓄水后水位有所抬高，从而使西城区原设计的四个雨水排放口（友谊大街、文化大街、北八街、滨河南一街）高程低于津唐运河蓄水水面高程，雨水不能正常自流排放。规划在津唐运河左侧滩地景观带地下铺设一条长3360m的雨水管道，收集上游四个雨水排放口的雨水至津唐运河节制闸枢纽扬水站，当汛期津唐运河蓄水位较高时通过强排直接将城区雨水排向节制闸下游的津唐运河，而在津唐运河蓄水位较低时又可将雨水排入节制闸上游的津唐运河景观水系补充蓄水量。

对于友谊大街以北、运河东路以西的规划城区内雨水可通过雨水管网自流在运河河头西侧汇入津唐运河。

津唐运河节制闸以上津唐运河长度3500m，现状河道宽度和两侧堤顶高程大部分河段能够满足防洪要求，河道整治

惠丰湖鸟瞰图

扩湖工程前的惠丰湖

扩湖工程前的惠丰湖岸线

治理后的津塘运河（一）

治理后的津塘运河（二）

津塘运河节制闸枢纽工程

津塘运河橡胶坝

须对两侧堤防缺口和滩地中高程较低的区域进行修复加高，并对两岸进行护砌，以满足蓄水、景观美化要求。

规划在津唐运河与北八街交口北侧规划新建橡胶坝一座，与两岸景观相融合，形成梯级水面，满足蓄水景观要求。

4 铁路取土坑整治总体布置

规划在西城区东侧铁路取土坑建设历史文化主题公园，充分利用现状地形条件布置景观水面，以便于居民休憩、游玩。开挖两条人工渠将铁路西侧取土坑与运河加以联系，一条穿过文化大街南侧居住区使煤河水体与津唐运河贯通，另一条沿友谊大街向西延伸至运河北侧与运河水体贯通，从而使西城区景观水系主体结构呈"井"字形。对铁路取土坑不连续部分和较浅地段进行开挖，使铁路取土坑与煤河相连通，在连接渠与煤河交口处新建连接渠节制闸，以满足西城区引水、防洪要求。为增加主题公园景观效果，在连接渠节制闸上游修建两座跌水，以形成梯级水面。

治理前的铁路取土坑

治理后的铁路取土坑景观带

景观跌水

为使西城区水系整体形成梯级景观效果和增加水的流动性，规划在北八街北侧跌水的下游布置一座扬水站，并由此向北1650m至友谊大街北侧跌水的上游，铺设输水管道，通过输水把下游连接煤河的水体引到西城区环城水系最上游。

为此，整个西城区水系通过北八街扬水站扬水，可使水体由西城区东北部景观水系的最高点经友谊大街跌水后分别向西和向南两个方向流动，向西流动的一支经友谊大街连接渠注入津唐运河北侧湖区后，沿津唐运河向南穿越北八街处的津唐运河橡胶坝、再向东经北八街水系连接渠进入铁路连接渠的北八街北侧跌水下游扬水站处，形成该支水体的循环流动。向南的一支则直接沿铁路取土坑向南穿过北八街跌水进入铁路连接渠的北八街北侧跌水下游扬水站处与另一支水体汇合。

为满足西城区的防洪蓄水要求，规划在连接渠与煤河交口处下游830处规划布置一座煤河节制闸，枯水期用于抬高煤河蓄水水位，汛期用于排泄上游洪水。

7 创新与总结
CHUANGXIN YU ZONGJIE ·····························●

环城水系工程对唐山市防洪排涝、改善生态环境、推动城市改造和促进经济发展具有重大意义。

7.1 创新

唐山市环城水系工程是一项大型的河道综合整治工程，设计中利用生态水利、景观水利和资源水利等综合治水理念，打造了河道整治工程成功典型案例。工程设计主要创新点如下。

（1）河道整治在满足防洪要求前提下，融入了生态、景观治河理念。河道防渗处理采用生态防水毯和天然黏土相结合，河道防冲采用格宾石笼与卵砾石结构，妥善处理了工程与生态之间的矛盾。驳岸设计将软质驳岸和硬质驳岸、人工驳岸和自然驳岸相结合，经济美观。引进生态植物袋、生态砖等新型材料，恢复了河流的生机，打造出丰富多彩的滨水景观带，成为融市民休闲娱乐及生态绿化为一体的滨水长廊。展现在世人面前的是一座城中有山、环城是水、山水相依、水绿交融的宜居生态城市。

（2）陡河通航设计为北方河道防洪综合整治工程一大亮点，其中建华桥船闸设计并通航填补了河北省船闸工程空白，河茵桥45m长钢坝为河北省规模最大，并解决了53.9m长钢坝基础与启闭机室整体混凝土不设缝难题。新开河建筑物型式多样化，9座景观水坝样式独特，满足传统水坝功能的同时，融入了景观、人文等文化内涵，一坝一景。18座倒虹吸成功地解决了工程施工与城市交通干扰矛盾。结合景观进行外观结构设计，又可称为形象桥，上部结构采用栏杆、挑檐、立面起拱等形式，设计构思新颖。

（3）主题分明、功能分区清晰。整个水系分为8个主题功能区，为郊野自然生态区、城市形象展示区、工业文化生活区、湿地生态恢复区、现代都市文化景观区、滨河大道景观区、都市休闲生活区和湿地修复景观区。通过河系打造使人们在体验后工业文明感同时，也体验到融入野趣后的自然景致。

7.2 总结

唐山环城水系的建设如血脉般滋养着12个城市节点和滨河景观，将沿河100km² 区域的城市空间，打造成城水相依、山环水抱的宜居美景，改善了市区人居环境，提升了城市品位，提高百姓幸福指数，给当地百姓提供了休闲娱乐的好去处。

环城水系的建设，有利于提升土地价值，促进城市开发。一条水系，就是一条经济带、一根产业链和一道风景线，环城水系的开发建设从根本上改善人民生活质量的同时，也将极大地促进城市转型和经济结构调整，沿河区域通过规划调整，促进市区工业尤其是高能耗工业企业搬迁。此外，随着对河道的景观改造和城市规划调整，还可提升土地价值，促进投资，拉动经济增长。沿河区域90km² 按50%可开发计算，将有45km² 土地可开发建设。目前，已有韩国、日本、新加坡、北京等国际国内的10余家大投资商前来洽谈对环城水系区域投资开发建设事宜。唐山市正在对环城水系12个节点、10余平方公里的区域进行高标准的规划设计，而后将带来商业和住宅的全面开发。一条集观光旅游、休闲度假于一体的文化景观带和特色服务产业经济带正展现在世人面前。唐山环城水系，从河底的清淤，到河道的拓宽，从两岸污水的整治，到河坝的加固，从两岸景点的规划布局建设，到两岸的拆迁绿化，水系两岸发生了翻天覆地的巨大变迁。环城水系是唐山城市建设史上的一项大工程，是唐山城市转型、建设生态城市的又一典型范例，是造福唐山人民的又一幸福工程。

注：本项目由河北省水利水电勘测设计研究院主持完成，完成工程总体规划布置、主体结构及水工建筑物的设计；由以下单位协作完成：建研城市规划设计研究院、北京正和恒基滨水生态环境治理股份有限公司、上海千年工程建设咨询有限公司。

南水北调中线京石段
应急供水工程
（石家庄至北拒马河段）

NANSHUIBEIDIAO ZHONGXIAN JINGSHIDUAN
YINGJI GONGSHUI GONGCHENG
(SHIJIAZHUANG ZHI BEIJUMAHE DUAN)

编制人员：崔福占　王海峰　袁　浩　经兰铭
　　　　　许一幢　李　健

导 言
DAOYAN ·····························●

毛泽东主席生在水乡，长在南国。以42岁为界，之前，他大部时间生活在南方；之后，大部分时间生活在北方——先是延安，后是河北平山县的西柏坡，再后来就是北京。无论是相对于水量丰沛的南国、延安黄土高坡的焦渴和荒凉，还是华北地区经常出现的枯旱，强烈的反差，在毛主席的心中打下极深的烙印。

1952年10月30日，毛主席视察黄河，在听取黄河水利委员会主任王化云关于引江济黄设想的汇报后说："南方水多，北方水少，如有可能，借点水来也是可以的"。毛主席的这句看似蜻蜓点水的话，却点燃了共和国跨流域调水的热情，从此，人们开始精心编织一个宏大的"水之梦"——南水北调！

1953年8月，中共中央在北戴河召开政治局扩大会议讨论通过了《中共中央关于水利工作的指示》，强调："除了各地区进行的规划工作外，全国范围的较长远的水利规划，首先是以南水（主要指长江水系）北调为主要目的，即将江、淮、河、汉、海各流域联系为统一的水利系统的规划应加速制订。""南水北调"四个大字第一次赫然出现在中央的红头文件上。

南水北调中线工程南起湖北省丹江口水库、北至北京市颐和园的团城湖。中线工程的总干渠不仅是一条"清水长廊"，也是一条"绿色长廊"。总干渠不经过崇山峻岭，施工条件优越，对环境的影响小。沿线河流均与总干渠立体交叉，可保证水质。同时，在丹江口水库水量充沛的时候，可以方便地将水放入当地河流中，以改善河道的水环境。此外，中线工程还将带动绿化、生态农业和绿色农业的发展，改善当地的生态环境。

南水北调中线工程是一项宏伟的生态工程。中线工程受水区现状年均缺水量在60亿m³以上，经济社会的发展不得不靠大量超采地下水维持，从而造成地下水大范围、大幅度下降，甚至部分地区的含水层已呈疏干状态。实施南水北调中线工程后，初期年均调水量95亿m³，后期根据需要进一步扩大调水规模，可使受水地区的缺水问题得到有效解决，生态环境将有显著改善。

南水北调中线京石段应急供水工程是南水北调中线工程的组成部分，是为保证北京供水安全优先安排的单项工程，除担负向北京应急供水的任务外，还担负着中线一期工程全线贯通后的输水任务。南水北调中线京石段应急供水工程先行开工，对带动整个南水北调工程的全面开工具有

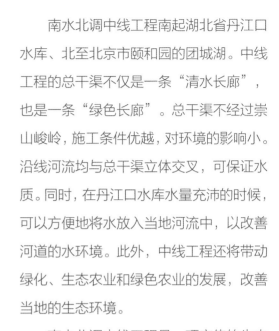

南水北调中线工程

南水北调中线工程鸟瞰

重要意义。

工程于 2003 年 12 月 30 日开工建设，2008 年 9 月 28 日第一次向北京输水。工程建成 6 年多，已成功向北京输水 4 次，运行情况良好。该工程的实施不仅可有效缓解京津和华北地区的缺水状况，而且可改善区域生态环境，支撑该地区国民经济和社会的可持续发展，惠及子孙后代，其经济、社会和生态效益巨大，政治影响深远。

1 工程基本情况

GONGCHENG

JIBEN

QINGKUANG ....●

　　南水北调中线京石段应急供水工程（石家庄至北拒马河段）沿太行山东麓的低山丘陵、山前平原和京广铁路西侧北行，途经河北省石家庄、保定市的 12 个县（市），穿越海河流域的子牙河和大清河两大水系 95 条大小河流。渠段总长227.391km，总干渠全线可自流，总干渠与沿途河流、灌渠、铁路、公路的交叉工程全部采用立交布置，渠道采用全断面衬砌，沿线水质没有污染，水质良好。项目沿线共布设隧洞、大型河渠交叉工程（含渡槽、涵洞、倒虹吸、暗渠）、左岸排水工程、渠渠交叉工程、路渠交叉工程、控制工程六种类型共 445 座建筑物。沿线各建筑物运行状态实行集中和远程监测，建立现代化通信、监控系统，实行统一调度。渠段起止点设计流量分别为 220m³/s 和 50m³/s，总水头差为 16.108m。

　　纵观国内外建成的大型引水工程，如我国的引黄济青工程、引滦入津工程、引黄入晋工程、巴基斯坦的西水东调工程、美国西部的北水南调工程等，从引水流量、工程规模、受益人口和范围等来看，南水北调中线工程是迄今为止世界上规模最大的调水工程之一。

1.1 工程任务

　　南水北调中线京石段应急供水工程任务，是利用南水北调中线总干渠以西河北省太行山区的岗南、黄壁庄、王快、西大洋 4 座大型水库的调蓄水量，挤占水库农业和生态用水，视北京缺水情况，按王快、岗黄、西大洋先后次序供水，利用南水北调中线总干渠京石段总干渠应急输水进入北京市，以缓解近期北京市水资源短缺状况。本段工程还担负着在南水北调中线工程全线贯通后向北京、天津、河北部分区域供水的任务。应急供水工程的配套工程包括沙河干渠严重渗漏段的防渗、修建各输水干渠与南水北调中线总干渠的连接渠道及相应的节制、引水建筑物等。

1.2 工程规模

　　南水北调中线应急供水工程是南水北调中线总干渠的一部分，因此本渠段的规模、分水口门设置等仍以南水北调中线一期工程要求确定。本渠段分段规模见下页表。

南水北调中线俯拍图

本渠段渠道分段规模

序号	起止地点	总干渠起止设计桩号	设计流量 /(m³/s)	加大流量 /(m³/s)
1	起点至田庄	236+934.9 ~ 236+974.6	220	240
2	田庄至永安村	236+974.6 ~ 252+020	170	200
3	永安村至留营	252+020 ~ 298+846	165	190
4	留营至中管头	298+846 ~ 304+100	155	180
5	中管头至郑家佐	304+100 ~ 370+950	135	160
6	郑家佐至西黑山	370+950 ~ 388+140	125	150
7	西黑山至瀑河	388+140 ~ 401+460	100	120
8	瀑河至三岔沟	401+460 ~ 459+433	60	70
9	三岔沟至冀京界	459+433 ~ 461+181	50	60

根据四座水库应急供水的分析成果，结合北京市应急供水要求以及北京市段自流能力确定：岗南、黄壁庄水库应急工程连接段设计流量为 25m³/s；王快、西大洋水库应急工程连接段设计流量均为 20m³/s。

1.3 建设标准

1.3.1 工程等别及建筑物级别

南水北调中线一期工程为 I 等工程，京石段应急供水工程总干渠渠道、隧洞工程、各类交叉建筑物、控制建筑物及其连接工程等主要建筑物为 1 级建筑物；附属建筑物、防护工程及河穿渠工程的上下游连接段等次要建筑物为 3 级建筑物；临时建筑物为 4 级或 5 级建筑物。应急供水连接段与总干渠相连接的建筑物为 1 级建筑物；与灌溉渠道连接建筑物与原渠道级别相同；其他建筑物为 3 级建筑物。

1.3.2 防洪标准

根据有关标准以及总干渠的工程类别和建筑物级别，交叉断面以上集水面积大于等于 20km² 河流的河渠交叉建筑物，防洪标准按 100 年一遇洪水设计，300 年一遇洪水校核。

集水面积小于 20km² 的左岸排水建筑物，防洪标准按 50 年一遇洪水设计，200 年一遇洪水校核。

渠道防洪标准同相邻大型河流交叉建筑物或左（右）岸排水建筑物一致。根据流域边界划分渠段，大河（指流域面积 20km² 以上的河流）滩地范围内的渠段，按照 100 年一遇洪水设计，300 年一遇洪水校核；小河（指流域面积 20km² 以下的河流）滩地和串流区内的渠段，按 50 年一遇洪水设计，200 年一遇洪水校核。

根据本地洪水特点，施工洪水标准按非汛期（9月1日至次年6月30日）考虑，重现期分别为 5 年、10 年和 20 年。

1.3.3 抗震设防标准

依据国家地震局分析预报中心 2004 年 4 月对南水北调工程地质段地震危险性复核报告《南水北调中线工程沿线设计地震动参数区划报告》，本渠段桩号 236+934.9 ~ 401+000 所在地区地震动峰值加速度为 0.05g，相当于地震基本烈度为 6 度区；桩号 401+000 ~ 452+000 所在地区地震动峰值加速度为 0.1g，相当于地震基本烈度为 7 度区；桩号 452+000 ~ 461+181 所在地区地震动峰值加速度为 0.15g，相当于地震基本烈度为 7 度区。

1.4 工程总体布置

南水北调中线图

1.4.1 石家庄市段

石家庄市渠段自古运河暗渠进口田庄分水闸前起，一次穿过古运河和石太高速公路，在田庄电站以西穿石津渠后，线路折向东，经杜北南至北高基南，线路折向北，沿北偏东方向在滹沱河南岸进入正定县界。穿滹沱河后经西柏棠与野头村之间，再经邢家庄、永安村、于家庄、吴兴西、李家庄东、西杜村西、南化东进入新乐市界。经西安丰、大寨西，至大寨村北穿磁河，经马石桥、义合庄东、内营与西名村之间后，线路沿东北向经何家庄西，在中同村东穿沙河（北），经赤支村东、良庄西、安庄东、南大岳西，在北大岳村北穿朔黄铁路后进入保定曲阳县界。

本段线路经石家庄市西郊、正定、新乐 3 个县（市），桩号为 236+934.9 ~ 295+780，全长 57.402km。

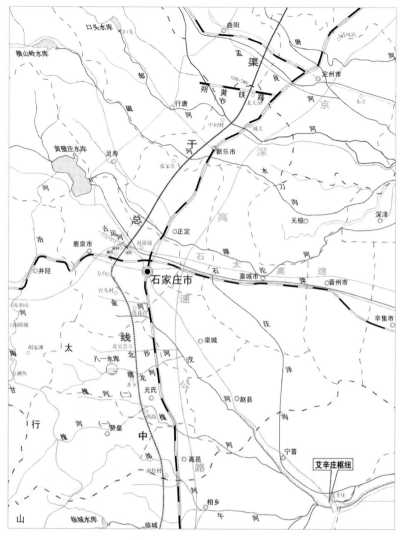

石家庄段线路平面位置示意图

1.4.2 保定市段

保定市段线路基本是沿京广铁路西侧北上，经过平原、低山丘陵和冲积扇三种地貌段。

平原段：起自朔黄铁路北，途经北平乐东、北留营西，在北管头西南穿孟良河及漠道沟，至辛庄村东南穿定曲铁路，经南杏村东、支曹西，在支曹西北向穿唐河进入定州市界。经辛庄北、悟村北、北山南、北渠河北，在砖路西进入唐县界后，线路折向北，经三里庄、大白尧、岳烟西、东都亭东、李城涧和大寺城涧之间，穿唐河总干渠后线路折向东，基本与唐河总干渠平行，经唐县北庄村北、山南庄村南，穿唐县兵营后，在淑吕东北向线路折向北行至高昌庄村北。

低山丘陵段：线路自高昌庄村北进入低山丘陵区，于南放水西北向穿放水河，经南北固城东穿曲逆河南支进入顺平县界。线路沿东北向经西朝阳北穿曲逆河中支，塔坡西穿曲逆河北支，经常北庄南、白云西庄西，在东阳各庄村南穿蒲阳河，至东阳各庄东线路折向东，经蒲王庄、西于家庄北，在辛庄南线路折向东又折向北，穿雾山隧洞（一）进入满城县界。在尉公村西穿雾山隧洞（二）与界河，经抱阳山西至吴庄村东，线路沿北偏东向穿吴庄隧洞，经荆山南，在荆山村西穿漕河及岗头隧洞，在白堡东南向进入徐水县界。经白莲峪、刘庄北、枣园南，至西黑山村北设口门向天津干渠输水，之后线路折向北，经小西庄东、北河庄南，穿釜山隧洞进入易县界。经东娄山村西，在吕村北穿瀑河，经南林西、漯水和西霍山北、在裴山西南向穿易水干渠，经小罗村东穿中易水河，经北高村东、西北奇西、在西市村穿西市隧洞，经西庄、荆柯山西，在厂城西穿北易水河后线路折向东，经厂城、后部、店北村、七里庄南至东张家庄村西线路折向北东，经东刘合村东，在坟庄村西

穿马头沟，西垒子村西穿坟庄河进入涞水县界。在东垒子村东线路折向南，至南七山又折向东，至下车亭村北线路折向北，进入广阔的拒马河冲积扇。

冲积扇段：渠线经魏村西，在西水北南穿水北沟，经安阳村东至东水峪线路又折向北，在八岔沟村东穿南拒马河至北横岐村北进入涿州市界。穿过义让沟后线路折向东北，穿北拒马南支至西疃西，穿三岔沟至北拒马河中支进入北京界。

本段线路经曲阳、定州、唐县、顺平、满城、徐水、易县、涞水、涿州等9县市。桩号为295+780～461+181，全长169.989km。

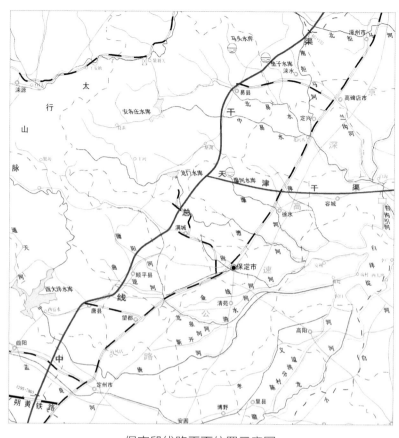

保定段线路平面位置示意图

2 总体规划布局
ZONGTI GUIHUA BUJU ·····························•

2.1 南水北调中线总体规划

南水北调中线工程是一项跨流域、跨省市的特大型水利工程，是优化我国水资源配置、关系实现全面建设小康社会宏伟目标的重大基础性战略工程，对国民经济全局和中华民族的长远发展具有重大而深

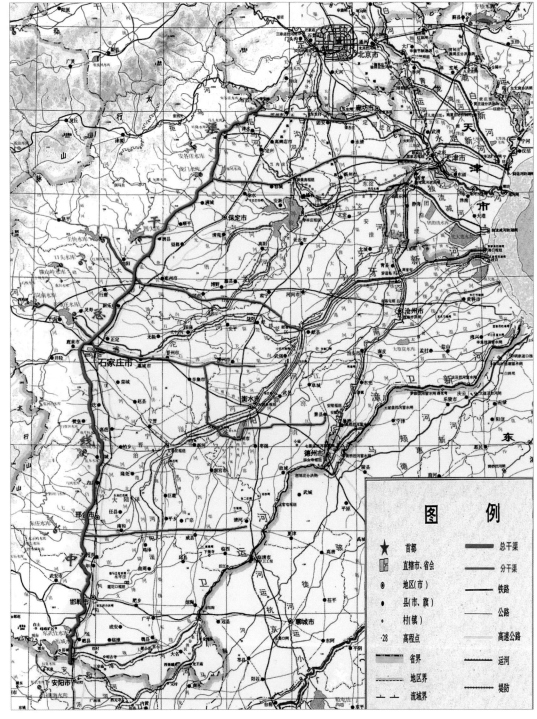

南水北调中线总干渠平面位置示意图

远的意义。该工程的实施不仅可有效缓解京津和华北地区的缺水状况，而且可改善区域生态环境，支撑该地区国民经济和社会的可持续发展，惠及子孙后代。

京津和华北平原地区地理位置优越，地势平坦，光热资源充足，土地和矿产资源丰富，人口密集，经济发达，是我国政治、经济、文化的中心。但水资源极其短缺，人均、亩均占有水量仅为全国均值的16%和14%，是我国水资源与经济发展最不适应、供需矛盾最突出的地区，缺水已成为制约该区域发展最突出、最迫切需要解决的问题之一。解决这一资源型缺水地区供需矛盾的途径除继续开展节约用水外必须实施跨流域调水工程。南水北调中线工程是解决京津和华北平原水资源供需矛盾的重大战略措施，是一项宏伟而紧迫的任务。

南水北调中线工程条件优越，输水总干渠布置在黄淮海平原西部，地势西南高、东北低，全线以自流输水为主。沿线的大中城市包括北京市在内均位于输水总干渠东侧，都可就近自流供水，并可通过天津干渠向天津自流供水，运行成本低。建设南水北调中线工程，将会给京津和华北平原地区提供优质水源，有效改善供水条件，提高生活质量，为国民经济发展注入新的活力。并通过水资源的优化配置，使城市和工业不再继续挤占农业用水，在平、丰水年可将原来挤占的农业供水还给农业，并可有效地控制地下水超采，改善日益恶化的生态环境。2002 年 12 月，国务院以［2002］117 号文批复《南水北调工程总体规划》，南水北调中线工程由规划阶段转入了实施阶段。总体规划明确中线一期工程年均调水规模为 95 亿 m³。

南水北调中线工程南起湖北省丹江口水库、北至北京市颐和园的团城湖，输水总干渠全长 1276km。

2.2 南水北调中线京石段工程具体规划

近年来华北持续干旱，京津冀三省市城市用水形势日趋严峻，影响了人民生产生活的正常秩序。目前，北京市主要水源地密云水库扣除死库容后的可用水量只有 3.7 亿 m³，仅够全市 10 个月的供水，如再遇持续干旱，北京市的供水安全将面临越来越严重的局面。按照合理工期，南水北调中线工程全线建成通水要在 2010 年，如何缓解 2010 年前北京市的水供需矛盾，成为非常重要和紧迫的问题。

位于河北省太行山东麓的岗南（库容 15.71 亿 m³）、黄壁庄（库容 12.1 亿 m³）、王快（库容 13.89 亿 m³）、西大洋（库容 11.37 亿 m³）等 4 座水库，合

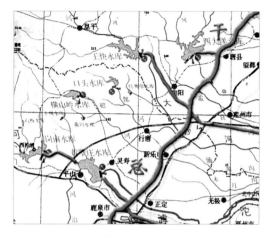

四座水库与总干渠相对位置图

计总库容 53.07 亿 m³，1997—2001 年年平均入库水量为 10.9 亿 m³。如能先期建成南水北调中线工程石家庄至北京段总干渠，在北京市需水紧急情况下，可通过压缩河北省农业用水，从上述 4 座水库每年向北京市应急供水约 4 亿 m³。

经国家有关部门研究，先行起动并加快南水北调中线一期石家庄以北段工程。以总干渠京石段 2003 年开工建设、2007 年通水为原则，按照长江委《南水北调中线工程总干渠总体设计》的要求，我院完成了南水北调中线京石段应急供水工程（石家庄至北拒马河段）工程设计工作。

渠道近景

徐水县段渠道

3 建筑景观设计

JIANZHU JINGGUAN SHEJI ....●

3.1 原则与理念

老子

君子尚和，和而不同。"和"指的是人水和谐、人地和谐，以及水与工程、工程与自然的和谐；指的是全线建筑在全线统一的设计原则上满足相关功能要求，同时又达到视觉上的统一，在整体上协调一致。"不同"是指建筑尽可能地体现不同地方的文化特色差异，在个体上具有可辨识性。关注水利景观的人化、物化、诗化、史化，体现我们在漫长的历史过程中所形成的独特的景观审美观念。打造"和而不同，通而不杂"宏观美景，在美观适用和绿色生态的基础上，体现"以人为本""亲近自然"的设计理念，实现建筑与景观绿化的"窗口效应"。

3.2 依托水工大型交叉建筑物，建立"一步一景，移步换景"建筑景观带

在沿线 227.39km 的渠道上建筑景观 144 座，大型交叉水

工建筑物 23 座为建筑环境设计的重点。工程建筑景观绿化设计全线统一贯穿，遵循由功能水利向环境水利、景观水利转换的设计原则与理念。

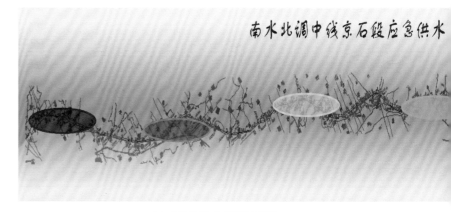

京石段总体布置效果图

3.2.1 房屋建筑

以滹沱河倒虹吸、漕河渡槽、吴庄隧洞建筑为典型，体现建筑的坚固稳重与水工建筑共呼吸的水上雕塑之意；以现代简洁时尚元素为设计遵旨的坟庄河倒虹吸、水北沟渡槽；以新中式古典

漕河渡槽进口闸室效果图

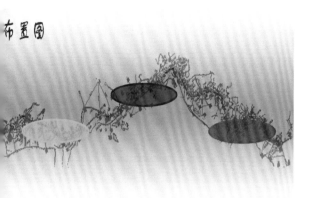

风格设计的孟良河倒虹吸、马头沟倒虹吸、西黑山节制闸；以色彩亮丽著称的沙河北倒虹吸；以学院风独领风骚的放水河渡槽京石段每个大型水工节点均配有精心设计的建筑景观，使其如一串造型各异色彩斑斓的手串令人瞩目。

漕河渡槽景观效果图

3.2.2 景观绿化

在保护水质安全和工程安全的指导原则下，总干渠沿线左右两岸设计 8m 宽林带，整齐有序的融入田野，为干渠水岸镶嵌了绿色屏障并勾勒出绿色田野的广阔背景，建立起一条壮观的景观绿化长廊。在渠道的整体景观系统中，大型建筑物节点景观犹如一颗颗璀璨的珍珠镶嵌在整个干渠绿化带上，起着画龙点睛的作用。如果在空中，我们穿越云层进行欣赏，涓涓净流从南向北，安静而祥和。

3.2.2.1 滹沱河倒虹吸景观节点

距石家庄五七路仅 2km，滹沱河倒虹吸工程是南水北调中线京石段应急供水工程中首个开工项目，是一座大型河渠交叉建筑物，横贯古老而文明的滹沱河，大环境邻近革命圣地西柏坡，苍岩山风景区，小环境与石家庄经贸大学比邻而居，良好的文化氛围和鲜明的革命历史文化给工程带来了无限生机。

京石段应急工程的起点在古运河枢纽距滹沱河枢纽约 10km 处，将古运河作为红色系列的序幕，视觉上比较宏大的滹沱河枢纽，成为了沿线景观设计的第一个高潮。设计以旭日东升为形象原形，象征水利建设如初升的太阳，拥有无限的生命力；第一构图中心设主题雕塑，第二构图中心设配电室建筑。场区中功能用房、人流、路网组织相得益彰，步道与绿植交相布置，出口与进口遥相呼应；构图均以阳光放射图形为母体展开设计。

滹沱河倒虹吸工程植物景观营造充分尊重河北原有的地域性植物景观特色，在植物选择和种植创新中沿用已有的材料和形式，保护现状条件较好的区域，新营造的植物景观应与原有区域特色相协调。尽可能减少种植会产生的飞絮，落果对水质产生影响的植物，适当选择具有观赏特性的植物。背景树种用河北杨、刺槐、榆树三种搭配种植，配合景观特色选择白蜡、侧柏，注重观赏的树种采用元宝枫、木槿、碧桃、榆叶梅等。

滹沱河倒虹吸出口导流堤效果图

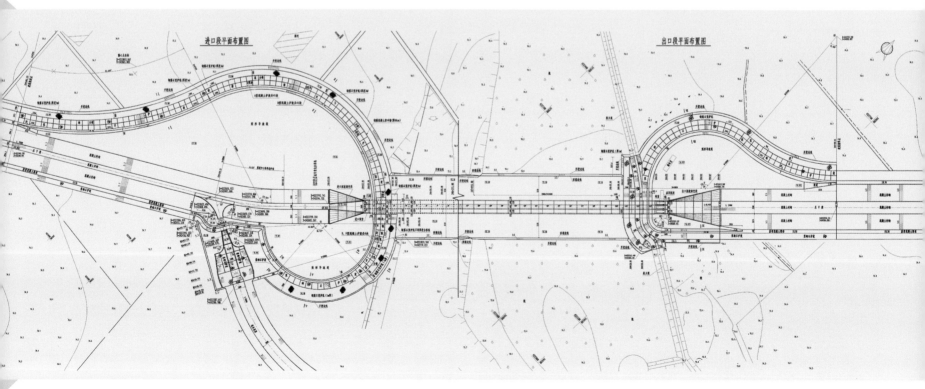

滹沱河倒虹吸总体布置图

3.2.2.2 漕河渡槽景观节点

漕河渡槽雄居河北省满城境内，满城县历史文化悠久，来到满城那个被若干黄色灯光照亮的山中石墓内，昏昏然可以看到驷马安车、偶人帷帐和数以千计的酒器以及华丽的灯具、炉具，让人感受到必须用现代视角的艺术观念来传承延续这种文明。

漕河段工程地理位置优越，有北京、天津、石家庄三大城市环绕，自然条件依山傍水，庞大的水工建筑群落，其得天独厚的人文环境和工程背景，增加了工程景观节点的厚重。

设计师以宏伟的渡槽为依托，精心设计、勇于探索、大胆进行了景观化塑造，把自然环境与人文景观有机结合，为南水北调中线工程的建设增添绚丽诗篇。

位于漕河渡槽出口北侧的"工程纪念园区"，永载着世界水立交——漕河渡槽工程设计建设者的丰功伟绩，像一棵璀璨的明珠镶嵌在南水北调中线总干渠上，她将与江河同在，与日月同辉！

出口景观平台

放水河渡槽进口启闭机室效果图

4 渠道
QUDAO ....•

4.1 渠道断面设计

本渠段总干渠渠线长 227.391km，分配水头 16.108m，其中建筑物分配水头 7.818m，渠道分配水头 8.290m，渠道水面坡降 1/16000 ~ 1/30000。根据沿线地形和各控制点水位要求，并参照总干渠水头优化分配分析成果，拟定渠道各段纵坡，土渠段纵坡一般为 1/25000，石渠段一般为 1/20000。

本段渠道横断面，根据不同地形条件，分别按全挖、全填、半挖半填构筑方式拟定断面框架，然后按各段地质情况，经边坡

渠道绿化带

稳定分析成果，根据设计流量、纵坡及合理的水力参数，进行分段横断面设计计算。本段渠道土质边坡系数为 2.0 ~ 3.0，其中大部分渠段为 2.5 或 2.0，细砂基础段为 1:3.0；岩石段边坡，根据其风化程度，结构面产状等因素分析确定，边坡系数一般为 0 ~ 1.5。

渠道综合糙率采用 0.015。根据实用经济断面计算结果，并综合考虑相邻渠段的衔接和边坡稳定、施工方便等因素，拟定总干渠渠道设计水深。古运河枢纽至滹沱河倒虹吸段设计水深为 6.0m，滹沱河倒虹吸出口—唐河倒虹吸进口段为 5.0m，唐河倒虹吸至瀑河段为 4.5m，瀑河至北拒马河为 4.3m，北拒马河至冀京界 3.8m。根据渠道流量、纵坡、边坡系数、糙率及设计水深，按明渠均匀流公式设计渠道底宽。堤顶高程的确定，考虑两种条件，即满足渠道安全输水要求和渠外防洪要求。堤顶高程既要满足渠道输水要求，又要满足堤外防洪要求，按设计工况和校核工况计算成果取二者中较大者。在渠道底宽、水深或边坡发生变化处，均需设置渐变连接段（建筑物进、出口与明渠的渐变连接段，属建筑物设计的一部分，不在渠道设计中考虑），以利于水流的平顺过渡。

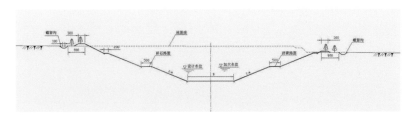

渠道挖方断面示意图

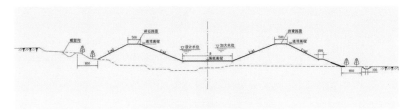

渠道填方断面示意图

渠道半挖半填断面示意图

4.2 渠道填筑设计

渠道填筑土料选用原则：优先选本段渠道挖方弃土；其次是相邻渠段渠道挖方弃土或是选择外借料场取土。对各段渠道开挖土料可利用量和筑堤工程量的平衡分析，当本段挖方弃土不能满足筑堤时，通过经济比较，确定借料场土方案。

渠道填筑标准包括设计填筑干容重和设计填筑含水量两个指标，设计填筑干容重不小于 1.6g/cm³，黏性土的填筑含水量应控制在最优含水量上下，其上、下限偏离最优含水量不超过 ±2% ~ 3%。渠道设计填筑含水量取填土的击实试验最优含水量的平均值。漕河进口段采用石渣填筑，拒马河段采用卵石填筑，根据规范要求，相对密度不低于 0.72。

4.3 渠道衬砌设计

渠道过水断面采用现浇混凝土衬砌：土渠段边坡衬砌厚度为 10cm、渠底衬砌厚度为 8cm；石渠段以及河滩地段边坡和渠底衬砌厚度为 15cm。衬砌混凝土采用强度等级 C20，抗冻等级 F150，抗渗等级 W6。衬砌分缝间距一般为 4m×4m，渠底、渠坡横缝沿渠道长度方

渠道边坡衬砌

向间距一般为 4m，渠坡纵缝为切缝，缝宽 1cm；横缝（垂直于水流方向）每隔 12m 设 2cm 宽通缝，每隔 4m 设 1cm 宽半缝，为切缝。缝内填聚乙烯闭孔泡沫板和聚硫密封胶（明渠专用）。渠道在边坡衬砌顶部设置封顶板，宽度采用 38cm，板厚 10cm。

4.4 防渗设计

在混凝土衬砌板下铺设 576g/m² 的复合土工膜（150 g/m² ~ 0.3m ~ 150 g/m²）作为加强防渗材料，其中膜选用厚 0.3mm 的聚乙烯土工膜。防渗复合土工膜均铺在混凝土衬砌板下。

防渗复合土工膜施工

渠道保温施工（保温板）

4.5 防冻胀设计

总干渠地处浅层季节冻土区，冬季基土冻胀对渠道混凝土衬砌有很大的破坏作用。对季节冻土标准冻深大于 30cm 渠段，进行渠道的设计冻深和冻胀量计算，当渠道的设计冻胀量大于 1cm 时，采取抗冻胀措施。

通常有保温和置换两种措施。经防冻设计，本段渠道需设防冻措施的渠段

长 153.012km，其中需铺设保温板渠段长 108.744km，换填砂砾料渠段长 44.268km。保温板厚阳坡 3 ~ 6cm，阴坡 3 ~ 7cm，渠底 3 ~ 6cm；换填砂砾料厚阳坡 21 ~ 39cm，阴坡 25 ~ 60cm，渠底 25 ~ 46cm。

4.6 排水设计

通过对南水北调中线总干渠石家庄至北拒马河 227.391km 渠线地下水位的调查分析与预测，沿线共有 36.715km 的渠段地下水位高出渠道设计渠底，占渠线总长的 16.1%。其中有 6.719km 的渠段地下水位高出渠道设计水位，占渠线总长的 3.0%，需布设排水渠段净长 22.904km。

地下水排水有两种方式：一是外排，适用于总干渠附近有天然沟壑等可以自流外排条件的渠段或地下水水质差必须外排的渠段；二是内排，对地下水水质良好且不具备自流外排条件的渠段，可将地下水内排入总干渠。排水措施主要包括自流内排、泵站强排、自流外排等。

4.7 运行维护道路及渠坡防护设计

运行维护道路按简易公路标准设计，单车道运行，路面净宽 4m。右侧维护道路路面采用 5cm 厚沥青混凝土路面；左侧维护道路路面采用 15cm 厚泥结碎石路面。

过水断面以上渠道内坡和填方段渠堤外坡采用预制混凝土六角框格防护，框格混凝土强度等级为 C30，边长 20cm，宽 3cm，厚 10cm，框格内植草。一级马道以上石渠边坡采用喷射 C20F150 混凝土护坡或预制空心六角混凝土框格内填碎石护坡。

坡面排水沟布置：排水沟分横向与纵向两种，横向排水沟与渠道水流方向垂直，设置在内坡各级坡面、二级及以上马道上，设置间距为 60m。纵向排水沟与渠道水流方向平行，设置在各级马道靠近坡脚一侧，且纵横向排水沟相互贯通。一级马道上的横向排水管采用 D250 预制混凝土管，排水沟采用 0.3m×0.3m×0.1m 预制混凝土"Ll"形槽。

涿州段渠道

新乐市段渠道

唐县段渠道

4.8 渠外截排水沟、防护堤及防护林带设计

为排除总干渠外地面的坡水，疏通串流区和总干渠截断的原有排水通道，需在渠外设置截洪排水沟（简称截流沟）或导水沟。排除左右岸沥水，一般为截流沟，按照构造沟设计；由两条以上合并有导水要求的为导水沟。截流沟一般位于防护林带的外侧，采用土渠。当渠道穿过山坳、山坡地段，地形较陡，为保护渠道安全，截流沟采用浆砌石护砌。

防护堤一般为梯形断面，由堤外防洪水位确定堤顶高程的渠段，一般段防护堤堤顶和防护墕墕顶宽均为 3.0m；滹沱河、唐河等大型河滩地段，防护堤与一级马道结合，设计顶宽为 6.0m；磁河、拒马河渠段河滩地为复式断面，设计防洪堤顶宽为 5.0m。对没有防洪要求的挖方渠段，为防止堤外沥水入渠，除设低标准的截流沟外，还要增设防护墕，左岸防护墕一般为地面高程加 1.0m，右岸防护墕一般为地面过程加 0.5m。

为了防止泥沙、尘土及一些废物垃圾随风进入干渠污染水质，涵养干渠两侧水土，绿化堤防。在挖方渠道开口线以外或填方渠道外坡脚线外侧布置防护林带，防护林带每侧宽 8.0m。

4.9 安全防护设计

为了防止人类活动等因素，对总干渠设施及输水水质产生影响，并体现人文关怀，全段渠道两侧布置隔离网，隔离网布置在截留沟外侧 1.0m 处，即永久占地外边界线上。隔离网高度为 2.0m，渠道隔离网栏总长度为 402.01km。

采用浸塑金属网格和 φ48 浸塑钢管作为主要材料，沿总干渠每 2.0m 设一混凝土支座，支座长、宽、高分别为 0.4m、0.4m 和 0.5m。

拦冰锁

5 渠道建筑物
QUDAO
JIANZHUWU..............................●

京石段工程渠道建筑物包括渠道倒虹吸、渡槽、暗渠、隧洞等型式，各类型建筑物分述如下。

5.1 渠道倒虹吸

总干渠水质好、流量稳定，当渠道加大流量远小于河道设计流量且总干渠水位低于河道水位时，总干渠与河道交叉建筑物可采用渠穿河倒虹吸型式。京石段沿线共布设滹沱河、磁河、沙河（北）、孟良河、漠道沟、唐河、蒲阳河、界河、瀑河、中易水、北易水、厂城、七里庄沟、马头沟、坟庄河、南拒马河和北拒马河南支等 16 座渠道倒虹吸。

渠道倒虹吸主要由进口渐变段、进口闸室段、管身段、出口闸室段和出口渐变段五部分组成。

5.1.1 滹沱河渠道倒虹吸

滹沱河渠道倒虹吸是南水北调中线工程上的大型河渠交叉建筑物之一，是南水北调中线京石段工程的先期开工建设项目，项目的开工建设标志着南水北调中线工程正式进入了实施阶段。工程位于河北省正定县西柏棠乡新村村北，交叉断面处上游距黄壁庄水库 25.5km，下游距京广铁路桥 4.6km，线路走向 NE43°。

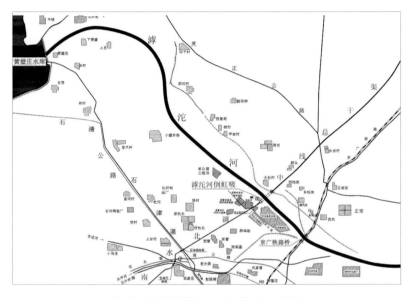

滹沱河渠道倒虹吸工程位置示意图

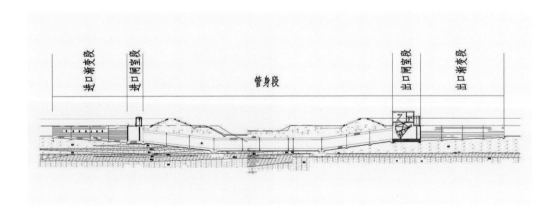

倒虹吸结构示意图

荷兰水利专家参观滹沱河渠道倒虹吸

滹沱河渠道倒虹吸进口全景图

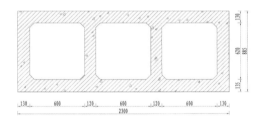

滹沱河渠道倒虹吸管身结构图

倒虹吸设计流量 170m³/s，加大流量 200m³/s，主体工程建筑物级别为 1 级，河道 100 年一遇设计洪水流量 14050m³/s，300 年一遇校核洪水流量 19200m³/s。建筑物起始桩号 007+779.4，终止桩号 010+004.4，总长 2225m。其中，进口渐变段长 60m，进口检修闸长 10m，管身段长 2043m，出口节制闸长 22m，出口渐变段长 90m。管身为三孔一联的钢筋混凝土箱形结构，单孔过水断面尺寸 6.0m×6.2m（宽 × 高）。

本工程口门两侧治导建筑物采用梨形导流堤型式，通过计算、河工模型试验等方法验证，梨形导流堤的导流效果好，对主体工程防洪安全保证率高。

倒虹吸进、出口采用直线扭曲渐变段与总干渠连接，由与渠道边坡相同的贴坡式挡墙渐变为半重力式挡土墙。该型式渐变段水头损失小，可有效节约总干渠的宝贵水头。

进口闸长 10m，主要功能是配合出

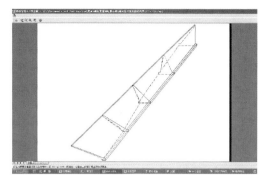

扭坡渐变段结构示意图

口节制闸进行倒虹吸管身的事故检修，倒虹吸管检修前首先动水关闭出口节制闸门，再关闭进口检修闸门，待检修完毕，先开启出口节制闸门充水平压后再开启进口检修闸门。进口闸室分三孔，每孔净宽 6.0m。闸室为开敞式钢筋混凝土整体结构，中墩厚 1.2m，边墩顶宽 1.0m，底宽 1.8m，底板厚 1.6m。闸门采用平面钢闸门，启闭设备采用移动式电动葫芦。

出口闸室长 12.0m，该闸为总干渠的节制闸和检修闸。闸室分三孔，每孔净宽 6.0m，为开敞式钢筋混凝土整体式结构，中墩厚 1.2m，边墩厚 1.0 ~ 1.8m，底板厚 1.5m。节制闸设三扇工作钢闸门和一扇检修钢闸门，其中工作门为露顶平面滚轮闸门（弧形门），检修闸门为平面滑动叠梁门。

弧形门、叠梁门均布置在室内，使建筑环境更美观，管理运用、冬季运行更方便；在内侧门槽内预留空腔，空腔加热范

滹沱河倒虹吸进口寻流堤

滹沱河倒虹吸进口渠道

围在冬季运行水位最大变幅范围内，空腔内贮满油，启闭机室内设置加热泵，冬季运行时，采用电加热油循环的方法融冰，保证工作闸门冬季运行正常。融冰加热措施在国内使用尚属首次，为创新设计，达到了省内先进、国内领先水平。

倒虹吸进口布置两道拦冰索，间距20m，第一道拦冰索对浮冰起主要拦截作用，第二道拦冰索对漏拦的潜冰进行二次拦截。拦冰索由钢丝绳、原木以及连接链组成，其中钢丝绳直径1.5cm，原木断面尺寸为20cm×30cm，每段长

100cm，浸桐油处理，并设角钢护角。

拦冰索在南水北调中线工程上是一次新的尝试，通过7年多的通水运行，拦冰索在天气转暖冰盖逐渐融解时，拦住了大块冰块，大大减少了倒虹吸管身遭受冰害的影响，保证了总干渠输水能力不降低。

5.1.2 沙河（北）渠道倒虹吸

沙河（北）渠道倒虹吸位于河北省新乐县中同村东和赤支村南，东距京广铁路约4km。设计流量170m³/s，加大流量200m³/s，主体工程建筑物级别为1级，河道100年一遇设计洪水流量8880m³/s，300年一遇校核洪水流量15750m³/s。

建筑物起始桩号044+986.7，终止桩号047+216.7，总长2230m。其中：进口渐变段长65m，进口检修闸长10m，管身段长2060m，出口节制闸长20m，出口渐变段长75m。管身为三孔一联的钢筋混凝土箱形结构，单孔过水断面尺寸6.0m×6.1m(宽×高)。

沙河（北）渠道倒虹吸进口全景图

唐河渠道倒虹吸进口全景图

唐河渠道倒虹吸进口检修闸

段长 1075m，出口节制闸长 20m，出口渐变段长 60m。管身为两孔一联的钢筋混凝土箱形结构，单孔过水断面尺寸 5.0m×5.5m（宽×高）。

5.1.3 唐河渠道倒虹吸

唐河渠道倒虹吸位于河北省曲阳县支曹村北。设计流量 135m³/s，加大流量 160m³/s，主体工程建筑物级别为 1 级，河道 100 年一遇设计洪水流量 7158m³/s，300 年一遇校核洪水流量 10450m³/s。

建筑物起始桩号 074+842.7，终止桩号 075+997.7，总长 1155m。其中：进口渐变段长 45m，进口检修闸长 10m，管身段长 1010m，出口节制闸长 20m，出口渐变段长 70m。倒虹吸管身采用三孔一联钢筋混凝土箱型结构，单孔过水断面 5.5m×5.7m（宽×高）。

5.1.4 瀑河渠道倒虹吸

瀑河渠道倒虹吸位于河北省易县塘湖镇南邓家林村南约 0.5km 的瀑河上。设计流量 60m³/s，加大流量 70m³/s，主体工程建筑物级别为 1 级，河道 100 年一遇设计洪水流量 2030m³/s，300 年一遇校核洪水流量 2768m³/s。

建筑物起始桩号 165+426.4，终止桩号 166+616.4，总长 1190m。其中：进口渐变段长 25m，进口检修闸长 10m，管身

瀑河渠道倒虹吸下游渠道

瀑河渠道倒虹吸全景图

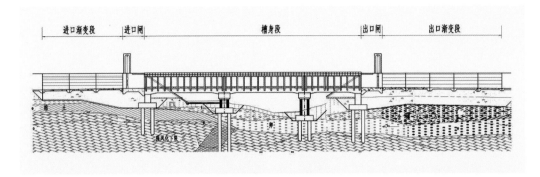

渡槽结构示意图

5.2 渡槽

总干渠与漕河、放水河及水北沟交叉断面处总干渠设计水位均高出河道 300 年洪水位，而且从节约水头角度看，交叉建筑物型式采用渡槽比采用倒虹吸更为有利，采用渡槽可节省总干渠宝贵的水头。因此，该三处建筑物采用渡槽。

渡槽主要由进口渐变段、进口闸室段、槽身段、出口闸室段和出口渐变段五部分组成。

5.2.1 漕河渡槽

漕河是大清河南系的一条支流，发源于易县五回岭，流经易县、满城县、徐水县，于徐水县的漕河村穿过京广铁路，经清苑县至安新县东、西马村入白洋淀。漕河在满城县东龙门和西龙门村之间河道狭窄，称为龙门。沿途有水峪沟、马连川河、白堡河、杨庄河（即漕河故道）、泥沟河及徐水六各庄排干等汇入。河道全长 110km，总流域面积 800km²。

漕河渡槽位于河北省满城县西北约 9km 处。设计流量 125m³/s，加大流量 150m³/s，主体工程建筑物级别为 1 级，河道 100 年一遇设计洪水流量 4494m³/s，300 年一遇校核洪水流量 5885m³/s。

漕河渡槽全长 2300m，由进口渐变段、进口闸室段、槽身段、

出口闸室段和出口渐变段等 5 部分组成。

进口渐变段长 45m，采用钢筋混凝土直线扭曲面结构；进口检修闸室段长 10m，为底板分离式钢筋混凝土结构，共 3 孔，单孔宽 6m；槽身段包括进口连接段、落地矩形槽段、20m 跨多侧墙段、30m 跨多侧墙段和出口连接段五部分组成，槽身均按 3 槽布置，单槽净

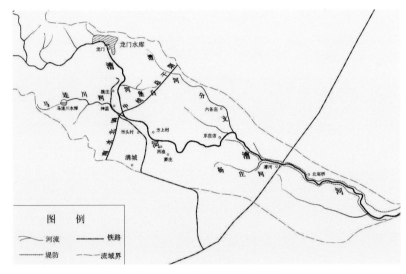

漕河流域图

漕河渡槽工程位置示意图

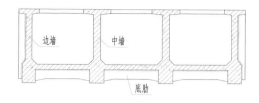

漕河渡槽槽身断面图

宽 6m。采用 3 槽一联结构；出口检修闸室段长 10m，为底板分离式钢筋混凝土结构，共 3 孔，单孔宽 6m。

出口渐变段长 36m，采用钢筋混凝土直线扭曲面结构。

漕河渡槽在国内已建渡槽中，流量最大（150m³/s），纵坡最缓（1/3900），长度（2300m）仅次于湖北襄樊排子河渡槽（4320m）。排子河渡槽最大流量 38m³/s，槽身纵坡 1/400，槽身断面尺寸远小于漕河渡槽，规模远不能与漕河渡槽相比。流量与国外渡槽相比小于印度的戈麦蒂渡槽（世界较大渡槽之一），但受南水北调总干渠水深、纵坡及设计水头限制，漕河渡槽断面积（渡槽外形尺寸）168.27m² 大于戈麦蒂渡槽 144.54m²。漕河渡槽长 2300m 远大于戈麦蒂渡槽的 381.6m，规模远大于印度戈麦蒂渡槽为亚洲第一。

渡槽槽身的宽度大，槽身自重和水荷载特别巨大，槽身每延米的荷载比公路桥或铁路桥大十几倍甚至几十倍，达 200t/

渡槽弯道段

m，槽身断面应力大，常规混凝土不能满足应力、应变的要求。预应力技术为渡槽上部结构型式的优化提供了有利条件。新型渡槽结构型式可以减小设计断面、减轻槽身自重、增大渡槽跨度，使南水北调工程的渡槽设计更趋先进与合理。

漕河渡槽在国内外调水工程首次在槽身采用三向预应力混凝土技术，提出预应力施加模式和预应力摩擦损失的计算方法，为复杂预应力混凝土结构的应力分析提供新方法。槽身预应力混凝土按后张法设计，提出了"化整为零"的新方法，分别对受拉区用荷载效应短期组合产生的拉应力进行控制；受压区荷载压应力按施工期荷载控制。这一预应力混凝土后张法钢

渡槽施工

绞线配置计算的方法概念清楚、简捷实用。具有显著的经济价值及广泛的应用前景。其设计研究成果，达到国际先进水平。

漕河渡槽槽身结构复杂、重量大，对下部结构变形要求严格，基础即使很小的变形，槽身内力也是很可观的。以 30m 跨渡槽为例，单跨槽身混凝土量

1320m³，平槽工况水量2894m³，如此大的荷载，基础不均匀变形1mm，产生100kN的内力，基础采用什么形式才能控制变形在槽身允许的范围。漕河渡槽采用空心重力墩结构形式，通过空心重力墩的断面尺寸，保留墩身自身刚度，从而适应基础变形，有利于槽身的应力、应变；空心重力墩墩身壁厚仅1m，中间设隔墙，墩身受力明确，降低了混凝土用量，降低了工程造价。

渡槽止水是确保输水工程正常运行的关键。目前，对于止水的研究局限于中小型渡槽结构，其采用的止水材料有橡胶止水、铜片止水以及复合止水。大型渡槽止水应适应槽身变形大的特点，漕河渡槽采用两道橡胶止水带，一道普通橡胶止水带，另一道为可更换的连体式止水装置。普通止水带采用的带两道遇水膨胀线、适合于变形缝的橡胶止水带。可更换的连体式止水装置，在混凝土上预留凹槽，预埋螺栓，待混凝土具一定的强度后装配上去。渡槽运行期间，某道止水带即使发生破坏，取下螺母橡胶盖帽，拧下螺母取下止水压块和U形橡胶止水带，换上新的U形橡胶止水带即可。渡槽运行2年表明，该止水装置止水效果好，施工方便易行。

漕河渡槽出口全景图

漕河渡槽出口鸟瞰图

漕河退水闸

放水河渡槽全景

5.2.2 放水河渡槽

放水河渡槽位于河北省保定市唐县南放水村西北约 250m 处。设计流量 135m³/s，加大流量 160m³/s，主体工程建筑物级别为 1 级，河道 100 年一遇设计洪水流量 1136m³/s，300 年一遇校核洪水流量 1774m³/s。

建筑物起始桩号 101+562.5，终止桩号 101+912.5，总长 350m。其中，进口渐变段长 40m，进口检修闸长 10m，槽身段长 240m，出口节制闸长 20m，出口渐变段长 40m。槽身为三槽一联预应力混凝土结构，单孔过水断面尺寸 7.5m×5.2m(宽 × 高)。

5.3 暗渠

遵循"小穿大，低穿高"的原则，当河道底高程高于渠道设计水位时，渠水可呈无压流状态从河底以下穿过，建筑物布置为暗渠型式。京石段共布置 2 座暗渠：

古运河暗渠、石津暗渠。暗渠只要由进口渐变段、进口闸、洞身段、出口闸和出口渐变段五部分组成。

5.3.1 古运河暗渠

古运河上游由古运河和太平河两大支流组成。古运河发源于黄壁庄水库副坝下游附近，中上游河道流向为西北—东南，承泄鹿泉市区以北至黄壁庄水库副坝以下浅山区和坡水区的洪水，至霍宅村河道转向东流。

太平河发源于鹿泉市西南的太行山浅山区，上游主要分两大支流，二者在鹿泉市以东汇合，至北新城穿过石太铁路，作为石家庄市北泄洪渠折向东北。

古运河与太平河在田家庄西北约 1km 处汇合，汇合口以上古运河流域面积 117.3km²，太平河流域面积 131.1km²，汇合后仍称古运河。至田家庄北与石津渠汇合，以下分为两支，南支为小运河，流入市区，北支古运河与石津渠合二为一，至赵陵铺又与石津渠分开，在柳林铺穿过

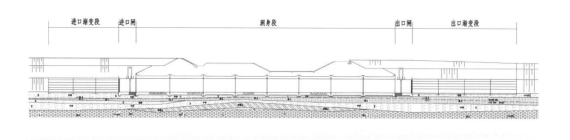

暗渠结构示意图

古运河暗渠进口

古运河流域图

京广铁路，并于滹沱河铁路桥下游约 2km 处汇入滹沱河。

古运河暗渠位于石家庄市郊区，距市中心 7km。设计流量 170m³/s，加大流量 200m³/s，主体工程建筑物级别为 1 级，河道 100 年一遇设计洪水流量 1721m³/s，300 年一遇校核洪水流量 2622m³/s。

建筑物起始桩号 000+092.7，终止桩号 000+659.7，总长 567.0m，同时穿过石家庄市北防洪大堤、古运河和石太高速公路。其中，进口渐变段长 40m，进口节制闸长 22m，管身段长 435m，出口检修闸长 10m，出口渐变段长 60m。管身为三孔一联的圆拱直墙式结

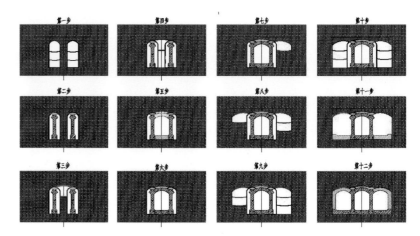

浅埋暗挖施工工序简图

构，单孔过水断面 6.6m×8.2m（宽×高）。

穿高速拱涵段长 80m，采用浅埋暗挖法施工技术，拱顶覆土厚度为 7.963m，开挖总宽度达 25.6m，拱顶覆土厚度与结构跨度之比为 0.311，属超浅埋。暗挖段土质多为细砂和中细砂，且高速公路上通行的车辆吨位荷载大，是全国此类施工难度最大

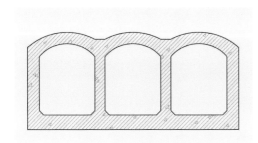

古运河暗渠洞身断面图

浅埋暗挖施工

和开挖宽度最大的项目。

5.3.2 石津暗渠

石津暗渠位于河北省石家庄市北郊上京村东南约 0.8km，距石家庄市约 8km。设计流量 170m³/s，加大流量 200m³/s，主体工程建筑物级别为 1 级。

建筑物起始桩号 001+492.6，终止桩号 001+762.6，总长 270m。其中，进口渐变段长 40m，进口检修闸长 10m，管身段长 150m，出口检修闸长 10m，出口渐变段长 60m。管身为三孔一联的钢筋混凝土箱形结构，单孔过水断面尺寸 6.6m×7.8m(宽 × 高)。

5.4 隧洞

根据总干渠的总体布置及线路走向，渠线在穿越山丘高地时，经对穿山隧洞和绕行渠道两方案的经济技术比较，确定本渠段需设置的隧洞工程有 7 座，自上游

石津暗渠

起依次为雾山（一）、雾山（二）、吴庄、岗头、釜山、西市、下车亭，西市隧洞采用单洞，其余 6 座均为双洞布置。

隧洞主要由进口段、洞身段、出口段三部分组成。

5.4.1 釜山隧洞

釜山隧洞进口位于徐水县北河庄村东南 0.5km 处，出口位于易县东楼山村西南 1.5km。设计流量 100m³/s，加大流量 120m³/s，主体工程建筑物级别为 1 级。

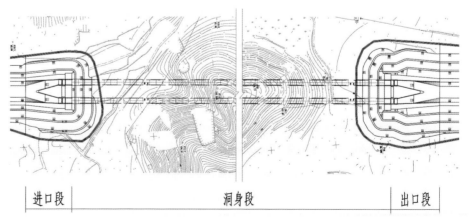

| 进口段 | 洞身段 | 出口段 |

隧洞结构布置图

建筑物起始桩号 157+608.7，终止桩号 160+272.7，总长 2664m。其中，进口段长 70m、洞身段长 2509m、出口段长 85m。洞身段采用双洞线布置方案，洞室采用圆拱直墙型断面（宽 7.300m、高 8.107m）。

为使总干渠水流平顺进、出两条隧洞，在隧洞进、出口分别设置分流墩和汇流墩。隧洞进口分流角和出口汇流角一般要求在 25°～60°。角度小，水头损失小，洞身工程量少，但渐变段工程量大；角度大，水头损失大，洞身工程量大，但渐变段工程量小。根据隧洞整体水工模型试验，结合本工程具体情况，确定进口分流角采用 30°，出口汇流角采用 25°。

5.4.2 吴庄隧洞

吴庄隧洞位于河北省保定市满城县城西北约 5km 的吴庄村东北。设计流量 125m³/s，加大流量 150m³/s，主体工程建筑物级别为 1 级。

釜山隧洞进口

建筑物起始桩号 134+330.6，终止桩号 136+703.6，总长 2373m。其中，隧洞进口段长 70.5m，隧洞洞身段长 2207m，隧洞出口段长 95.5m。隧洞洞身采用双洞线圆拱直墙断面，单洞过水断面宽 7.8m，高 8.15m，纵坡 1/5870。

5.4.3 岗头隧洞

岗头隧洞位于河北省保定市满城县境内，设计流量 125m³/s，加大流量 150m³/s，主体工程建筑物级别为 1 级。

建筑物起始桩号 141+848.9，终止桩号 143+648.9，总长 1800m。其

吴庄隧洞

吴庄隧洞进口

釜山隧洞

中，进口渐变段长 45m，进口节制闸长 20m，洞身段长 1650m，出口涵洞段长 9.5m，出口检修闸长 10.5m，出口渐变段长 65m。洞身段采用双洞线布置，隧洞纵坡 1/6440，无压流圆拱直墙型断面，净宽 7.8m 或 8.4m。

6 其他建筑物
QITA
JIANZHUWU ....●

除渠道建筑物外，总干渠沿线还布设了分水闸、退水闸、左岸排水建筑物、渠渠交叉建筑物、公路桥梁等建筑物。

6.1 分水闸

京石段工程共布设 12 座分水闸，担负着向石家庄、保定西部地区城市和工业供水的任务。

6.1.1 三岔沟分水闸

三岔沟分水闸由进口段、闸室段和涵洞段三部分组成，总长 47.55m；供水目标为廊坊干渠，分水流量 11m³/s。

岗头隧洞

岗头隧洞进口

岗头隧洞出口

6.1.2 中管头分水闸

中管头分水闸由进口段、闸室段、穿堤涵洞段、消力池段和扭坡渐变段五部分组成，总长 79.71m；供水目标为沙河干渠，分水流量为 20 m^3/s。

6.2 退水闸

分水闸

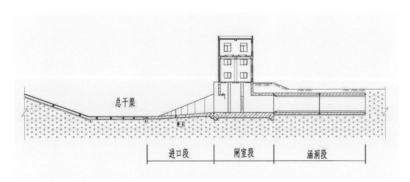

三岔沟分水闸结构布置图

为保证总干渠的运行安全并满足检修要求，京石段工程布设退水闸 11 座，均由进口段、闸室段、消能防冲段和出口连接段等四部分组成。退水闸的作用为事故退水，泄流量为总干渠设计流量的 1/2。

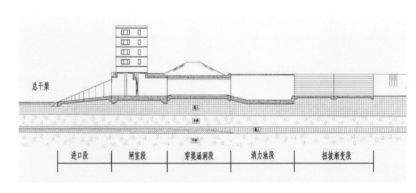

中管头分水闸结构布置图

滹沱河退水闸工程建筑物级别为 1 级，设计退水流量 85m^3/s。

6.3 左岸排水建筑物

左岸排水建筑物是南水北调总干渠的重要组成部分，为集流面积小于 20km^2 的河沟或坡水区穿越总干渠的交叉建筑物。沿线共分布左岸排水建筑物 103 座，其中倒虹吸 64 座、涵洞 16 座、渡槽 23 座。

左岸排水建筑物主要部位按 1 级建筑物设计，次要部位按 3 级建筑物设计；建筑物洪水标准按 50 年一遇洪水设计，200 年一遇洪水校核。

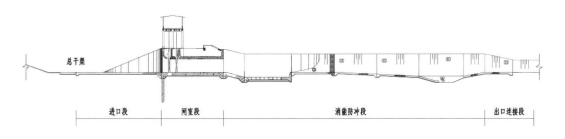

滹沱河退水闸结构布置图

中管头分水闸

河沟底高程高于总干渠加大水位 2m 以上者，采用上排水渡槽；河沟底高程低于总干渠渠底 3m 以上时，采用下排水涵洞式；不宜采用上述两种类型建筑物时，建排水倒虹吸。

6.3.1 排水倒虹吸

排水倒虹吸由进口连接段、拦沙池、进口渐变段、管身段、出口渐变段和出口连接段等部分组成。

6.3.2 排水渡槽

排水渡槽由进口引渠、进口渐变段、进口连接段、槽身段、出口连接段、出口渐变段、出口尾渠等部分组成。

6.3.3 排水涵洞

排水涵洞由进口连接段、进口渐变段、管身段、出口消力池、出口渐变段和出口连接段等部分组成。

6.4 渠渠交叉建筑物

京石段工程与 8 处灌区的 39 条灌溉渠道交叉，为保持灌渠原有功能，凡现有灌溉渠道渠设计流量大于 0.8m³/s 者，修建渠渠交叉建筑物，以恢复灌溉渠道的原有功能。另设有渠渠交叉建筑物 29 座，其中倒虹吸 12 座，涵洞 2 座，渡槽 15 座。左岸排水建筑物主要部位按 1 级建筑物设计，次要部位按 3 级建筑物设计。

当灌溉渠道渠底高程高于总干渠渠道加大水位 1.5m 采用渠渠交叉渡槽；当灌溉渠道渠底高程低于总干渠渠底高程 3m 以上者建渠渠交叉涵洞；当灌溉渠道底高程在上述两者之间时建渠渠交叉倒虹吸。

6.4.1 倒虹吸及涵洞

倒虹吸主要由进口连接段、沉砂池段、渐变段、闸室段、管身段、消能段、出口

野头坡水区排水倒虹吸

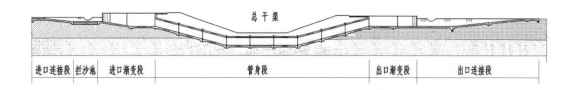

野头坡水区排水倒虹吸结构布置图

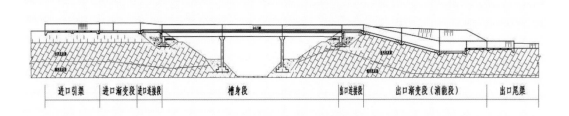

东张家庄排水渡槽结构布置图

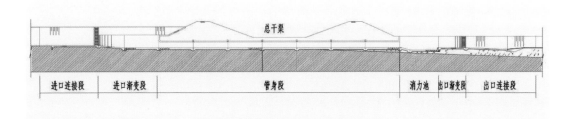

大楼西沟排水涵洞结构布置图

渠渠交叉渡槽照片

连接段等部分组成，结构布置形式和左岸排水倒虹吸相似。

6.4.2 渡槽

渠渠交叉渡槽一般由进口引渠、进口渐变段、槽身段、出口渐变段、出口尾渠等部分组成，结构布置形式和左岸排水渡槽相似。

6.5 公路桥梁

京石段工程公路桥共计131座，其中：公路－Ⅰ级桥17座，城－A级桥2座，公路－Ⅱ级桥53座，公路隧道1座，折

减公路 – Ⅱ级桥 58 座。公路桥和隧道为 1 级建筑物，副桥（涵）为 3 级建筑物。

双曲拱的主拱圈由拱肋、拱波、现浇层、拱肋联系梁、拉杆等组成。

下承式桁架拱桥上部结构由两片桁架梁组成，桁架梁采用 C30 混凝土预制。

7 创新与总结
CHUANGXIN YU
ZONGJIE ....

7.1 技术创新

7.1.1 大型渠道机械化衬砌机的应用推广

衬砌机械化施工不仅保证了混凝土的均匀性和外观平整度，

大型渠道机械化衬砌机

渡槽槽身

提高了混凝土的防渗效果和衬砌工程的质量、提高了施工功效，保证了 2008 年通水目标的顺利实现，同时为南水北调中线工程的全面开工建设起到了示范作用。

7.1.2 渡槽工程采用三槽一联多侧墙结构型式为国内首创

新型的预应力混凝土渡槽结构型式——三槽一联的三向预应力钢筋混凝土多侧墙矩形槽简支结构，并首次在大型引调水工程中应用。该结构型式材料利用充分、受力明确、提高了结构整体性，有效地降低了槽身自重、节省了投资。

7.1.3 三向预应力结构首次在水利工程应用

京石段 3 座渡槽在国内外调水工程中首次在槽身采用三向预

专利证书

应力混凝土技术，提出预应力施加模式和预应力摩擦损失的计算方法，为复杂预应力混凝土结构的应力分析提供新方法。具有显著的经济价值及广泛的应用前景。其设计研究成果，达到国际先进水平。

7.1.4 箱涵混凝土防裂技术应用

通过沙河北倒虹吸等工程完成了倒虹吸管施工用防裂缝混凝土新技术，达到国际先进、成熟应用阶段，已在南水北调河北段推广应用。

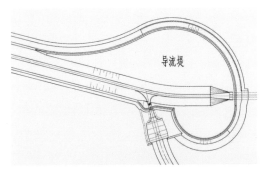

梨形导流堤结构简图

梨形导流堤

7.1.5 梨形导流堤在水利工程上首次采用

由于河道束窄率大，阻断流量大，通过计算手段、河工模型试验多方法验证，取得了河床冲淤变化、河势变化以及两岸淘刷变化的规律，获得了梨形导流堤的平面布置参数和防冲刷防护依据，验证了梨形导流堤的导流效果好，对主体工程防洪安全保证率高。京石段沙河（北）、唐河等8座渠道倒虹吸在水利工程上是首次采用。

7.1.6 宽浅式无压隧洞降低洞底高程的应用

结合总干渠水深浅、纵坡缓、给定建筑物设计水头小等特点，通过设计研究和水工模型试验验证，7座隧洞工程采用适当降低隧洞纵向底高程的布置，变宽浅式为窄深式洞身断面。宽浅式无压隧洞降低洞底高程为国内首创，达到了国内领先水平。

7.1.7 浅埋暗挖技术的应用

古运河暗渠穿越省际交通大动脉石太高速公路时，3孔拱涵下穿石太高速公路设计采用浅埋暗挖技术。暗挖段土质多为细砂和中细砂，高速公路

浅埋暗挖

拦冰索

闸门

上通行的车辆吨位荷载大，是全国此类施工难度最大和开挖宽度最大的项目。

7.1.8 拦冰索的应用

京石段上19座渠道倒虹吸和暗渠工程的进口布置了拦冰索，在南水北调中线工程上是一次新的尝试。拦冰索结构形式

热油系统

沙河北倒虹吸模型试验

简单，运行方便，具有广泛的实用性。

7.1.9 金属结构专业创新及应用

首次将弧形门、叠梁门布置在室内，使建筑环境更美观，管理运用、冬季运行更方便。门槽防冰冻设计为创新设计，达到了国内领先水平。

7.1.10 科学研究试验

为保证南水北调京石段应急供水工程设计的顺利进行及设计成果的质量，我院先后开展了拒马河二维水流数学模型、吴庄隧洞水工模型试验、滹沱河动床河工模型试验、唐河动床河工模型试验、唐河

二干二支排水倒虹吸动床模型试验，漕河渡槽结构静力、动力模型试验等 59 项科研试验成果，并将科研试验成果运用到工程设计中。

7.2 获奖成果

南水北调京石段应急供水工程设计多项成果获得国家级、省部级奖。

7.3 效益

在南水北调中线全线通水前，南水北调中线京石段应急供水工程（石家庄至北拒马河段）供水已成为北京新的战略水源，先期形成了华北地区水资源配置的新通道，缓解了首都水资源紧缺的局面。

目前，南水北调中线一期工程已初步发挥效益。京石段自 2008 年 9 月 28 日开始至 2014 年 4 月 5 日第四次输水结束，已累计向北京输水 16.1 亿 m^3，入京水质均维持在 II 类水标准以上。

吴庄隧洞模型试验

滹沱河石家庄市区段生态治理与环境设计

HUTUOHE SHIJIAZHUANGSHI QUDUAN
SHENGTAI ZHILI YU HUANJING SHEJI

编制人员：于京要　及晓光　孙金龙　宋亚卿　经兰铭
　　　　　赵艺娜　李振平　孔令刚　李书军　姜彤宇
　　　　　刘俊婷

导 言

滹沱河古称恶池、霍池、厚池，至东汉始称滹沱河。

滹沱河历史上水资源丰富，文化印痕深厚，其中"刘秀走国"是最具传奇色彩并长久流传的故事。刘秀做皇帝前，在河北一带被王莽的大军追赶，节节败退。一天，刘秀败退至滹沱河边，眼见前有滹沱河天险，后有雄兵追击，前后夹击，无路可走。面对疲惫不堪的一行人马，恐军心动乱，就诡称河水已结冰，人马过河无虞。第二天清早，刘秀大军赶到河边，河面竟真的结了冰。刘秀带领人马踏冰而过。刘秀的兵马前脚过河，后脚王莽的追兵赶到河边，坚冰竟然顷刻间融化，宽阔的河面，仍是河水滔滔向东流。王莽眼睁睁看着刘秀扬长而去。

据传说，滹沱河沿岸的凌透村、冻河头村、水冻村的村名来历都与此传说有关。唐代诗人胡曾在咏史诗《滹沱河》中写道：

光武经营业未兴，王郎兵革暂凭陵。

须知后汉功臣力，不及滹沱一片冰。

历史上滹沱河不断泛滥成灾，不断治河修堤，然始终无法治理这条洪水汹猛的大河。明朝藁城知县尹耕在《修滹沱河有感》中写下令人十分感动的诗句：

高筑长堤深浚河，黄埃赤日奈如何。

休将汗滴滹沱水，滴入滹沱水更多。

滹沱河虽时常泛滥成灾，但丰富的水源也养育了一方水土，冀中滹沱河沿岸也成为土肥水美的好地方。被誉为"初唐四杰"之一的卢照邻在《晚渡滹沱河赠魏大》写道：

津谷朝行远，冰川夕望瞳。

霞明深浅浪，风卷去来云。

澄波泛月影，激浪聚沙文。

谁忍仙丹上，携手独思君。

曾经水资源十分丰富的滹沱河自 20 世纪 70 年代中期以来，河道常年断流，地下水位持续下降，两岸土地沙化，植被稀疏，河道随意采砂，沿河污水无序排放，垃圾任意堆放，生态环境急剧恶化，若用一首诗来形容，则是：

茫茫滹沱尽沙波，垃圾遍野壑沟阔。

北风呼啸黄沙起，冷月朦胧空悬河。

滹沱河整治前河床

滹沱河整治后河道

南水北调河道实景图

进入 21 世纪以来，滹沱河在防洪和生态上存在的问题越来越不适应石家庄城市的发展，对其进行综合整治也纳入了石家庄市政府重要的议事议程之中，通过2008 年以来的治理，石家庄市区段已初步呈现出防洪能力显著提高，水环境显著改善，生态持续修复的良好局面，已成为一个石家庄市人民休闲游玩的好去处。

1 工程基本情况

GONGCHENG

JIBEN

QINGKUANG.............................

1.1 工程概况

濠沱河是冀中地区子牙河水系骨干河流之一，发源于山西省，贯穿河北省中部腹地，与滏阳河汇合后由子牙新河在沧州市歧口入渤海。濠沱河流域总面积24774km²，河流总长588km。

濠沱河上游建有岗南、黄壁庄两座大型水库，总控制流域面积达到23400km²，总库容29.1亿m³，山区洪水得到有效控制。水库的洪水调节作用对减轻下游河道的洪水威胁起到重要控制作用。

濠沱河石家庄市区段指南水北调中线总干渠至机场路，河道全长23.5km，河道南岸为现有石家庄市主城区，北岸为正定县城及正定新区。随着正定新区的不断发展和石家庄市主城区向北侧延伸，濠沱河已成为石家庄市的城中河。城市的发展对河道的防洪能力、水生态环境与景观建设都提出了较高的要求，而濠沱河防洪能力低下及生态恶化的局面与城市发展需求之间形成了鲜明对比，因此急需对濠沱河石家庄市区段进行生态综合整治。

1.2 环境分析

1.2.1 地理位置

石家庄市地处河北省中南部，是河北省的政治、经济、科技、金融、文化和信息中心，是国务院批准实行沿海开放政策和金融对外开放的城市。

石家庄市主城区位于濠沱河南岸，现有城区范围西起南水北调中线总干渠，东至机场路。按照国务院批复的石家庄市城市总体规划，位于濠沱河北岸的正定新区将是市区的重要组成部分。

按照上述规划，濠沱河将成为石家庄市城中河。河流的生态环境与城市发展将起到共促进、同命运。

1.2.2 河流环境

濠沱河石家庄市区段不仅行洪能力低，由于河道常年断流，地下水位持续下降，河床及岸滩土地沙化严重，植被稀疏，生物种类明显减少，已成为市区的主要沙尘污染源。沿河工业、生活污水无序排放，以及建筑垃圾的任意堆放加剧了河道生态环境的恶化，对石家庄市外围环境造成严重不良影响。河道随意采砂更是使河道丧失了基本形态，河流环境处于崩溃状况。

京广铁路大桥

治理前河床及岸滩土地沙化

滹沱河防洪综合整治工程市区段鸟瞰图

治理前滹沱河采砂砂坑

治理前污水排入河道

治理前河床堆填垃圾

1.2.3 社会经济

石家庄市经济特色明显、主导产业发展前景广阔。石家庄市地处华北平原腹地，北靠京津，东临渤海，西倚太行山，是首都的南大门。全市总面积 14077km²，常住人口 927.3 万人，其中主城区面积 429.4km²，人口 215 万人，建成区面积 112km²。

石家庄市自然资源丰富，交通便利，基础设施配套，工商业发达，正在全力打造"中国药都""全国纺织基地""华北重要商埠""北方特色农业区"和区域性高新技术产业中心为主导的支柱产业。

正定新区位于正定古城东侧地区，规划建成区面积 135km²，规划人口规模 140 万人。功能定位为石家庄中心城区"一城三区"的核心组成部分之一，市级行政、文化中心；现代服务业基地；科教创新集聚区。产业发展着力做大做强新兴现代服务业，大力发展知识经济和低碳经济，建设低碳经济示范区，引领可持续发展的示范区。

1.2.4 水文情势

滹沱河经岗南、黄壁庄两座大型水库控制，可以对洪水进行调控，明显降低滹沱河的行洪流量。按照水库的现行调度运用方式，10年一遇控泄800m³/s，50年一遇控泄3300m³/s。

黄壁庄水库以下陆续有一些丘陵、平原性支流汇入，主要包括松阳河、小青河、太平河、周汉河等。考虑到区间洪水的汇入，规划治理河段10年一遇洪水流量900～1100m³/s，50年一遇洪水流量3500～4200m³/s，100年一遇14050m³/s。

滹沱河地表水源由黄壁庄水库控制，通过石津输水总干渠和专用管道向下游灌区、石家庄市区供水。一般年份不向河道放水，只有遭遇大洪水时才通过滹沱河输水。

1.2.5 面临问题

1 防洪标准低，影响城市发展

滹沱河受上游岗南、黄壁庄两座大型水库控制，一般年份河道不再行洪，而一旦遇大洪水又具有突发性。石家庄市区段河槽宽浅、坡度平缓，虽有零散的护岸、堤防、险工防护、生物措施等，但未能形成有效的防洪体系，整体防洪能力很低，远不适应城市防洪保安的需求。

2 生态环境不断恶化

规划治理段河道常年断流，地下水位持续下降，两岸土地沙

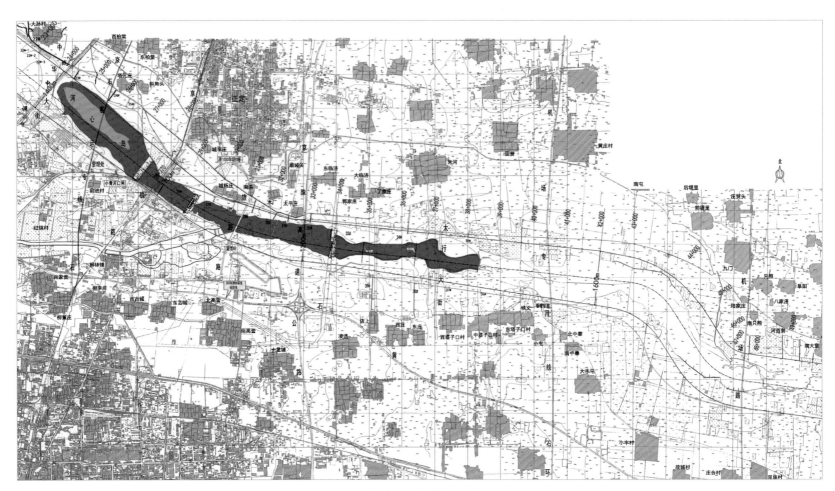

滹沱河整治工程整体规划布置图

化严重，植被稀疏，生物种类明显减少，砂坑遍布，已成为石家庄市区的主要沙尘污染源。沿河工业、生活污水的无序排放，以及生活、建筑垃圾的任意堆放加剧了河道生态环境的恶化，对石家庄市外围环境造成严重不良影响。

3 河道与沿岸土地开发利用处于无序状态

滹沱河河道断流为采砂提供了便利条件，前些年无证无序开采，超范围超深度开采的现象比比皆是，砂坑和砂堆的无序分布造成河道断面极不规则，河道几乎丧失了固有形态。河道两岸不断开发，一些高校、企事业单位陆续入驻，没有防洪保障，为城市规划和城市监管带来困难。

2 总体规划布局

ZONGTI GUIHUA BUJU............................●

滹沱河石家庄市区段总体规划布局旨在确立河流在城市今后发展中的纽带作用，从功能上集防洪、生态、景观、土地开发于一体，更重要的是石家庄市城市发展的方向更加明确，分区功能更加完善，从而可保障城市的可持续发展。

在滹沱河总体规划中充分考虑了河道

在石家庄城市发展中的地位与应有的作用，做到以滹沱河综合治理促城市发展，以城市发展作为河道治理的保障。

2.1 总体布局

从工程建设上划定规划的总控制范围，在外围边界建设防洪堤，从而使两岸保护区成为防洪保安的受益范围和今后城市建设的开发范围。主河槽治理以满足小洪水的行洪需求和水生态建设需求进行双重控制，确定合理的水域范围，通过分级控制措施形成不规则的梯级水面或湿地，为生态环境的恢复与改善创造最基本的条件。两侧滩地进行综合治理，日常用于人们休闲游玩的场所，建设一些稀疏的小品、景观等，遇大洪水时又不阻碍河道行洪，达到综合利用的目的。

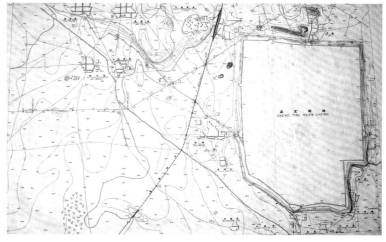

顺治时期河道图

2.2 设计理念与目标

1 历史经验教训

滹沱河早在唐代就有整修的记载。到宋元丰七年（1084年），正定境内开始修筑漕马口河堤，此后历代均有修筑堤防的工作，包括修筑河堤、回水堤、斜角堤、护城堤、月堤等，且多次疏浚河道，力图造福于民。由于滹沱河河宽、滩阔、槽不固定，整治难度极大，历次整治滹沱河都不能系统全面的投入，往往下次整治还未开始，上次整治的工程在洪水中就遭受了破坏。

清乾隆皇帝在《阅滹沱河堤工》中写道：

"前岁视滹沱，近堤虞侵城。今岁视滹沱，见脚淤沙坪。" "复见好消息，中泓向南经。北堤免冲啮，万户庆居宁"。

然而滹沱河是游荡性河道，中泓南移对北岸安全，而对南岸无疑又加大了风险，可见在当时并没有采取系统化治理措施。

2 防洪治理理念

面对滹沱河整治前两岸堤防不完整、防护不牢固；河槽内巨型砂坑遍布，随处填埋建筑垃圾的局面，提出了"固槽、稳滩、复堤"的全面治理方略，使防洪标准达到 50 ~ 100 年一遇，同时通过工程与生态措施使河段常年有水，做到水清岸绿，可供游人顽赏。

固槽是将砂坑适当回填，统一疏浚河槽并规整形态，利用南水北调中线工程开挖弃土稳固河床，利用槐河河床冲积的卵石对河床进行适当防护，使河槽能安全下泄 1000m³/s 以下的洪水。

稳滩是对河滩进行适当的平整和治理，结合生态景观需求进行少量硬化，种植以灌木为主的防冲稳滩植物，尽可能保证洪水漫滩时不至于形成河槽改道，使漫滩洪水平稳下泄。

复堤是在原有断断续续的堤埝基础上形成完整、连续的堤防，对堤防按冲刷能力大小进行不同措施的防护。对局部冲刷影响大的河段采取混凝土、格宾石笼硬防护措施，对冲刷影响小的河段采取生态措施，保障设计标准内的洪水行洪时堤防安全可靠。

3 生态治理理念

生态环境修复以生态型蓄水、休闲型景观和郊野公园式建设为主，不能影响河道正常行洪，同时在遭遇小洪水时生态设施不能损坏。滹沱河为砂质河床，渗透能力强，在径流补给较少的情况下须采取防渗措施形成有效的蓄水水面。

生态防渗措施不能采用完全隔绝水体的技术与材料，为此经多方调研，形成了以自然土料结合膨润土防水毯的组合方式。防水毯与过去常用的土工膜相比，具有渗透系数适中，防渗效果好，更能体现自然的特点。特别与自然土体一起使用，延长使用寿命。结合天然卵石防冲材料的应用，保障生态修复设施具有一定的抗冲能力，效益更加提高。

2.3 功能定位

1 水源涵养区

位于京广铁路上游区，通过挡水工程形成较深的蓄水区，涵养水源，为整个规划区提供水源储备，保持较优的水质条件。

2 湿地过渡区

位于太平河汇入口上下游河段，以浅槽、湿地、心滩等方式进行过渡，利于太平河退水的净化和处理，同时节省水资源，减少水量消耗。

3 浅水休闲区

位于原京珠高速上下游河段，设置较浅的水域、心滩，便于亲水式游览。

4 湿地净化区

位于原京珠高速以东的朱河村一带，设置串联的湿地水塘，接纳上游退水，实现水体净化，延伸水域范围，扩展生态功能。

5 岸滩景观区

位于各水体与防洪堤之间，便于布设景观，设置平台、便道、小品与亲水设施，是体现景观效果的场所。

6 堤防防护区

结合堤防防护要求，采取生态边坡治理，同时在近堤区设置防护林，既作为景观的组成部分，又可减少行洪时对堤防的冲刷影响。

2.4 治理分区

1 河槽水域区

主河槽亦即水域区，是滹沱河治理的核心区，可体现滹沱河治理的精髓，也体现生态修复的基础。

2 滩地景观区

滹沱河滩地宽阔，滩地景观区是可供游人休闲活动的区域，是河槽水域区与堤防区的过渡地带，是与人类活动关系最为密切的区域。

3 堤防区

堤防区是滹沱河治理的根，只有达到了防洪标准才能为两岸社会经济发展提供安全保障。

2.5 控制工程

滹沱河是一条行洪河道，自然坡降约三千分之一，为了形成水域必须兴建一些控制性工程。

按照总体布局和功能区划分的要求，通过橡胶坝、潜坝等工程实现横向水域控制，通过岸槽防护实现纵向水域控制。

2.6 项目实施步骤

按照滹沱河整治工程从功能上、区域上的不同，在实施过程中划分了四个实施阶段。

第一个阶段实施了原京珠高速、京广铁路以上两大区域的水环境整治；第二个阶段实施了京广上下游区域的水环境整治；第三个阶段实施了朱河段水环境整治；第四个阶段分步实施防洪治理工程和滩地景观工程。

滹沱河生态修复功能区基本情况表

工程位置	蓄水水位 /m	蓄水面积 / 万 m²	蓄水量 / 万 m³	备注
1 号水面（京广以上）	71.3	270.0	647.0	
2 号水面湿地	69.5	107.5	191.5	
太平河口	65.16 ~ 65.83	79.0	59.0	
旅游路以下 1km 段水面	65.16	57.0	53.0	
4 号水面	65.16	137.0	144.0	
朱河段水面湿地	59.67 ~ 62.07	227.0	431.0	含湿地
合计		877.5	1525.5	

3 河槽整治与蓄水工程
HECAO ZHENGZHI YU XUSHUI GONGCHENG ·····························●

滹沱河整治前河槽已失去了基本形态，不仅行洪时无固定通道，更是与水生态建设条件相距甚远，因此滹沱河的河槽整治与一般的河床平整、河槽疏浚都有本质上的差别。不仅需要对深砂坑回填，还需要稳固的基本形态，做到行洪与蓄水的有机结合。

滹沱河的河槽整治工程量之巨大超出了想象，数以千万方的砂土开挖和回填量在一般的河道整治中十分罕见，因此能够实现滹沱河的水生态建设并形成不同类型的水域来之不易。

3.1 河槽形态恢复工程

滹沱河沿岸城市群的建设对砂资源的需求十分庞大，受利益驱动，超常规采砂十分猖狂。其特征是无规划或不按规划实施，造成采砂坑位置不合理、形状不规则、深度过大，使河道完全丧失了应有的形态。滹沱河石家庄市区段采砂坑有的可达30m以上，单坑容量可达数百万立方米。采砂者为了获取质量更好的砂料，有时按照螺旋状掘进，砂坑形状奇形百怪。

采砂所造成河道形态的种种破坏，对河道整治和水生态修复带来困难。一方面是在小范围内难以实现对河道基本形态的恢复，另一方面对砂质河床难以形成稳定的基面，对水生态修复中的防渗带来困难。因此水环境综合整治的要点是对河道基本形态的恢复，其次是满足长期蓄水应采取的防渗措施。

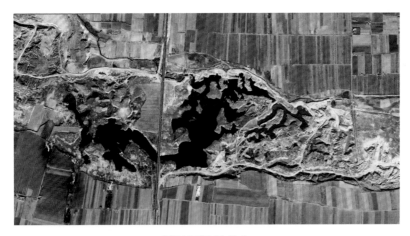

滹沱河砂坑分布

据碾压设备的重量进行多组实验，确定分层厚度、碾压遍数、掺水量。其中一个重要环节是掺水，对于防止碾压层分散离析具有重要作用。

也有利用建筑垃圾填埋砂坑的实例，由于砖块、水泥块体较大，其内部的孔隙率过大，无法同时满足压实和密实的要求，长期蓄水或行洪时容易产生湿陷性塌坑、塌陷，形成大量渗透性通道，影响水环境治理的效果。实践证明，利用建筑垃圾填埋砂坑不适用于进行水生态环境的治理。

河道形态虽不要求断面宽度统一、纵坡一致，但也应考虑到不同形状断面形式的顺畅衔接，保障行洪时水流流态的合理分布，避免过度的不规则化带来工程防护的困难。

为满足上述要求，应从一个较适宜的河段范围内进行统一规划，在满足河道防洪基本要求的前提下对纵横断面进行整体布置。对于砂坑分布集中的河段，亏方量较大，可考虑加大主槽断面，放缓纵坡，尽可能减少远距离调土增加的投资。对于非砂坑河段，按照整治要求，其本身余方量较大，可采取适当加大纵坡，减少主槽宽度等措施减少过多的土方外调产生的投资。

朱河段整治前地形

通过上述措施，在一个较长的河段内通过土方平衡，尽可能做到河道形态的顺畅连接，滩槽分布的多种变化，既不影响行洪安全，又为水环境改善创造出应有的条件。

砂坑填埋的理想压实状态是与天然砂床的密实度一致，从而可避免产生不均匀沉降问题。然而受各种因素影响，砂体碾压要求的施工工艺和技术相当严格，单方回填造价较高，施工过程难以控制。通常情况下应根

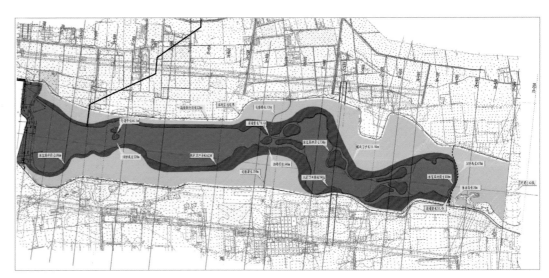

朱河段整治后地形

在利用施工机械回填砂坑过程中，也可产生一定的压实效果，进一步辅以漫水压实的方法效果较为理想。为此可不必过于控制砂坑填埋过程中的压实度，而是利用大水漫灌的方式通过水的渗透力和压力实现砂体的自密实。

每次灌水的水头不小于1m，灌水和压水时间1星期左右，待水渗透完毕不再有明水情况下，隔10天左右再进行1～2次灌水，可有效保障回填砂体的密实度要求。这种施工工艺虽然灌水压水占用了一定时间，但由于不再要求对砂体分层碾压，因此总工期并不会延长。

华北地区地下水埋深较大，利用灌水压水的渗透水量可有效改善地下水环境，补充地下水，并不会造成大量水资源的浪费。

3.2 河槽防渗工程

水生态环境整治不同于一般的河道防洪工程，要求在满足防洪的前提下还要满足在一定范围内长期蓄水的要求。对于华北地区河道长期干涸、地下水位不断降低、缺乏固定径流补充的情况下，需要对河道采取一定的防渗措施。

河道防渗的理想材料是黏性土，最接近于天然状态，无污染且效果持久。凡是取砂的河道均属于砂质河床，通常在短距离内难以找到适宜防渗的大量土料，特别是在目前对耕地保护日益强化的情况下大量取土不仅造价高，也难以实施。因此采取替代或部分替代的土工合成材料成为首选。

被填埋的砂坑易产生不均匀沉降，特别是在原有砂坑的边缘部位更易形成较为明显的局部不均匀沉降变形，因此防渗措施须考虑由此带来的不利影响。

防渗体必须由柔性材料组成以适应不

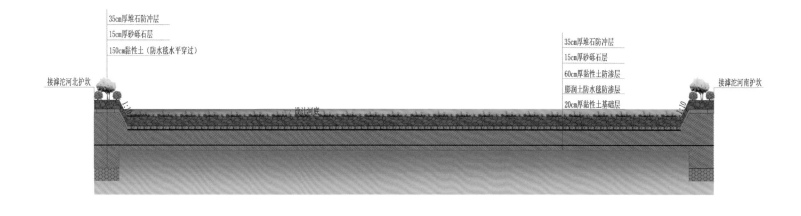

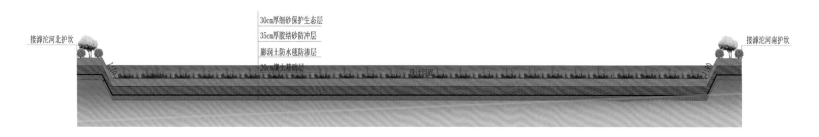

防渗典型横断面图

均匀变形。通过研究，在对压水处理整治后的砂坑按照砂壤土垫层加天然钠基膨润土防水毯再加壤土保护层的组合防渗体具有较好的防渗能力、环保性能和适应不均匀变形的要求。垫层位于钠基膨润土防水毯下部，按照一般土方填筑的要求进行施工，层厚 20 ~ 30cm，表面无明显的硬块、树枝和其他可能对防水毯产生影响的东西。钠基膨润土防水毯采取质量不低于 5000g/m^2 的规格，标准尺寸，搭接施工方式，搭接部位均匀撒上膨润土干粉，搭接宽度一般部位为 20cm，在易产生不均匀沉降的部位加大至 30 ~ 50cm。保护层采用渗透系数较小的壤土，层厚不小于 30cm，按照常规的土方填筑方式施工。为了防止对防水毯产生破坏，保护层必须倒推施工且与防水毯铺设尽可能同步，碾压设备不得直接作用于防水毯上。对于行洪流速较大的河道，可在保护层上部再加防冲层。经实践，采用类似天然河道中的不同规格卵石效果最佳，既属于纯天然材料，又对水体具有净化作用。对于局部流速过大的部位可采取格宾护垫加强防冲效果，厚度一般为 30cm。

对于上述组合防渗体还适用于一般水草的生长。植物根须穿过防水毯不会对其防渗性能产生影响，具有较好的生态效果。

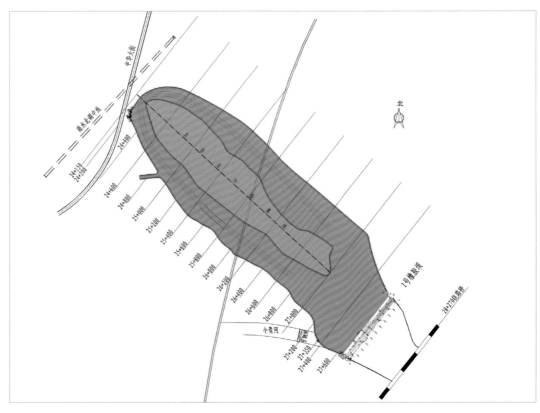

滹沱河南水北调以下水面示意图

4 水域控制工程

SHUIYU KONGZHI
GONGCHENG ....●

滹沱河是天然行洪河流，自然纵坡约 1/3000，为了在长距离内形成水域，必需按照梯级控制的方法组成水域分区，分区间保持良好的衔接。滹沱河属砂质河床，主槽内又兼具低标准行洪要求，河床冲刷能力强，因此横向上需实施防冲控制工程。

为了满足功能分区的需要，水域控制工程采取了橡胶坝、潜坝、暗坎等多种型式，以实现深水、浅水、湿地与心滩的要求。

建成后的水域区日常存在蒸发和渗漏损失，因此需要水源补充工程。在设计中考虑了一次性大规模补水水源、日常补水水源和中水利用水源等方式。

4.1 挡水工程

4.1.1 橡胶坝工程

1 选址

按照滹沱河整治功能规划，西部水源涵养需要较深的水体，故设计采用橡胶坝的控制方式。坝址选择综合考虑了地形地质条件、行洪和回水要求以及施工等因素，下游为京广铁路桥，为避免橡胶坝塌坝时对铁路桥产生影响，又防止布置在过度的开阔区，经多方比较坝轴线选择在铁路桥上游580m处。该坝址处地形较为开阔，岸坡稳定，橡胶坝坍坝时对河道行洪影响很小，可不考虑其对行洪的影响，对铁路桥行洪亦无影响。坝址处地表分布有中砂、细砂及杂填土层，对于细砂和杂填土层需做基础换填优质中粗砂处理，河道中心段有人工采砂形成的沙坑，设计中采取填筑密实处理。

2 工程规模

橡胶坝规模一方面要满足蓄水回水规划要求，又要不降低河道行洪能力，水流顺畅，为此橡胶坝长度与现状河道宽度一致，坝高2.5m，坝长806m。其坝长名

滹沱河橡胶坝

列河北省橡胶坝建设的前茅。

3 主体设计

橡胶坝设计分为10段，中间设隔墩，主要构筑物有坝底板、坝前铺盖、坝后护坦和防冲槽。每段设独立运行的坝袋。河道南岸设泵房，可分别操作每孔橡胶坝的充、排水。充坝水源单设深井，井深130m。

橡胶坝坝址处为砂坑边缘，河床中部为回填的建筑渣土，土层松散不易压实，且承载力较低，不能做建筑物基础，设计采用换填处理措施，清基后回填中粗砂，分层压实，压实相对密度≥0.75，承载力≥120kPa。

汛期行洪时坝袋塌坝运行，河道类似自然状态，橡胶坝底板、隔墩的存在对行洪影响不大，但考虑到坝袋独立运行时的冲刷作用，仍需加强消能防冲设施。下游护坦坡度平缓，与防冲槽相连，防冲槽深3m，底宽5m，长800m，类似于超大号游泳池，平时也蓄水。

坝袋上游也存在冲刷问题，但由于在水域表层防冲处理中与橡胶

坝前铺盖形成了整体结构，故冲刷影响很小。

4 检查维护

橡胶坝工程属于易损设施，必须加强日常的蓄水、工程状态变化和坝袋运用检查，及时发现异常现象，分析原因，采取措施，防止发生事故。

检查重点包括各部位、坝袋、锚固件、充排水设备、机电设备、通信设施、河床变形、附近区域堤防和水流情况等。对橡胶坝袋要加强观测，重点包括坝袋内压力、坝袋变形与老化、坝袋渗漏等，一旦出现异常现象，必须做专项分析，必要时采取处理措施。

5 运行调度

橡胶坝运行须制定严格的操作规程并遵照执行。

（1）坝袋充水严禁超压运行，充坝时应观测安全装置是否可靠，严禁穿带钉鞋、硬底鞋在坝袋上行走，严禁坝袋处于充胀状态装卸锚固件。

（2）坝体充排水前必须做好检查工作，清除坝袋及锚固件上的杂物，检查机泵、管路与阀门是否正常。坝袋充水时不得一次坝袋充至设计高度，须分级充水，逐级逐步达到设计坝高，每次停留时间不得少于半小时，以便发现异常现象时采取必要的措施。

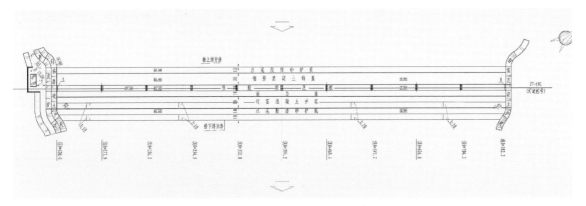

1号橡胶坝剖面图

（3）橡胶坝溢流时防止出现共振现象，一旦出现该问题，可采取调节坝高，控制坝顶溢流量等办法来减轻或消除坝袋振动。

（4）冬季充坝挡水时，应采取必要的坝袋保护措施，防止冰冻破坏。结冰期不允许调节坝高和充排水操作。

（5）橡胶坝坍坝时应对称间隔，缓慢坍落，以调整下游河道水流，不发生集中或折冲冲刷。

4.1.2 潜坝工程

潜坝是在滩面以下的下嵌式拦河坝，以使河道形成串珠式水域。其建设高程位于滩面之下是为了避免阻碍河道行洪。在枯水

潜坝

季节，潜坝用于挡水形成水域，行洪时水流漫过潜坝正常下泄。潜坝工程主要位于原京珠高速以东河段。

潜坝位置以自然地形控制，结合原有采砂坑进行整理后确定潜坝长度为 320 ~ 650m。

潜坝设计采用梯形断面型式，上下游设计坝坡均为 1:10 缓坡，以减小行洪时的局部阻力。为满足向下游泄水需要，设局部泄水溢流段布置在水域范围内，长 20 ~ 50m，保证上游水域用 2 天时间泄空。潜坝顶高程为设计蓄水位加 0.4 ~ 1.0m 超高，坝顶兼做简易过河路面，坝顶宽度非泄水溢流段设计为 10m。潜坝坝顶采用 C25 钢筋混凝土板防护，厚 20cm，坝顶以上回填砂土至河底调坡高程。坝体填筑材料为砂土，上下游边坡砂土外包 50cm 壤土和防水毯防渗，外层采用 20cm 厚 C25 钢筋混凝土板防护，坝坡防渗底部连接至河底防渗层，坝脚增设混凝土锁块和格宾石笼水平防护，其中混凝土锁块厚 0.5m，长 4m，格宾石笼防护长为 20m，厚 0.5m。

潜坝坝体内填充料为当地河床砂，边坡采取缓坡的目的有两个：一是保证坝体满足抗滑稳定的要求，二是优化行洪水流条件。

河道行洪时将沿潜坝上游坝坡、坡顶、下游坝坡形成冲刷影响。为保证潜坝在中低标准洪水时的安全，须对边坡进行防护，设计进行了三个方案的优化比选。一是采用厚 50cm 浆砌石护坡方案，二是采用厚 25cm 混凝土连锁块防护方案，三是采用厚 20cm 钢筋混凝土板防护方案。通过对经济、结构、技术等方面的比选，推荐采用钢筋混凝土板防护方案。其主要优点是糙率低，维护管理方便，耐久性强。

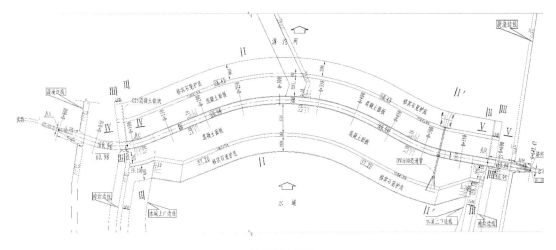

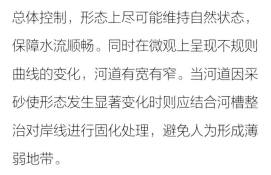

潜坝设计图

为了满足各水域水体连通和补水、泄水的需要,在潜坝体内埋设连通管,并在进口设置控制蝶阀和阀门井。连通管型式进行了钢筋混凝土方涵和预制混凝土管的比选。两种型式功能相近,在施工工期紧的情况下,采用预制混凝土管能够节约时间,同时与蝶阀衔接方便。按上游正常蓄水位、下游无水时进行管道过流计算,设计流量为 2.5m³/s,为了便于清淤、维修,连通管管径选用 1.6m。管道流速为 2.0 ~ 2.2m/s。连能管下游设格宾石笼

以满足消能防冲要求。

4.2 河坎防护工程

1 工程布置

滹沱河主河槽内既是水域、湿地区,也是行洪区,在不采取防冲措施的情况下,行洪时可形成 1.6 ~ 3.3m 的冲坑,因此必须对水域及河坎采取必要的防护措施。

基于形成水域及河道行洪的双重要求,在工程布置时基本以自然河坎边界为

总体控制,形态上尽可能维持自然状态,保障水流顺畅。同时在微观上呈现不规则曲线的变化,河道有宽有窄。当河道因采砂使形态发生显著变化时则应结合河槽整治对岸线进行固化处理,避免人为形成薄弱地带。

2 防护设计

从功能上,河坎防护要满足蓄水和行洪的双重目标,因此在纵向防护高程上存在一个平行水面线的比降值。通常高程值取蓄水位加 0.5m 超高与 10 年行洪水位的包络线。

河坎防护重点为底部和边坡部位。理论上底部防护应深入冲刷线以下,但结合河底的防冲需要,宜形成一体化结构。边

格宾石笼护坡

护坎标准断面图

坡防护须满足行洪时的抗冲刷要求，也要兼顾生态需求，在滹沱河整治中设置了格宾石笼护坡、浆砌石挡墙、混凝土台阶等多种形式。

格宾石笼结构的优点是对填充石材的要求较低，通过钢丝连接后的整体性能较好，便于后期的生态化处理。在滹沱河河道生态项目中除常规的覆土植草外还采取填砂形成沙滩的形式，营造出一种海边沙滩的效果。通过实践，格宾石笼覆砂后的结构对于冬季防结冰冲击效果很好。

浆砌石结构的生态功能较差，主要用在需强化结构强度和局部加强防冲效果的部位。混凝土台阶也是用于局部广场、平台的附近，起到方便游人亲水和活动的点缀目的。

4.3 水源工程

4.3.1 南水北调退水联通工程

在南水北调中线总干渠建设中，将滹沱河作为应急事故退水的场所之一。退水渠规模为南水北调总干渠设计规模的一半，过水能力接近100m³/s。在滹沱河生态修复工程中，南水北调退水渠与滹沱河整治最上游的水域相连，而南水北调上游又与黄壁庄水库输水的石津总干渠相连，所以滹沱河具有补水的优越条件。

在南水北调退水渠建设中，受当时的滹沱河河道条件的限制，退水渠并未顺畅连接至可以满足自流的状态，因此一旦使用退水渠退水只能起到半退水的作用。在滹沱河生态整治中，对石家庄市城区段进行了整体疏浚整治，与南水北调退水渠衔接部位的底高程一致，从而保障了南水北调中线工程的正常

引横山岭水库水入滹工程示意图

退水运用。

为了充分利用南水北调退水的资源，减少渗漏损失，对退水渠也参照滹沱河河槽整治的标准进行了防护与防渗治理，从而与滹沱河水域形成了一体化结构。

鉴于南水北调退水渠的特点，并不作为滹沱河常规补水水源，而是作为一次性补水和应急应用的补水方式。

南水北调退水渠

4.3.2 横山岭水库补水工程

横山岭水库位于大清河系磁河上游，控制流域面积 440km²，水库总库容 2.43 亿 m³。横山岭水库具有水资源较为丰富的特点，且归石家庄市水务部门统一管理调度，因此作为滹沱河日常补水水源具有得天独厚的优势。

从横山岭水库向滹沱河引水工程利用其自身的灌溉输水渠道 46km，新建输水管道 28km。管道设计流量为 1.5m³/s，年补水能力 1030 万 m³。

4.3.3 正定县中水补水工程

为补充项目区下游湿地范围的日常蒸发、渗漏损失水量，使湿地保持一定的蓄水容量，设计中考虑了引用正定污水处理厂达标排放的中水作为日常补水工程。

正定污水处理厂现状出水水质二级出水标准，通过深度处理进一步达到一级 A 标准，可满足湿地用水要求。

从正定污水处理厂尾水渠按管道方式引入项目区，线路全长 4.4km。正定县污水处理厂日处理能力为 6 万 m³，引水管道设计流量为 0.69m³/s。设计采用无压重力流引水方式，管道设计纵坡为 1/4000。

4.3.4 太平河退水补水工程

太平河是滹沱河在平原区的一条较大支流，发源于鹿泉市西南的太行山浅山区，上流作为石家庄市北泄洪渠，与古运河汇合后，在京广铁路桥下游约 2km 处汇入滹沱河（右岸），流域总面积 253km²。

太平河上游属城市西北环水系的组成部分之一，也进行了水生态综合整治，修建了部分蓄水工程、景观工程和生态湿地工程，日常存蓄部分水量，待汛期或上游水量较丰沛的季节须退水入滹沱河，成为滹沱河整治工程的水源组成部分之一。

太平河为天然行洪排沥河道，但其自身水生态建设工程中设置了大量的节制工程，因此径流过程发生了较大改变，只有短时间集中的退水。在滹沱河综合整治工程中，从河床高程、生态建设方式上进行了良好的衔接，最大限度地提高了水资源利用率。

5 滨水景观工程
BINSHUI JINGGUAN GONGCHENG ....●

5.1 历史背景

滹沱河两岸是石家庄历史文化的发祥地，早在五六千年前，在滹沱河滋润下，这里就开始有人类居住。正定新城铺藁城台西以及石家庄城郊、平山、无极等地发现的商代遗址，就是明证。之后的千百年中，在滹沱河南北两岸，古中山国、东垣邑（今东古城村）、真定（今正定）府先后兴盛一时。

"一鞭晓色渡滹沱，芳草茸茸漫碧波，

子龙大桥

滹沱河沿岸实景图

却忆去年沽水路，鳜鱼正美钓船多"。明朝诗人梁瑞霖在《秋晚渡河》中描写了滹沱河的旖旎风光。然而历史上的滹沱河并不只有碧波荡漾，渔歌互答的仙境，洪旱灾害也很频繁。据史料记载近200年中，发生较大的水灾73次，旱灾和涝灾交替发生，常常是春旱秋涝。滹沱河为善淤善决善徙的多沙河流。黄壁庄以下呈游荡型河道，经常洪水泛滥，河道屡有迁徙，历史上曾南侵宁晋，北扰清南，串黑龙港，现有众多故道遗迹。正定京广铁路桥以上现状河槽系1939年洪水后形成，正定至藁城段1950年以后才比较稳定。过去人称滹沱河是一大害河。"模糊坝外田万亩，化为浊浪拍城楼。"清代诗人张云锦的《滹沱观涨》一诗写滹沱河泛滥成灾给人民带来的灾难。

滹沱河畔也曾金戈铁马狼烟四起，弥漫过战争的烽烟。而且在近现代中国革命史上具有特殊地位，尤其是现代史上那动荡的风云，给古老的滹沱河抹上了一层诱人的色彩。抗战初期，朱德总司令在此指挥了华北战场的抗日斗争。滹沱河流域还有国际共产主义战士白求恩大夫的战斗足迹。百团大战正太路破袭战，八路军火烧阳明堡机场，中国军队与日军的"忻口会战"也都发生

在这里。

从20世纪80年代始，滹沱河石家庄区段在石家庄人的眼里慢慢改变了颜色——河道干涸断流，两岸土地沙化，植被树木稀疏，生物种类锐减，地下水位持续下降，一个丰水区域日趋向贫水区乃至荒水区发展，并已成为主要的风沙扬尘源地，沙尘量占石家庄城区总悬浮颗粒物的29%。由于滹沱河石家庄区段多年来未能纳入统一规划管理，设施匮乏，交通不便，建设无序，部分水源受到污染，生态环境日益恶化。

5.2 滨水景观主题思想

滹沱河被当地百姓称为"扑塌河"，因水患而得名。乾隆皇帝十分关注滹沱河水患问题，他曾三次视察了滹沱河堤防，并为河神庙赐额"畿甸安澜"。因而，以"扑塌安澜"作为景观概念设计主题，喻义经今天整治后的滹沱河从此安定祥和，泽育百姓。

因为滹沱河河流空间同时拥有人工河道和自然河流的双重形式，同时也是石家庄城市居民重要的休闲娱乐场所。此外，作为线性生态系统，河流空间将城市和地区连接至所在的整个集水区——水从上游地区流经下游地区，因此创建了整体的社区感。

设计一个城市的河流空间是一件相当复杂的任务，尤其是在河流空间展示出起混合特质的城市环境之中，因为滹沱河河流空间同时拥有人工河道和自然河流的双重形式。城市河流空间作为人为控制的水利基础设施，空间密闭。此外，作为线性生态系统，河流空间将城市和地区连接至所在的整个集水区——水从上游地区流经下游地区，因此创建了整体的社区感。

滹沱河作为省会城市景观怀旧的重要依托和生态系统的关键要素，从整体上通过对"水、堤、路、桥、岛、绿、景、居"统一规划和有机安排，将滹沱河建成生态河道、景观河道和滨水居

滹沱河综合整治（黄壁庄水库至茶城东段）生态环境景观概念设计

南水北调下游水面夜景效果图

朱河段湿地景观效果图

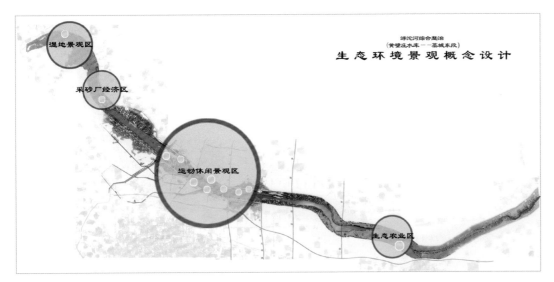

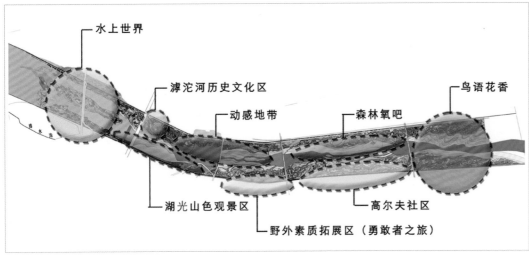

景观设计效果图

市空间。综合考虑工程沿线自然条件、生态环境、历史文化遗产和社会经济状况的基础上，构筑一条以"一带""四区""八节点"为特色的多层次生态景观河道空间体系。

"一带"是指滹沱河黄壁庄水库至藁城东界整个景观带规划主河道；"四区"是指依滹沱河上游至下游结合工程特点和地区的自然人文资源状况，规划四个不同的特色区域：湿地景区，采砂经济景观区，生态休闲、运动景观区、生态农业景观区。"八节点"位于重点景观设计区，包含生态休闲区、运动区，在充分认识沿河周边自然与文化的重要性的前提下，发掘其核心资源，围绕石家庄"红、绿、古、新"四大旅游主题，展现河北省的地域文化和繁荣、文明、和谐石家庄形象。

防洪功能：提高滹沱河的行洪能力，使其行洪能力达到 50～100 年一遇的设计标准。

都市功能：通过对北出市口的开发整治，使该地区纳入城市统一管理，规范占地经营，彻底消除该地区的脏乱差现象。

旅游功能：以绿地为基础，水体景观为核心，形成一核（核心区）、一廊（滹沱河沿岸绿色长廊）、一线（汉河水景线）、数园（各种主题公园）的总体格局，成为石家庄城郊最富魅力的大型休闲旅游地。

住休闲区。按照绿地系统规划，这里将成为我市外围防护绿地、城市绿色隔离空间、区间绿化景观走廊、近郊生态风景林带、风沙防治区、水体生态绿化景观走廊以及集旅游、休闲、游憩等为一体的休闲地，从而达到功能和效益相协调的城市空间。

5.3 滨水景观总体定位

根据滹沱河的总体规划定位，这里将成为石家庄市外围防护绿地、城市绿色隔离空间、区间绿化景观走廊、近郊生态风景林带、风沙防治区、水体生态绿化景观走廊以及集旅游、休闲、游憩等为一体的休闲地，从而达到功能和效益相协调的城

5.4 节点设计

景观节点设计遵循如下原则：

（1）生态保育和水土涵养并重：以绿化造景和水土改良为主，发挥滹沱河对石家庄市生态环境保护的重要作用。

（2）景观的丰富性与功能的多样性兼顾：以滨河生态休闲、度假和郊野游憩、观光娱乐为主线，活动形式多样，环境优美。

（3）自然生态与科普教育有机结合：建设石家庄市的乡土景观、生态和文化的"自然博物馆"。

（4）发展休闲旅游业与提升城市品位：建设石家庄市的休闲旅游核心区和旅游服务基地。

5.4.1 水上世界

水上漂流——驾着无动力的小舟，利用船桨掌握好方向，在时而湍急时而平缓的水流中顺流而下，在与大自然抗争中演绎精彩的瞬间，这就是漂流，一项勇敢者的运动。一条蜿蜒流动的河，延伸在峡谷坚硬的腹地。乘着橡皮艇顺流而下，天高水长，阳光普照，四面青山环绕，漂流其间，迎面而来的是一种期待——期待刺激！期待惊险！期待与自然的搏斗！期待"有惊无险"后的轻松！在忙碌的都市生活中，人们一直在寻找的就是这样的一种激动、一种区别于平凡生活的独特感受。就是这样一种感受，使都市人为之倾倒，使之成为生活的一部分。同时还设置了其他水上娱乐大型项目包括：太空城、碧湖观鱼、海洋之梦、亲水园、水岸品茗、水上滑梯、木排漂流、休闲垂钓、激流勇进、绿叶寻踪、水上碰碰船、卧水听风、室内戏水、康体休闲林等迎合都市年轻群体寻求刺激与挑战的心理。

5.4.2 历史文化区

（1）滹沱河历史文化长廊：挖掘和展示滹沱河历史带发展的历史以及相关的文化。隋唐时期石家庄籍的文化名人有魏征和李吉甫；北宋时期，富弼、韩琦、欧阳修、沈括、苏轼等名宦贤臣先后奉使河北，都在真定府（今正定）留下足迹，促进了这一地区经济、文化的繁荣。1948年5月至1949年3月间，西柏坡是中共中央和中国人民解放军总部所在地，党中央、毛主席在此指挥了名震中外的三大战役，召开了著名的中国共产党七届二中全会。水是生命之源，没有水，就没有生命，当然就更不用说工业、农业，甚至社会生活、人类活动了。"生生不息"这个词与其说是形容人类的，不如说是一个文明的发源地，都是傍依江河湖泊，并依靠必要的可供水源而发展起来的。四大文明古国中，埃及的尼罗河、印度的恒河、西亚的底格里斯河和幼法拉底河，还有中国的黄河、长江，都以其甘甜的乳汁孕育了人类早期的伟大文明。

滹沱河水上世界

滹沱河历史文化区

滹沱河治水历史

湖光山色景观区

动感地带

野外素质拓展

绿景望幽

5.4.3 湖光山色景观区

河，孕育文明；海，凝聚智慧。有水才会有城，有水才会有城市的文明和历史，有水才会有城市的过去和未来。适度开发水周边的旅游资源、建设高级宾馆、开设休闲度假、特色美食城、特色采摘等项目。

5.4.4 动感地带

动感是水最大的特色，有着独有的韵律开设水寨篝火、水岸艺苑、暮雨清航、河滩漫步、水中舞台、印山一畅、水上活动、石影浅滩、苇荡迷津、沙滩运动、生态湿地等景点让青年人体会到动感的乐趣．

5.4.5 野外素质拓展

结合现代的元素，带给人们户外的最大尺度空间，体验野外的乐趣、渔舟唱晚、跃水飞瀑、绝壁攀岩、寻踪觅影、抢滩登陆、夺水战斗。

5.4.6 绿景望幽

运用古典的元素符号，展现出水与绿的最高境界，其中设置了云溪竹径、盈水闲庭、风雨游廊、花港观鱼、玉带飞桥、玉女浣纱等古典风格的景点。

5.5 景观特色

1 生态可持续

充分利用和保护原有地形、地貌和自然景观特征，设计中尽量使用地方材料和当地植物种类，同时体现生物多样性保护，使之成为石家庄市整体城市生态系统中的重要区域。

（2）治水历史展示：把中国历史上以及滹沱河的治水故事和文化通过相关的手法表现出来，形成序列性的景观，如：雕塑、小品以及文化墙等。初唐四杰之一的卢照邻在《晚渡滹沱赠魏大》诗中曾借滹沱之水抒怀："津谷朝远行，水川夕照寻。霞明深浅浪，风卷去来云。澄波泛月影，激浪聚沙文。谁忍仙舟上，携手独思君。"然而，自20世纪70年代以来，由于各种因素的影响，滹沱河常年断流、植被稀少、生态环境日渐脆弱。近年来，河道内非法采砂、挖砂吸铁、掘草放牧现象日趋严重，更加剧了滹沱河生态环境的恶化。滹沱河不仅没能起到气候调节作用，反而成为市区风沙、粉尘的主要污染源。为改善滹沱河市区段的生态环境，石家庄市政府于2005年启动了滹沱河人工湿地工程。

2 地域性保护

体现所在地域的自然环境特征，因地制宜地创造出具有时代特点和地域特征的空间环境，避免了盲目移植。

3 历史与文脉

该区域位于正定和石家庄市区的接合部，有着良好的文化历史和人文积淀。景观设计深入挖掘和展现石家庄及周边地区的历史文化和民俗风情，体现历史文脉的延续性。

4 传统与现代的结合

将中国传统的造园理念与现代景观设计手法相结合，既体现了深厚的文化底蕴，又有鲜明的时代特征；既体现了文化的继承又体现了发展。

5 体现"以人为本"

充分分析区位优势及内部功能构成，分析人的行为活动和心理因素，创造丰富有序的、多层次的河岸景观绿色空间。整个设计以人为主体，处处体现对人的关怀，赋予环境景观亲切宜人的艺术感召力，通过美化生活环境，体现河岸景观文化，促进人际交往和精神文明建设，并提倡公共参与设计、建设和管理。

6 体现"水"文化主题

"水"是生命的体现，同时也给人们带来了不尽的灾难，人类的发展总是伴随着与水的治理的斗争过程，本方案通过多样化的艺术手法（如雕塑、小品等）把人们治理滹沱河的历史体现在我们的景观方案中。

7 体现科普性

科学技术是人类文明发展的成果之一，在园中把一些科普知识通过景观设计的方式表达出来，让人们能够充分体现现代社会科技发展的水平。

8 体现娱乐性

随着社会的进步和生活节奏的加快，在城市生活的人们无论在心理上还是在生理上都存在着很大的压力，本方案的功能之一就是为石家庄市区的人们提供一个休闲和放松的去处，如内部建设度假村和现代农业展示中心和农业观光区、高尔夫球场、钓鱼岛等娱乐设施，使他们在娱乐中放松自己的精神。创造一个独具特色的城市景观和高品位的城市休闲与娱乐空间，并求得文脉上的延续性。

9 体现商业文明

顺应市场发展需求及地方经济状况，商业文明是现代文明的重要组成部分，通过对滹沱河两岸景观的改造，把一些地块进行商业开发，或者把一些岛屿进行拍卖，同时设置一些商业娱乐设施，这样可以使河岸的景观得以持续性的发展，使我们的环境能够良性循环。改善现有环境，扩人使用功能，建设聚居园区，利用现有大面积的果林建设集生产、科研、旅游为一体的经济林园区。

10 水与光的夜色景观

运用现代灯光技术把滹沱河上的水在夜晚的艺术效果体现出来，为省会的夜色增添新的美景，使人们在夜晚有更好的去处。

11 环境科学与现代景观艺术的结合

把水利科技和相关技术发展的成果运用到景观设计中去，既满足了景观设计的视觉要求，同时也改善了该地区的生态环境，做到了技术与艺术的全方位结合。

依据以上设计理念我们把整个河道划分为八个节点，包括：水世界、历史文化区、湖光山色景区、休闲娱乐区、野外素质运动区、绿景望幽、鸟语花香等，在这些节点中依据不同的特点，设置了不同的使用功能，达到娱乐与经济、生态环境相结合。我们期望用这些景观环境打造一个全新的滹沱河，让全新的滹沱河来带动石家庄经济、来改善石家庄的生态环境。

植物配置：根据河道水资源、气候、土壤等特征，结合景观建设的需求和河道的水利功能，提出横向层叠、纵向梯级的河道治理理念和采取林景型、林经型、林生型3种主要的片林复层结构种植模式。

12 横向层叠、纵向梯级的河道治理理念

横向层叠。横向层叠是指河道、河堤和阶地 3 层治理断面。河道：在河道内禁止挖沙，平整滩地，依靠两岸生态环境的修复，自然固定流沙，形成沙滩河床景观；300 ～ 800m 的河漫滩，是传统的行洪河道，严禁种植阻水植物，禁止在河滩地内开荒造田，保护野生草本植被，逐步形成沙地草甸草原景观；800m 以外至行洪指导线是营造生物防洪和疏林草地景观带，可建设柳、桑缓洪雁翅绿化工程。

纵向梯级是按照河道的自然特性、水利功能及其所承担的功能和职能浆砌分为三段。

片林复层结构种植模式为滹沱河河南岸的片林、林带更好地发挥生态效益，提出片林复层结构种植模式理念。包括春、夏、秋、冬景"四季景观"5 种林景型模式。

6 防洪工程
FANGHONG
GONGCHENG ....●

滹沱河是子牙河水系两大支流之一，总体防洪体系布局是"上蓄、中疏、下排、适当地滞"，整体防洪标准达到 50 年一遇。"上蓄"是指河道上游有骨干调蓄控制工程，通过岗南、黄壁庄水库的洪水调节作用，50 年一遇洪水时可按 3300m³/s 流量稳定下泄；"中疏"即是对中游河道进行治理疏控，达到相应的泄洪能力；"下排"指保障入海的通道畅通，子牙新河即为人工开辟的入海河流，是实现流域防洪标准的重要保障；"适当地滞"即在平原区选取合适的位置对洪水进行调蓄或分洪，解决整体上行洪上游大、下游小的问题，献县泛区就承担了此功能。

滹沱河石家庄市区段地处中游，防洪治理应当以疏导为主。20 世纪 70 年代以来陆续修建了一些控导、丁坝、堤防等工程，但工程标准低，每遇较高标准洪水就会造成滹沱河两岸重大财产损失。

石家庄市是河北省省会城市，虽然石太铁路、石黄铁路可作为城市的防洪屏障，但距滹沱河主河道过远，严重限制了城市发展空间。正定新区是城市规划确定的今后石家庄市重点发展区域，石家庄市人民政府也将迁移至滹沱河北岸，现有零散的防洪堤不仅标准低，而且没有形成有效的防洪体系。

滹沱河将成为石家庄市中心城区的城中河，防洪治理按照南水北调中线总干渠倒虹吸口门、京石高铁、京广铁路、107 国道、原京珠高速公路大桥、机场路大桥等控制节点，使防洪工程成为城市总体规划的支撑。

6.1 防洪总体布局

从黄壁庄水库至南水北调中线总干渠河段属山区向平原的过渡段，在防洪工程安排上以局部村庄护岸为主，保留广阔的滩地，遇洪水时可起到槽蓄与削峰的作用。

南水北调中线总干渠至机场路段为石家庄市主城区及正定新区段，左岸通过新建堤防或堤防改造形成完整的工程措施，防洪标准 100 年一遇；右岸石家庄市主城区防洪标准为 200 年一遇，仍以石太高速、石黄高速作为洪水防线，再新建一条 50 年一遇的堤防，为城市北扩创造更大的发展空间。

堤防工程建设既要做到与其他穿跨河工程的衔接，也要留出足够的行洪空间，堤防间距为 1200 ～ 2000m。

6.2 防洪工程建设

6.2.1 堤防结构型式

滹沱河相对于石家庄市的地理位置属近郊区域，土地资源相对丰富，布置条件较为方便，不存在空间上的制约因素，因此从堤防结构上的选择余地很大。

从经济、施工方便性及防渗透需求上综合考虑，选择梯形断面，筑堤材料为砂

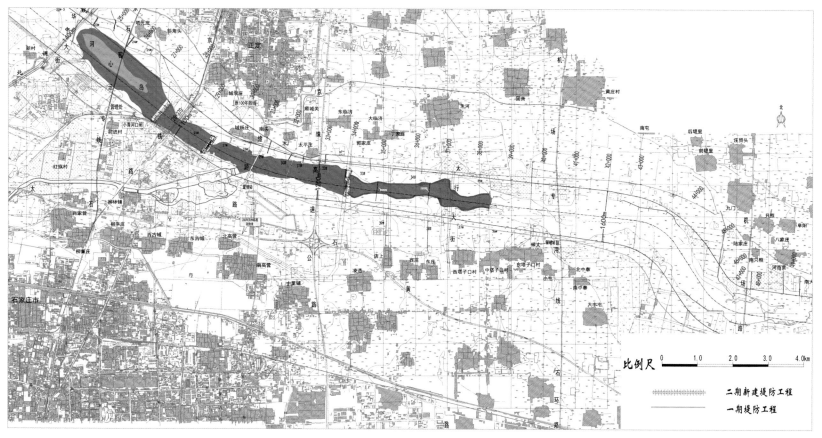

比例尺

二期新建堤防工程

一期堤防工程

滹沱河防洪综合整治堤防工程平面布置示意图

性土与黏性土相结合，并辅以必要的防冲刷措施。

6.2.2 堤防填筑设计

滹沱河堤防设计以使用优质黏性土为主，土料来源既有南水北调中线总干渠开挖施工中的弃土，也有其他符合要求的土料。黏粒含量一般可达到 10% ~ 30%，属于较理想的筑堤土料。

黏性土的设计填筑压实度为 0.95，干容重不小于 1.6g/cm³。含水量控制在最优含水量附近，其上、下限偏离最优含水量不超过 ±2% ~ ±3%。

设计中还对堤防宽度达到 30m 的断面研究了包砂性土、包建筑渣土等结构型式。结构上，黏性土填筑的断面尺寸必须达到渗透稳定的要求，砂性土、建筑渣土等填充料不起任何防渗透稳定的作用。

砂性土取料来源于滹沱河本身的河床土，其特点是粒径细，级配过于均匀。设计的砂性土填筑采用相对密度值控制，要求不低于 0.7。通过现场试验，砂性土填筑的最关键环节是掺水量和碾压层厚度。在实际施工中，压实机具的型号、规格、

碾压速度、碾压遍数等均应与试验的参数保持一致。

建筑渣土在公路建设上有成功的应用示例，在堤防建设上应用极少。首先建筑渣土的填筑应在足够的黏性土断面基础上使用，位于背水侧。其次建筑渣土应当级配组成良好，不得混杂生活垃圾。建筑渣土的填筑与砂性土填筑相类似，必须通过现场试验获得相应的施工参数，避免因压实不足引起破坏。

6.2.3 堤防防护设计

1 堤脚防护

堤防迎水侧坡脚防护是为了满足防冲刷需要，滹沱河堤脚前冲刷深度一般为 2～3m，局部桥梁上下游达 5～5.5m。防冲措施比较了水平防护和斜坡防护延伸方案。水平防护可采用格宾石笼，长 10m，厚 0.5m，设在地面 0.5m 以下，其上回填砂性土；斜坡防护延伸防冲采用斜坡防护措施加混凝土齿墙，齿墙底宽 0.7～0.8m，高 1.0～1.2m。

水平防护方案由于石笼距原地面较浅，工程后石笼上部只能种草，不能恢复其耕种等功能，需永久征占土地。而斜坡防护延伸方案则占用土地数量较少，且投资增加有限，在滹沱河设计上予以推荐。

2 堤坡防护

堤坡防护设计了砌石类、混凝土类、石笼类等型式。

滹沱河堤防综合整治后景观

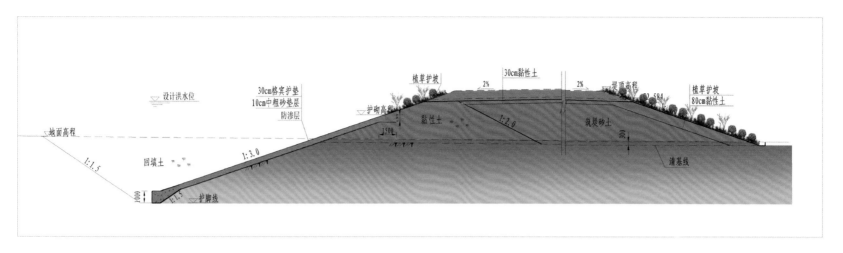

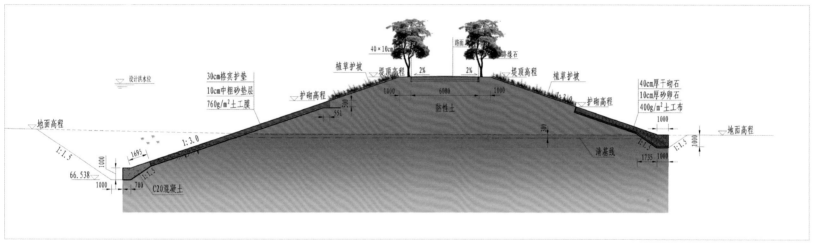

典型断面图

砌石类、混凝土类护坡防冲性能强，但生态效果差，只应用于顶冲段和流速较大堤段。格宾石笼护垫防护生态效果较好，适用范围较广，背水坡护坡采用草皮护坡的结构型式，以节省投资。此外还应用了混凝土联锁空心砖型式，利用空心部分实现绿化效果。

3 堤顶防护

为了便于堤防的运行管理和维修，对堤顶参考四级公路标准进行硬化，路面采用沥青混凝土结构。

6.2.4 生态防护林

滹沱河堤防设计标准为 50 年一遇和 100 年一遇，受其自身防护需要和资金限制，完全建设成为生态型的结构并不现实。为了减轻堤防硬化断面给游人的视觉影响，在不影响滹沱河整体行洪能力的前提下，在近堤区保留或新植防护林可减小洪水对堤防的冲击破坏，也可更好地达到生态效果。

在河滩上的行人一般不会直接看到堤防断面，而是郁郁葱葱的林带，给人们以更自然的感觉。

7 创新与总结
CHUANGXIN YU
ZONGJIE......................•

7.1 创新典范

（1）治理分区与水资源分区、功能分区实现良好互动。

治理区上游为水资源重点保护区，通过深水区的建设实现水资源涵养；中游为休闲区，通过浅水浅滩创造出亲水、游玩空间；下游为湿地保护区，为净化水资源，改善生态系统提供物理基础。

（2）膨润土防水毯的大范围应用。在滹沱河生态整治前，膨润土防水毯的应用还限于市域内的小型公园、小型水系，北京奥运龙形水系也只有 16.5 万 m²，在滹沱河水域中应用面积达到 600 万 m²，开创了全国的先例。

（3）对巨型砂坑的处理。河道采砂留下的砂坑是生态修复治理工程中面临的最大难题，特别是有的砂坑内还填埋了大量建筑垃圾，治理的难度更大。在滹沱河治理中采取了多种措施，特别是大水漫灌的方式对砂体的压实效果明显。

而对于填埋的建筑垃圾因空隙大，即使采取了碾压措施也不能保障密实要求，上层回填砂、土层厚度须留有余地，以满足长期蓄水不断填充的需要。

（4）防洪与生态的有效结合。在滹沱河治理中实现了防洪与生态的有机结合，通过防洪工程解决了城市防洪保安问题，且为城市发展提供了拓展空间；生态建设则提高了城市品位和生活质量，为广大市民提供了一个可供近郊游玩的亲水场所。

7.2 实施效果

滹沱河通过综合治理，达到了建设自然生态景观、城市水系与湿地风景区的目标，且为石家庄市主城区和正定新区的发展提供了防洪安全保障。

京广铁路以西段以恢复河道的自然景观为主，通过营造宽达 1000m、深达 2.5m 的深水区，为涵养水源，营造河道的自然景观创造了自然条件。

以原京珠高速上下游为代表的中游河段恢复为河道景观水面，水域内点缀湖心岛，岸滩设置各类生态小品，为市民提供休闲游玩场所。该区域内水域宽浅，适宜儿童亲水，是滹沱河的"生态休闲带"。

以朱河段为代表的湿地景观带，水域宽度变化大，形成了蜿蜒曲折、水体深浅相间的湿地带，以改善生态环境，恢复滩地、郊野公园和湿地景观为主。

7.3 生态与社会效益

滹沱河综合治理营造了 700 万 m² 的水域，实施了 2000 万 m² 的滩地生态治理，彻底改变了滹沱河在治理前的风沙源局面，不仅恢复了自然生态，也使生物资源也得到了保护。

滹沱河的综合治理：一是直接为石家庄市居民提供了一个可供休闲游玩的场所，石家庄整体生态水平提高了档次，二是防洪保安工程的建设为城市发展提供了广阔空间，提高了河道沿岸的土地利用价值，为石家庄市的长远发展奠定了基础。

城市河湖生态治理与环境设计
CHENGSHI HEHU
SHENGTAI ZHILI YU HUANJING SHEJI

113

石家庄环城水系
东南环工程

SHIJIAZHUANG HUANCHENGSHUIXI
DONGNANHUAN GONGCHENG

编制人员：孙 娜 袁 刚 武庆安 顾光富 孙 浩
姜彤宇 梁 艳

导 言
DAOYAN ....•

石家庄，地处河北省中南部，环渤海湾经济区，距北京283km。是人类文明开发较早、文化底蕴较深厚的地区。尤其是滹沱河两岸，新时期中晚期就有人类繁衍生息。到春秋时期，建有鲜虞国、鼓国和肥国，战国时期建有中山国。公元前296年属赵国，秦统一后属钜鹿郡。从西汉至明朝，随着封建王朝的更替，行政区域及名称不断发生变化。明朝初年，是正定卫的军屯和官庄，清康熙二十七年（公元1688年）废除卫所军屯制之后，石家庄才成为隶属正定府获鹿县（今鹿泉市）的一个小村庄，与当时的政治中心真定城（今正定）隔滹沱河相望。建国后，成立河北省石家庄行政督察专员公署。其间名胜古迹众多，如赵州大石桥、正定大佛寺、井陉苍岩山、赞皇嶂石岩、平山天桂山、革命圣地西柏坡、新乐伏羲台等。

历史上，至17世纪其仍为一小村庄。清光绪《获鹿县志》中有所描述，"石家庄，县东南三十五里，街道六，庙宇六，井泉四。"就是到了20世纪初，石家庄村的面积也不足0.1km²，仅200户人家，600余口人。

1903年卢汉铁路（今京广铁路）和正太铁路（今石太铁路）施工，在石家庄建了火车站，让石家庄成为重要的交通枢纽。成就了石家庄由小村庄至大城市的转变。

1947年11月12日石家庄市解放，为全国解放较早的大城市之一。当时，全市人口约为19万。1948年5月至1949年3月间，平山县的西柏坡作为中共中央和中国人民解放军总部所在地，毛主席、党中央在此指挥了震惊中外的三大战役，召开了著名的中国共产党七届二中全会。1968年河北省省会由保定市迁至石家庄市。

改革开放以来，石家庄利用环京津、环渤海的地理位置优势和丰富的自然资源、人文资源优势迅速发展。城市功能日趋完善，城市面貌正在发生翻天覆地的变化。2011年5月至今的6次幸福城市调查中，石家庄市均位居榜单前十名，其中两次排名第一。

在石家庄市经济、社会、文化大发展的背景下，环城水系建设应运而生，为提高区域环境质量、提供居民休憩新场所、提升市民幸福感起到了一定作用。

高迁新村北桥施工前

工程建设前

东南环工程公园实景图

东南环工程河道实景图

1 项目基本情况

XIANGMU
JIBEN
QINGKUANG ....●

1.1 社会环境

石家庄市是河北省省会,华北地区重要商阜,全国医药工业基地之一,我国新兴的工业城市和全国重要的铁路、公路交通枢纽。随着经济快速发展,人口日益增多,城区面积不断扩大,缺水和水污染已严重制约了石家庄经济发展。

近十几年来,石家庄人结合排水管网工程改造和城市防洪工程建设,精心谋划和实施了一系列重大水环境治理工程,极大地促进了整个城市生态环境的改善,提高了城市的知名度和美誉度,带动了城市经济发展。

基于石家庄城市空间结构北进、建设滹沱新区概念的提出以及人与水和谐共生,构建独具特色城市水环境的要求,需要进一步梳理现有水网,制定水系总体框架,做足"水文章"。充分发挥河流水系对城市功能提升与重构、空间布局的引导、人与自然和谐作用。

1.2 相关规划

根据《石家庄市水系概念规划及环境综合设计》总体规划,综合考虑补水来源、承担功能等基础要素的影响,石家庄市形成了"一河二环"的规划体系。一河,即滹沱河,承担着区域防洪、水源涵养的功能。两环,即内环、外环水系工程。内环:民心河、南茵河。承担市区排涝功能。外环:东南环、西北部及石津北干渠水系。承担着城市防洪、中水利用、改善环境的功能。

1.3 工程概况

东南环水系即为其中重要组成部分。线路起自五支渠,北部至滹沱河结束,蓄

于此,石家庄外环水系应运而生,其由东南环水系、西北部水系、石津北干渠、东南退水渠、土地整理等工程组成。工程场址环绕城市四个方向,连成水系网络.全长100.8km,西北部水系长32.0km、石津北干渠长26.5km、东南退水渠长17.3km。

东南环工程位置及总体布局图

水面积 272 hm²、绿化面积 587 hm²。沿河布设胜利、高迁公园、楼底、民俗、泊水、天河公园、环山湖 7 大公园予以点缀。

2 总体规划布局

ZONGTI GUIHUA

BUJU ....●

2.1 规划思路

石家庄水系规划总体思路为坚持可持续发展战略，保护水生态，优化水资源，建设水景观，挖掘水文化，保证水安全，发展水经济，把石家庄打造成为水清、岸绿、景美，具有滨水特色的"城水相依、人水亲和"的现代生态城市；在中水和雨水得非常规水资源综合利用方面达到国内一流水平，在北方城市中具有示范作用。

在总体思路的指导下，东南环水系以"空间可持续发展、以水兴业"为出发点，结合"一河两环"的水系规划开展工作。工程总体规划充分考虑人性化需求，保证整体景观的和谐性、景观的个性化、透视效果和耐看性；注重水位高程控制、渠道岸线形状、护岸结构形式以及休闲娱乐空间、亲水活动空间、近岸水生物生存空间等方面因素。整体上以水系两岸绿地及特色主题景观区的设计为主，把水景、岸景、桥景、树景、草景、亭景、石景等多种景观科学组合设计，构建景在水中，水在绿中，亲水近水，人工与自然相交融，功能齐全，可游可憩可赏的环绕城市的河道景观。

通过空间形态、细部设计、植物种植、活动引导等手段来表达与烘托，为市民及游人开展丰富多彩的文化活动提供了相应的环境空间。

2.2 总体布局

东南环水系由南线和东线组成：南线渠首与西北部水系相连，位于五支渠与西北部水系交口上游，渠首沿东南主干路向东，1km 段穿越西北联络线、石太直通线、石太引入下行线（1 次穿越）、京广改右线（在建高架）、石武客专线、京广铁路上行线、动车 II 线、石太引入下行线（2 次穿越）、京广铁路三线、石家庄市下行发车厂第七牵出线等铁路群，再穿越东南主干路，进入胜利公园，过京广铁路和 107 国道后，入高迁公园，后转向北，在东尹村北继续向东，穿总退水渠裕翔街、在楼底村北穿越楼底公园，继续东行在西许营村穿越 308 国道，在东许营村北至西羊市、东羊市京珠高速公路处布置泊水公园，再向东北方向经台上村至东京北村东北方向沿高压走廊布置天山公园，经东仰陵村东、南豆村南至太行大街东侧进入东线。线路至此改为沿太行大街东侧向北，至宋营村东北河道再转为沿太行大街西侧向北，过郝家营村、北庄村、穿 307 国道、石德铁路、沧石公路、石津干渠后沿南村镇西侧向北穿石黄高速，经西庄村、西塔口村间穿过至滹沱河结束。总长度 31km。

2.2.1 景观布局

景观设计围绕"一河""一林""一路""一带""一船"展开。

一河为自然流动的生态河流。充分利用市内桥东、桥西、东开发区 3 处再生水厂补水，及沿线设置 10 处初期雨水收集系统的充足水源，采用多种方式防渗，形成一条自然流动的河流。

一林为繁茂野趣的城市森林。打造自然湿地，形成自然野趣的水体绿化景观，沿岸种植芦苇、荷花等水生植物起到净化水体、保证水质的作用。结合用地和码头情况分别在 107 国道、体育大街、建华大街、京珠高速公路两侧、天山大街、环山湖形成湿地公园。沿线种植杨树、柏树、柳树、国槐、五角枫、黄栌、碧桃、丁香

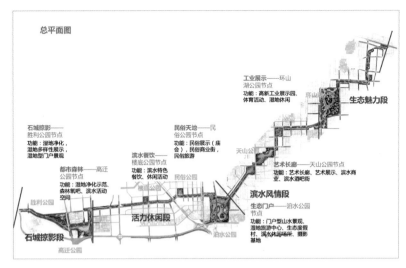

景观绿化规划总平面图

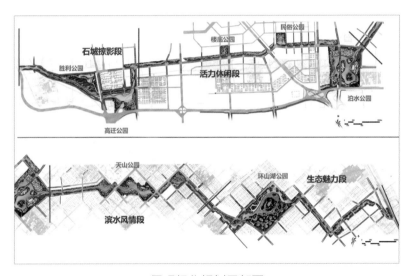

景观绿化规划局部图

等适合华北地区生长的乡土植物，形成自然野趣的城市森林景观，与自行车道构成连续的绿色长廊。

一路指贯通连续的自行车道路。沿线自行车道总长度35km，其中环湖自行车道两处，分别位于东羊市、环山湖。自行车道路南线沿渠道北侧，置于远离城市主要道路的另一侧。扩大绿地处环境较好，空间较大，自行车道为环湖布置，方便游憩。东线沿河自由布置在绿地较宽的一侧，尽量靠近居住用地，便于

衔接，同时考虑利用村庄道路桥梁跨越河流。沿途107国道、建设大街、体育大街、308国道、天山大街、珠江大道等地，分别设置机动车、非机动车停车场，沿途结合扩大水面、码头和绿地设休息点，休闲健身游憩多种功能。

一带为临水宜人的新农村示范带。结合东南水系工程建设，依托临水空间的景观优势，规划整合沿线村庄，形成东南水系的新民居建设示范带。

一船通航设计师本工程的重点，尽量做到贯穿整个河道。

2.2.2 控制工程

水系大部分河底为平坡，沿途与铁路、高速、城市道路等立体交叉。结合景观及退水需要，沿河需布设倒虹吸、橡胶坝、船闸、钢坝等控制工程。

2.2.3 水源工程

结合本工程性质及水质要求，考虑的水源工程有：中水、雨水、西部南泄洪渠水利防洪生态工程弃水、两处船闸的提升泵站循环水。并采取一定的水质保证措施，保证景观需水要求。

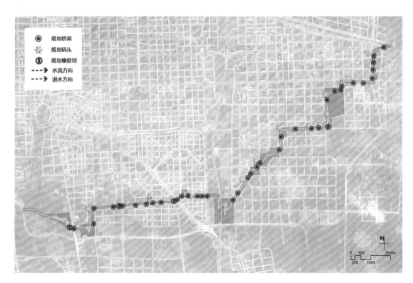

控制工程位置图

2.2.4 交通工程

由于水系河道开挖，共截断沿线现状和规划道路110余条，影响了河道两侧居民的交通和生产生活。为解决河道两侧居民的交通和生产生活，采取对截断间隔较近的道路进行适当的合并，对于未设桥梁的道路将采用连接路方式解决其交通的方案。沿线共设桥梁34座，其中南线水系设置桥梁15座；东线设置桥梁19座。

考虑景观游玩需要，沿河布设多处码头用于游船停靠。

2.3 治理目标与建设规模

目标：通过扩河挖湖、中水利用、筑堤蓄水、建绿造景、恢复湿地、整治生态为主要内容，进行东南环水系工程建设，形成一条集城市生态、休闲等功能为一体的水绿交融、彰显特色的环城休闲长廊。

规模：包括河道、橡胶坝、钢坝、船闸、桥梁、过路涵洞等附属设施建设。

河道长度31km，建成公园7座、渠首暗管（引水）1座、橡胶坝1座、倒虹吸（涵洞）6座、引水闸1座、退水闸1座、钢坝（带船闸）1座、船闸1座、防洪闸1座、公路桥37座，共布置建筑物50座。

3 河道工程
HEDAO GONGCHENG ·····························

3.1 布置原则

东南环水系的规划，充分贯彻"水通、路通、船通、景通、林带通"的五通原则，切实体现生态、低碳、环保、集约、自然的特色，最终实现"自然流动的生态河流、繁茂野趣的城市森林、贯通连续的自行车路、临水宜人的新民居带"的城市东南特色景观。

3.2 断面设计

东南环水系南段渠首至总退水渠段河底设计纵坡为0.6‰；总退水渠至北留营河底设计纵坡为0.8‰；其余河段设计纵坡为0。东段设计纵坡为0。

河道水体工程设计在满足防洪排涝的基础上，服从于生态、景观设计要求。本项目的水系不搞硬质人工渠，少采用规则形式、硬质驳岸构筑；水面形态采用自然式，打破单一线性结构，利用点、线、面相结合的方式，形成层次多变的水景，同时满足通航要求。达到玉带溪流、花语廊桥、城水相映、叠水斑驳、碧水长天、绿篱车道、移舟轻渡等"动"水景观效果。

河道横断面形式在满足河道减渗、防冲的基础上进行设计，采用多种样式满足不同区段景观需要。

3.3 减渗设计

河道沿线的河底及边坡大部位于中等透水性的黄土状壤土层上，考虑河道景观蓄水要求及改善区域地下水环境，未对河道进行完全防渗，而是分不同地质条件采取减渗措施。

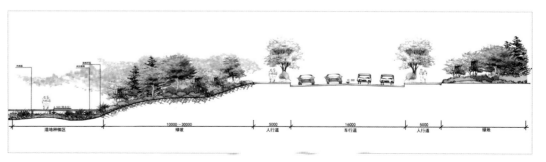

河道断面效果图

减渗设计方案包括 4 种类型，分别为黏土、黏土加防水毯、防水毯加胶结砂、原土压实。

河底为非黏性土市，结构型式自下往上为：20cm 厚黄土状壤土（黏粒含量宜为 10%～30%）、纳基膨润土防水毯、50cm 厚黄土状壤土（黏粒含量宜为 10%～30%）。河底为黏性土时，取消底部的 20cm 厚黄土状壤土。河底基础土层压实度不小于 0.85，防水毯上方压实度不低于 0.94。

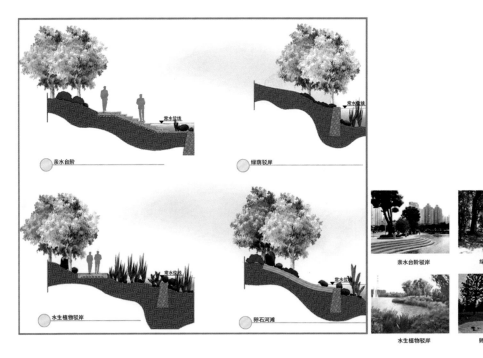

外环水系工程河道驳岸效果图

3.4 防冲固岸设计

工程建筑物主要为桥梁、倒虹吸、水坝、船闸，建筑物位置上下游与河道衔接处，易出现冲坑，需要考虑防冲。河底采用防水毯、35cm 胶结砂断面形式。其他减渗断面形式时加铺 30cm 厚格宾石笼实现防冲。

河岸采用斜坡式驳岸、驳岸坡比 1:3，断面设计自下而上分别为原土压实、防水毯、20cm 黏土、30cm 格宾石笼、生态植物袋。

3.5 驳岸设计

驳岸为正面临水的挡土墙。它的作用主要是支撑墙后的土体、保护坡岸不受水体的冲刷。高低曲折的驳岸使水体更加富有变化，提高园林的艺术性。

根据工程所处位置不同，按照景观设计要求，临水坡面护坡采用三维植被网植草皮护坡以及格宾护坡等护砌型式，在临水坡坡脚处设置网石笼护脚等。目前常见的生态护坡型式有格宾网护坡、三维植被网护坡，生物袋，另外还有浆砌石护坡、干砌石护坡、现浇混凝土或预制混凝土块等传统护坡型式。

结合生态、景观设计要求，达到水面平顺衔接并兼顾亲水安全的目标，本次河道横断断面分为三种不同的型式。

型式一：二级挡墙（或混凝土连锁块护坡）、浅水区、格宾护垫护坡相结合的断面结构型式。适用于河道断面相对较宽河段。纳基膨润土防水毯全断面铺设。铺设末端顶高程为设计水位以上 30cm，并设锚固沟固定。

型式二：二级挡墙、浅水区、一级挡墙相结合的断面结构型式。适用于河道断面相对较窄但外侧仍存在绿化占地的河段。河道及浅水区底部铺设纳基膨润土防水毯，防水毯两端用钢钉钉在挡墙上并用混凝土压块固定。

型式三：单一挡墙的断面结构型式。适用于河道相对较窄、外侧没有绿化占地的河段以及公园码头河段。河道底部铺设纳基膨润土防水毯，防水毯两端用钢钉钉在挡墙上并用混凝土压块固定。

一级挡墙及型式三中河道相对较窄段挡墙采用仰斜式钢筋混凝土挡墙。

二级挡墙及码头位置挡墙采用半重力式混凝土挡墙。浅水区回填种植土，种植土理化性能好，结构疏松、通气保水、保肥能力强，适宜园林植物生长。

3.5.1 公园段

公园包括胜利公园北岸、高迁公园、民俗公园、秦家庄公园、泊水公园、天山公园、环山湖公园。

湖体采用黏土、防水毯复合减渗形式。并选择合适位置铺设原土减渗断面，促进地表水和地下水的水体交换。

驳岸采用缓坡入水形式，亲水广场位置采用台阶入水、沙滩入水、草坡入水的形式。台阶入水采用坡度大于1:3，沙滩

入水，草坡入水采用坡度1:4。

高迁公园、民俗公园和秦家庄公园区段主槽设计深度较大，缓坡驳岸延伸至水下1.5m时采用平坡设计，平坡坡长视航道情况而定，坡端用钢筋混凝土挡墙挡护。

3.5.2 公园之间河道段

公园之间河道段，河道水面相对较窄，亲水要求相对较小，为达到保证通航宽度、节省土地、生态驳岸的三重目的。采用柳桩陡坡驳岸、挡墙结合浅水区两种驳岸形式。

柳桩陡坡驳岸实景

清浅溪流设计效果图

挡墙浅水区驳岸实景

码头设计效果图

3.6 码头

码头等位置因泊船需要，采用直立挡墙断面形式。

4 涉水建筑物工程
SHESHUI JIANZHUWU GONGCHENG ·············●

河道建筑物有渠首暗管（引水）1座、橡胶坝1座、倒虹吸（涵洞）6座、引水闸1座、退水闸1座、钢坝（带船闸）1座、船闸1座、防洪闸1座。

4.1 交叉建筑物

4.1.1 布置

石家庄东南环城水系南段：自南泄洪渠引水，设引水管道穿越西外环、民心河、

铁路线等，南泄洪渠取水口部位设引水闸（防洪闸）1座。穿高迁北街设涵洞1座、穿京广铁路及107国道处设渠道倒虹吸1座、与总退水渠交叉部位设总退水渠倒虹吸1座。

石家庄东南环城水系东段：穿石德铁路设涵洞1座、穿石津渠设倒虹吸1座、穿石黄高速设涵洞1座。

4.1.2 规模及布置

根据环城水系渠道设计、穿越建筑物的位置、宽度及荷载情况，确定交叉建筑物位置、长度和控制高程如下：

南段渠首建筑物：穿越西石环路、民心河、高架铁路桥墩之间的设涵管，穿越铁路线的暗涵采用箱涵，既有铁路路基下的箱涵外套方圆涵洞。两种涵洞形式通过调压井进行衔接。涵洞进口设引水闸，位于西外环路外坡下。为保证西外环路通行不受施工影响并结合泄洪渠整治边线位置，引水闸闸室顺水流方向长度为7.5m。闸底板高程与引水涵管底高程一致。引水闸后接涵洞共六段，根据穿越公路、河流、铁路的埋深要求确定底高程，各段涵洞之间设调压井连接，调压井底板高程为涵洞底高程以下1m。

高迁北街涵洞：高迁北街具备断交明挖施工条件，采用现浇

南段渠首建筑物

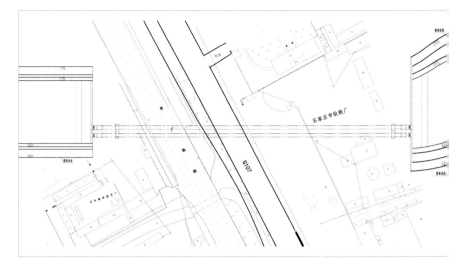

京广铁路及107国道倒虹吸

混凝土方涵结构型式。涵洞设3孔，单孔过水断面1.8m×1.8m。高迁北街宽度10m，两侧为1:2边坡，根据布置涵洞管身长度20m，进出口设渐变段，进口渐变段上游设格宾石笼，出口渐变段下游设格宾石笼。

京广铁路及107国道倒虹吸：京广铁路及107国道紧邻并行，其总宽度为80m，考虑斜交布置倒虹吸管身长度为144m，后根据石家庄交通局意见，增加为247.6m，其中顶管段221.3m，明挖段26.3m。采用顶管施工。环城水系没有行洪要求，对水系上的倒虹吸过水能力要求不大，水头损失要求不严，但本工程穿越工程专用线、京广下行线及石家庄南站走行线及107国道，未来该段107国道将改建为南绕城高速公路收费站，为不影响铁路、公路正常运营，路基下采用钢筋混凝土顶管内套HDPE管的结构型式，路基以外采用HDPE管沟埋。倒虹吸设两孔，管身段长247.6m，其中铁路路基、公里路基及拟建收费站预留位置采用顶管穿越，共221.3m。倒虹吸进出口分别设7.5m的钢筋混凝土护底和5m的浆砌石护底。进出口竖井两侧设半重力式挡土墙连接渠道两岸。

裕翔街倒虹吸：裕翔街路面高程63.69m，路面宽60m，

且路面下埋设雨水管道、通信管道、热力管道及污水方涵，设倒虹吸下穿总退水渠及裕翔街，采用顶管施工方案。倒虹吸轴线长度为240m。

石德铁路涵洞：石德铁路是国家重要交通命脉，兴建环城水系穿越工程不能给正常铁路运行带来不利影响，故采用箱涵顶进施工，以减少开挖及施工影响范围，保证铁路正常运行。环城水系渠道有通航要求，穿石德铁路处需满足双向行船，并且两侧有人行便道。为满足该涵洞通水、通船、通路的功能要求，及框构顶进施工的特殊要求，框架桥设计断面为2孔，洞内人行步道、过水矩形槽。框架桥长21.7m，与铁路线交角66°。框构以外，过水槽向上游延伸73m，穿过待建石济客运专线铁路特大桥，向下游延伸46.3m，而后接入水系渠道。

石津渠倒虹吸：石津渠倒虹吸退水闸设在石津渠倒虹吸上游，主要为了事故退水和冰期退冰，退水闸采用开敞式水闸。为渠道倒虹吸下穿环城水系渠道形式。该处水系渠道开口宽度50m，考虑倒虹吸进出口渐变段、进出口检修闸室段以及斜管段等结构布置确定倒虹吸轴线长度为270m。

石黄高速涵洞：穿石黄高速公路采用涵洞型式，石黄高速公路现状路宽宽度

25m，路基宽约40m。规划路宽42m，路基宽约57m。为不影响高速公路交通，确定采用箱涵顶进法穿越石黄高速公路，涵洞总长80m。为满足双向通船的要求，涵洞采用2-5×5.3m钢筋混凝土箱涵。进（出）口渐变段为八字形半重力式钢筋混凝土斜降墙结构，两侧为"一"字形钢筋混凝土半重力式结构挡墙。上下游各设钢筋混凝土、浆砌石防护段，结构形式与渠道断面一致。

4.2 控制工程

根据石家庄市总体规划和"一河两环"的城市水系规划及功能分区，为营造景观水面，橡胶坝坝址结合河床纵坡及水面衔接、宜于枢纽工程布置等因素，在京广铁路交叉位置上游布置1道橡胶坝。

为保证河道通航及蓄水、调节水位等要求，布设石栾路钢坝（带船闸）枢纽、于滹沱河交叉处设船闸。

4.2.1 京广铁路橡胶坝

橡胶坝，又称橡胶水闸，是用高强度合成纤维织物做受力骨架，内外涂敷橡胶作保护层，加工成胶布，再将其锚固于底板上成封闭状的坝袋，通过充排管路用水（气）将其充胀形成的袋式挡水坝。坝顶可以溢流，并可根据需要调节坝高，控制上游水位，以发挥灌溉、发电、航运、防洪、挡潮等效益。

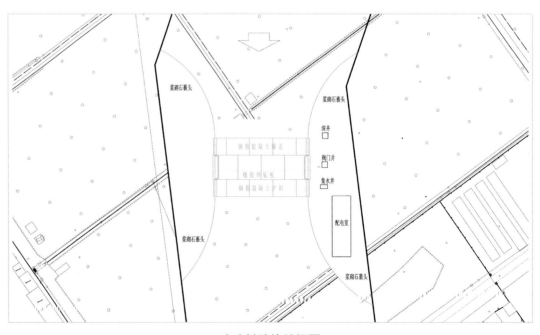

京广铁路橡胶坝图

4.2.1.1 工程布置及规模

橡胶坝坝高分别为3.2m，坝长40m。由上游防护段、橡胶坝段和下游防护段等组成。

4.2.1.2 结构设计

为保证坝体安全，在橡胶坝护坦末端下部设防冲齿墙，深0.8m。考虑护坦下游冲刷影响护坦安全，在护坦下游设格宾护垫水平护砌，护砌宽度均为5.0m。

橡胶坝袋按充胀介质不同分为充水式、充气式，考虑到充水式橡胶坝在坝顶溢流时袋形比较稳定，过水均匀，对下游冲刷较小，同时对坝袋材料的气密性要求较低，我国在充水式橡胶坝方面已形成具有自己特色的设计、制造和运行管理等技术，而充气橡胶坝在我国建设的数量很少，在坝袋制造、安装以及运行管理方面还未积累成功的经验，因此两道橡胶坝坝袋采用冲水式。

上游防护段主要由上游铺盖及两岸挡墙等组成。两岸设混凝土重力式挡墙进行防护。

橡胶坝段顺水流方向的长度为10m，坝长40m，布置为1孔，设计坝高3.2m，采用堵头连接。两侧边墩采用悬臂式挡土墙型式，顶宽0.8m，上游、下游边墙均为混凝土重力式挡墙。

下游防护段位于坝基底板下游，长5.0m，主要由水平护坦和两岸混凝土重力式挡墙等组成。水平护坦长5.0m；两岸设混凝土重力式挡墙和浆砌石挡墙进行防护。

4.2.2 石栾路钢坝船闸工程

石栾路船闸枢纽工程由船闸和钢坝组成，船闸布置在河道右岸，是用以保证游船顺利通过河道上集中水位落差的厢形水工建筑物，是应用最广的一种通航建筑物；钢坝布置在河道左岸，用于蓄水、调节水位和流量。

工程建成后，船闸由闸首、闸室、输水系统、闸门、阀门等部分以及相应的设备组成。游船过闸程序为：游船过闸上行时，通过输水系统的调节，使闸室水面与下游水位齐平，打开下闸门，游船由下游引航道驶入闸室，随即关闭下闸门，由

输水系统从上游向闸室灌水，待闸室中的水面上升到与上游水位齐平时，开启上闸门，游船即由闸室驶出。游船下驶时的过闸程序则相反。

4.2.2.1 工程规模

（1）船型：观光艇，10.5m×3m×0.75m（长×宽×型深），容纳38人；快艇，5.9m×2m×0.85m（长×宽×型深），容纳6~10人。

（2）设计船队：船型1过闸时，每个闸次通过一艘游船；船型2过闸时，每个闸次通过单列两艘游船。

（3）船闸线数：双线船闸。

4.2.2.2 工程布置

因船闸严禁用作泄水，钢坝工程要求具有蓄水、调节水位和流量作用。船闸钢坝枢纽工程采用船闸闸室与钢坝底板并列的方式。

船闸钢坝设计效果图

4.2.2.3 船闸钢坝枢纽工程设计

1 船闸工程

船闸布置在河道右岸，水头小于30m，采用单级双线布置。考虑船型及过闸形式确定每孔净宽5m、闸室长度18m、闸首长度均为15m。

船闸分上游进口段、上闸首、闸室段、下闸首及下游出口端。

上游进口段：为保证游船安全、顺利地进出船闸，供等待过闸的游船安全停泊，并使进出船闸能交错避让。岸侧采用翼墙与河道渐变连接，长度30m。河道底部上游铺盖首部为10m长格宾石笼护底，后接10m长钢筋混凝土铺盖。

上闸首：由两侧边墩、一中墩和底板组成，长15m，采用钢筋混凝土结构，为整体式结构。两个边墩均布置有短廊道输水系统，每个廊道内分别布置有控制阀门。

闸室段：分成两段长度均为9m，由闸室边墩、中墩和闸室底板组成，采用钢筋混凝土整体式结构。

下闸首：由两侧边墩、一中墩和底板组成，长15m，采用钢筋混凝土结构，为整体式结构。两个边墩均布置有短廊道输水系统，每个廊道内分别布置有控制阀门。

下游出口段：功能和要求与上游相

石栾路钢坝船闸实景

同。岸侧采用翼墙与河道渐变连接，长度30m。河道底部下游铺盖首部为10m长钢筋混凝土铺盖，后接20m长格宾石笼护底。

2 钢坝工程

根据河道整体规划，修建船闸后，根据水面宽度需要，确定钢坝闸门长度为15m（坝体净长）。

钢坝闸门基础土建工程主要包括底板、边墩、上游铺盖、下游护底、防冲墙、上下游翼墙建筑物。

上游铺盖：首部铺盖长20m，格宾石笼结构，厚0.5m。后接15m长的钢筋混凝土铺盖，以满足防渗要求。在格宾石笼铺盖段，岸侧设翼墙与河道渐变连接。

钢坝闸门底板段：顺水流方向长14m，两侧启闭机室间底板净宽15m，底板与两侧启闭机室为整体结构。两侧启闭机室为箱形结构，总宽度4.2m。

下游护底：下游铺盖首部为消力池，混凝土结构。消力池长9m，池深0.75m，混凝土结构。消力池后接20m长钢筋混凝土铺盖，后接20m宾格石笼护底，厚0.5m。

4.2.3 滹沱河船闸工程

环城水系东线船闸位于景观河道与滹沱河交叉连接处，主要由上闸首、闸室段、下闸首三部分组成。该船闸为双线船闸，设上行、下行两个航道，船闸采用"一"字闸门。船闸上、下游水位差1.46m。

上闸首长15m，边墩厚4.5m，中墩厚1.4m，底板厚1.0m，闸室净宽5m。船闸充排水系统采用钢管，直径1.0m，壁厚10mm，充排水管采用平面钢闸门控制水流量，闸门及启闭系统均布置于边墩内部。船闸闸门位于上闸首末端，闸门宽5m，上面设交通桥，闸门采用液压启闭机进行启闭操控。闸墩顶部前端分别设两个信号灯，满足通航的交通控制。

闸室段全长18m，宽13.40m，其中闸室厚5m，边墩厚1.0m，中墩厚1.40m。闸室均为矩形槽。沿闸室上、下端分别设爬梯。闸室内部均安装护舷，护舷间距2m。

下闸首长15m，边墩厚4.5m，中墩厚1.4m，底板厚1.0m，闸室净宽5.0m，充排水钢管直径1.0m，壁厚10mm，采用平面钢闸门控制水流。船闸闸门布置于下闸首前端，闸门宽5m，闸门顶部设交通桥，采用液压启闭机控制。下闸首两边墩末端设信号灯，满足交通要求。

4.2.4 总退水渠引水闸

总退水渠引水闸引水流量为6m³/s，设2孔1.6m×1.6m的涵闸，涵闸主体长7m。涵闸进口总退水渠侧，设7.3m的钢筋混凝土连接段，连接段两侧总退水渠边坡及河底设钢筋混凝土护砌，设止水带及复合土工膜防渗。涵闸出口设7.6m长的钢筋混凝土斜坡连接段下接14m长、1m深的钢筋混凝土消力池。消力池下游及两侧设17m长的钢筋混凝土护底板。

4.2.5 石津渠倒虹吸退水闸

石津渠倒虹吸退水闸由进口渐变段、闸室段、出口泄水槽段、及陡坡消能段四

部分组成。闸室采用三孔一联的整体式结构，孔口尺寸为3孔3.5m×3.5m（宽×高）；进口渐变段采用底板与侧墙分离式钢筋混凝土结构；出口泄水槽段及陡坡消能段为钢筋混凝土矩形槽。

4.2.6 滹沱河防洪闸

滹沱河防洪闸为钢筋混凝土箱型涵洞，设计断面为2-6×6.8m（宽×高），采用全断面明挖施工。进（出）口渐变段为八字形半重力式钢筋混凝土斜降墙结构，两侧为"一"字形钢筋混凝土半重力式结构挡墙。上下游各设钢筋混凝土、浆砌石防护段，结构形式与渠道断面一致。

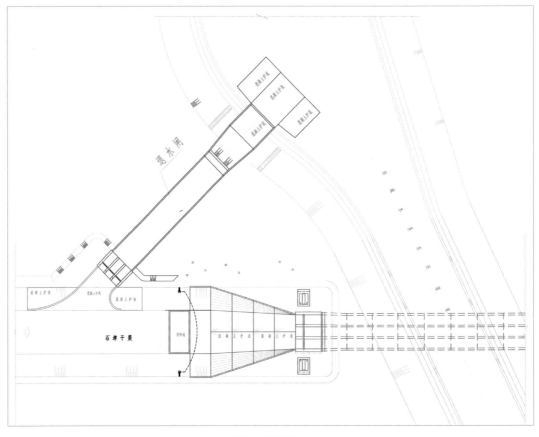

总退水渠引水闸

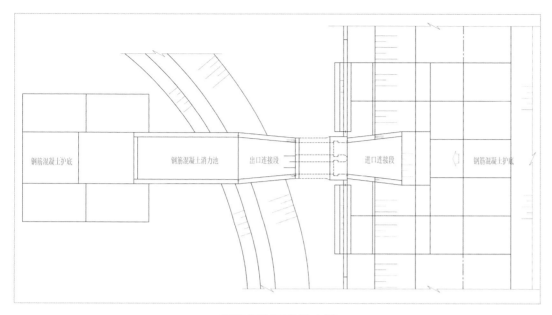

石津渠倒虹吸退水闸

5 水源及退水工程
SHUIYUAN JI TUISHUI
GONGCHENG ....●

5.1 水源工程

5.1.1 中水水源

中水也就是将人们在生活和生产中用过的优质杂排水(不含粪便和厨房排水)、杂排水(不含粪便污水)以及生活污(废)水经集流再生处理后回用,充当地面清洁、浇花、洗车、空调冷却、冲洗便器、消防等不与人体直接接触的杂用水。因其水质指标低于城市给水中饮用水水质标准,但又高于污水允许排入地面水体排放标准,

所以称其为中水。中水利用,实现污水资源化,是目前解决水资源紧缺的最有效的途径,是缺水城市势在必行的重大决策,可行性很强,具有重大意义和多重效益。

中水水质标准:本项目景观环境用水的主要水源为中水,其水质应符合 GB/T 18921—2002《城市污水再生利用景观环境用水水质》的规定。

水源:本项目所需中水以桥西、桥东、东开发区三处污水处理厂的再生水作为主要水源。

水量:三处污水处理厂现状日处理量80万 m³,利用管道在东良政绿地、体育大街以东绿地、东羊市绿地、307 以北的东线四处起点补水,渠底坡度 0.3‰,形成自然流动的河流。

5.1.2 雨水水源

雨水收集量为本项目雨水汇水区域在一定时期内可收集的地面径流量。

结合雨水排放系统,本项目沿线设置10 处初期雨水收集系统,利用地势开挖沉淀沟,作为初雨沉淀,同时设计多层跌水,进行一至三级沉淀,雨水收集后经过卵石跌水景观渠净化,最后注入河道或景观湖面。

5.1.3 西部南泄洪渠水利防洪生态工程弃水

通过暗道实现西环和南环的连接,将西部南泄洪渠水利防洪生态工程弃水引入

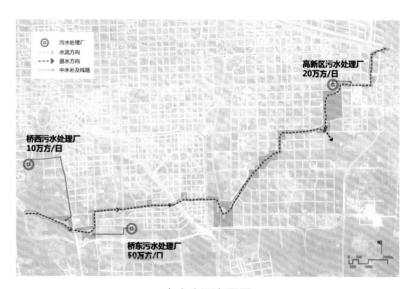

中水水源布置图

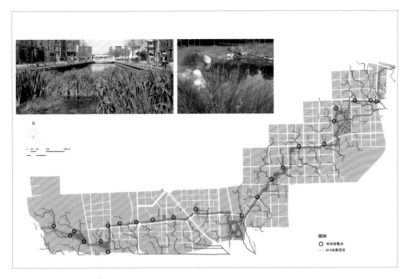
雨水水源布置图

本工程。

考虑实际地形中的高程差异，在南泄洪渠水利防洪生态工程南端设一处提升泵站，内设潜水排污泵两台，以实现西部水系向南环明渠的顺利输水。

5.1.4 两处船闸的提升泵站循环水

东南环水系开展有游船观光项目，为满足船闸处用水需求，拟围绕两处船闸设

泵站

有提升泵站，以提升循环水作为东南环水系的又一水源。

5.1.5 水量、水质保证措施

由于考虑景观、通航要求，水系过水断面面积较大，造成水系流动性较差，水质容易富营养化。因此近期应采取以下措施：

（1）增加水量。对现状16万t污水厂进行深度处理，增加再生水供应量。

（2）提高补水水质标准。进一步进行深度处理，使出水水质由一级A提升到地面水Ⅳ类标准，防止水质恶化。

本项工程近期水源水量水质都存在一定得制约条件，污水处理后水量及水质都不满足本工程的要求，需要外调水，一从西部南泄洪渠调水，二从石津渠补水，但其水量也有限制。

5.1.6 供水设计

5.1.6.1 补水管线工程

石家庄东南水系补水工程水源为石家庄市桥东、桥西、开发区三座污水处理厂处理后的中水。补水工程分别从桥东、桥西、开发区三座污水处理厂出水池接水源

管线至东南水系渠道，满足东南水系的环境用水要求。

1 桥西污水厂补水线路

石家庄东南水系采用新建输水管线解决环境用水。目前桥西污水处理厂管线大致为从北向南走向，以新建补水管线与污水处理厂厂区院墙衔接点作为补水管线桩号0+000点，管线在民心河东侧向南敷设，补水管线分别在桩号1+000、1+300、1+900、2+600位置四次穿越铁路，然后沿东南水系北侧绿化带敷设至东南水系渠道桩号1+150位置进入水系，管线全长3.1km。

2 桥东污水厂补水线路

桥东污水处理厂管线大致为从南向北走向。补水管线自桥东污水处理厂接出后向北在裕翔街东侧敷设至东南环水系，与水系对接。管线全长1.5km。

3 开发区污水厂补水线路

新建补水管线自开发区污水厂接出后，向南敷设约300m，与规划东南水系渠道衔接，管线全长约300m。

5.1.6.2 穿越公路、铁路设计

桥西污水处理厂水源管线穿越铁路4处，穿越方式采用顶进预应力钢筒混凝土套管，钢管敷设在套管内。套管直径为DN2200。管线穿越现有公路时，按明开挖埋管考虑。

5.2 退水工程

通过埋设管道，满足石家庄东南环水系的景观河道检修及换水时退水需求。

退水至滹沱河行洪河道内，考虑地形高程，退水进口选在滹沱河南侧的东南水系船闸南侧位置，出口选在滹沱河下游藁城境内，线路长度约 7km。

进口设节制闸，该处设计水深 1.8m。根据地形情况，出口选在滹沱河滩地内，下游纵坡较陡，退水能够顺利排走。

管道输水方式采用重力流有压输水。由于退水时河道水位从景观水位降到河底，若管道铺设位置较高，管道水流从有压到无压，在明满流过渡时，水流流态不稳，并产生汽蚀现象，对管道产生破坏，影响输水安全。本管道工程采用降低管道进口高程，管道出口设出水池，退水时管道始终处于有压流状态以满足退水管道运行安全和时间要求。

6 交通工程
JIAOTONG
GONGCHENG ....•

东南环水系规划路线全长约 31km，沿线共设桥梁 34 座，其中南线设置桥梁15 座，东线设置桥梁 19 座。

对于未设桥梁的现状道路，方案设计时考虑采用在征地范围内修建连接路解决其交通。

6.1 桥梁工程

根据总体规划要求，本着"以人为本、标志创新、整体效益"的原则，体现石家庄城市特色，突出整体效果，以处理好桥梁与景观的空间关系为重点，以体现桥梁与自然景观和人文环境相和谐的设计效果为核心，在总体设计理念下，努力结合环城水系规划思想，依托桥梁所在主题功能区，创作具有北方景观特色的现代化城市桥梁，将石家庄市环城水系上横跨的主要桥梁打造成为石家庄的新面貌、新形象、新名片。

桥梁设计中遵循以下原则：

（1）应满足现行公路、城市道路、桥梁设计规程、规范。

（2）跨河桥梁应满足游船通行要求，预留通航净高为 3.5m。

（3）桥梁宽度按照现状宽度、规范以及城市发展规划需要确定。

（4）桥型方案应与河道周边自然景观和人文景观相协调，并满足城市规划的要求，应遵循安全、适用、经济、美观和有利环保的原则，并考虑因地制宜、便于施工、就地取材和养护等因素。

（5）桥梁结构选型应尽量采用新技术、新工艺、新材料，加快施工进度，缩短工期，在满足景观要求的前提下降低造价。

建华大街规划桥效果图（预应力连续板）

（6）为减少征迁，桥梁与河道交角尽量采用现状道路与河道交角。

6.1.1 桥型方案设计

本工程的34座桥梁采用了两种不同的结构型式：

1 先简支后连续预应力混凝土小箱梁桥

预应力连续箱梁桥是由连续跨过三个以上支座的梁作为主要承重结构的桥，为超静定结构，以结构受力性能好、变形小、伸缩缝少、行车平顺舒适、造型简洁美观、养护工程量小、抗震性能强等而成为最富有竞争力的主要桥型之一。由于支点负弯矩的卸载作用，在较大跨径时较简支梁经济。与同等跨径的简支梁桥相比，连续梁桥的截面控制弯矩得以减少，同时由于采用平衡悬臂施工方法，使桥梁单跨跨径得以增大，从而在近20余年来连续梁桥得到广泛的应用。对于跨径较小时采用连续板结构，较大时采用连续箱梁结构。连续箱梁根据跨径大小既可布置为等截面也可布置为变截面形式，造型美观。预应力连续箱梁、连续板桥耐久性好、造价合理，本次方案设计大量使用。

根据河道断面变化情况，小箱梁布置有5m×20m、4m×20m和3m×20m三种跨径组合，石栾公路桥等4座桥梁采用此桥型。

2 简支预应力空心板桥

简支预应力空心板桥是由两端支承在墩台上的主要承重梁组成的桥梁，是静定结构。结构受力比较单纯，不受支座变位

影响，适用于各种地质情况，构造也较简单，易标准化、装配化构件，制造、安装都较方便，是一种采用最广泛的梁式桥。简支预应力空心板桥以主梁受弯承担使用荷载，结构不产生水平推力。混凝土材料可以就地取材，成本较低，耐久性好，维修费用少，材料可塑性强，可以按照设计意图做成各种形状的结构，尤其是较中小跨径桥梁，可以采用装配式结构，工业化的程度提高，即提高了工程质量，又加快了施工速度；结构的整体性能好，刚度较大，变形小，噪声小。设计概念比较成熟，理论以及施工技术得到保障。

根据河道断面不同，简支空心板桥布置有6m×20m、5m×20m、4m×20m、3m×20m、5m×16m、4m×16m、3m×16m和3m×13m等几种跨径组合。东尹村西桥等30座桥梁采用此桥型。

6.1.2 桥梁装饰

石家庄市属于省会城市，正在建设具有特色的文化、旅游和生态城市。本项工程涉及的桥梁为城市桥梁，对景观要求高，而东南水系河道开口都不大，不具备建大跨径斜拉桥、悬索桥的条件。本次方案设计选用变截面连续箱梁桥和下承式系杆拱桥，桥梁结构满足景观要求，只需对人行道、栏杆做装饰。等截面连续

东南十规划桥效果图（预应力空心板）

昆仑大街规划桥效果图

体育军事运动基地西桥效果图

箱梁、连续板桥和预应力空心板桥均在桥面做装饰工程，达到斜拉桥、悬索桥、拱桥的效果，同时也可对人行道、栏杆等部位进行装饰可以达到美观的效果。装饰设计时考虑了与周围景观的画面协调。

6.2 景观路工程

由于水系河道开挖，共截断沿线现状和规划道路 120 余条，影响了河道两侧居民的交通和生产生活。桥梁设计时对截断间隔较近的道路进行适当的合并，沿线共布置 34 座桥梁，对于南线未设桥梁的现状道路，考虑沿河系绿地外边缘修建景观路解决其交通。对于东线由于河道水系与正在施工的太行大街并行且距离很近，截断的道路可绕行太行大街解决其交通。

景观路由于是沿河系绿地外边缘修建，且交通量较小，受占地限制，道路等级按等外路设计，设计路基宽度为 9.4m，横向布置为 1.45m（人行道）+6.5m（路

面）+1.45m（人行道），经布置景观路总长约 15.241km。对于全填方路基，为减少征地，路基两侧设混凝土挡墙。景观路采用沥青混凝土路面，横坡为双向 1.5%，路面结构为底基层采用 16cm 厚 12% 石灰稳定土，基层采用 16cm 厚石灰、粉煤灰稳定级配碎石，面层采用 5cm 中粒式 +3cm 细粒式沥青混凝土。

6.3 穿越石安高速运粮河大桥防护设计

运粮河大桥上部为 7m×16m 预应力空心板，下部为柱式墩台灌注桩基础，桥梁斜交角为 45°，水系河道从运粮河大桥桥下穿过。

6.3.1 桥下水系河道防护

桥下水系设计蓄水位满足 3.0m 通航净空。为不影响桥梁桩基，方案设计考虑河道在该处桥下分流通过，根据现状桥孔情况，河流在该处分为四条汊流通过，桥下设钢筋混凝土护砌，每个过流桥墩上下

游均设钢筋混凝土防撞墩起警示和保护墩柱作用，为与水系河道平顺连接，在桥梁上下游各 20m 设渐变段，渐变段采用钢筋混凝土结构。

桥下河道横向防护布置：河底采用 0.5m 厚钢筋混凝土护砌板，边坡采用仰斜式钢筋混凝土挡墙，挡墙临水面边缘与桩中心最小距离为 1.62m，临水面坡比为 1:0.75，背水面坡比为 1:0.5，挡墙高 2.54m，顶宽 0.5m，底宽 2.01m，为引导游船通行，边坡挡墙顶设置宽 0.5m，高 0.5m（高出蓄水位 0.74m）钢筋混凝土引导墙，挡墙顶至墩柱间采用 0.3m 厚钢筋混凝土铺砌。

按此方案设计防护完成后，河道底宽 5.0m，上开口宽 8.06m，基本满足游船通行要求。

桥下河道纵向防护布置：河底渐变段采用 0.5m 厚钢筋混凝土护砌板，边坡采用仰斜式钢筋混凝土挡墙，挡墙临水面边缘距桩中心 5.0m，临水面坡比为 1:0.75，背水面坡比为 1:0.5，挡墙高 2.84m，顶宽 0.8m，底宽 2.152m，为防止游船撞击桥梁墩柱，边坡挡墙顶设置宽 0.8m，高 1.0m（高出蓄水位 1.24m）钢筋混凝土防撞墙，并增设警示标识，挡墙顶至墩柱间采用 0.3m 厚钢筋混凝土铺砌。

钢筋混凝土挡墙及河底护砌板每

景观路鸟瞰

12～15m设一道永久缝,缝间设橡胶止水带。

对于非通航的其他3孔桥跨,为保护桥梁桩基,避免洪水冲刷,对桥下河道进行防护,防护材料采用M7.5浆砌石,厚度30cm,下设碎石垫层10cm。防护范围为桥梁下部及两侧各20m。

6.3.2 桥梁加固

由于水系河道影响,对现状桥桩基进行复核并防护。在每根桩周围自桩顶以下2.72m范围内浇筑0.3m钢筋混凝土防护,同时沿系梁四周布置注浆孔,对桩基周围天然土层进行加固。

为保证高速公路安全运行,需将现状桥的防撞护栏加强,方案设计拟拆除现防撞护栏,按SS级别重建,并在桥梁两侧护栏上增设防落网。完善桥面排水,增设排水管,拟将桥面排水方式改为集中排水。

7 景观设计
JINGGUAN
SHEJI ·····························●

石家庄城区北有流域防洪、水源涵养的滹沱河,中心有民心河、南茵河连接而成的内环水系。从石家庄市水系整体发展战略格局出发,外环水系的打造将使城市水系景观效果更趋完美。

本工程将石津北干渠与南泄洪渠连接,形成外环水系的东南环部分,以实现"一河二环"的水系宏观愿景为规划目标,为创造"水清、岸绿、景美"的城市滨水生态环境打下基础。

7.1 规划设计范围

景观工程的主要设计范围包括:沿新开挖河道,自五支渠起顺东南向连接石津干渠,河道两侧划定的水域蓝线以内用地。

7.2 规划设计原则

(1)安全性原则:在保证工程安全、水质安全、人员安全的前提下,对整体河道景观进行规划设计。

(2)生态原则:保护为主,生态优先,保护和利用相辅相成。

(3)经济性原则:以生态与自然作为景观基调,减少运行期的管理及养护成本。

(4)地方性原则:挖掘文化底蕴,体现地方特色。

(5)可持续发展原则:严格控制开发,保证河道的持续健康发展。

7.3 规划设计目标

(1)打造健康的环城风景水系,使其成为石家庄市的"城市名片"及"形象代言人"。

(2)提升城市整体活力,带动城市

生态环境开发，拓展河北省水利工程风景化建设。

7.4 景观规划设计

景观是指具有审美特征的自然和人工的地表景色，水景观是以水为主体形成的审美景观。本工程以水和绿色为主体，以生态走廊、滨水区等为要素，打造省城东南环"水乡"境界，以此提升河道环境的经济价值，带动两岸的生态开发。

1 建设沿堤景观

依照自然规律和美学原则，在确保堤防稳定安全的基础上，创造美感度。利用堤防串起主题公园，在堤内外建设内容丰富的林带，以绿造景，形成路、堤、园结合的滨河绿带。

2 建设生态走廊

生态走廊主要是指河堤和水面之间。着眼于季相变化，科学性和艺术性相统一，乔、灌、花、草等植物合理配置，花掩河湖，绿映堤岸，分段造园，小品点缀。着眼于人们的亲水性，体现人与水的有机融合，营造湿地亲水景观和区域景观节点，建设集防洪、生态、休闲、旅游、景观等多功能为一体的滨水景观带。

河道驳岸设计效果图

3 建设水面景观

通过建闸、筑坝，开湖等形式，调节和维持河道蓄水位，营造梯级碧波荡漾水面，改造城市水环境，提升石家庄市的整体水景观品位。

4 建设风景水工建筑物

闸、涵、坝是建设水景观的主要水工建筑，其濒临水面与水有很强的亲和关系，阳刚的主体外形与潺潺的柔水形成对比，是水景观设计中的重要元素。外环水系依城而设，矗立在水岸的风景水工建筑就成了组织水景的重要单元。规划设计中结合整体景观需要在重要景观节点的建筑意向中设计。

7.5 植被配置

（1）生态种植：因地制宜，适地适树，充分考虑当地的气候条件，进行合理分区，科学地应用植物材料，达到最好的生态效益，并使绿地系统能自我完善，减少养护工作量，保证可持续发展。

（2）地域原则：尊重当地乡土树种，适当引入北方适宜生长的其他树种，同时注意选择耐旱省水、抗逆性强的品种，节约一定的施工造价，日常的养护工作，以及对水、电等费用的投资成本。

楼底公园设计效果图

泊水公园设计效果图

石栾路钢坝船闸设计效果图

石栾路船闸控制用房设计效果图

（3）植物造景：突出植物造景，注重意境营造。以展示植物的自然美来感染人，充分利用植物的生态特点和文化内涵，针对不同的区域，突出不同的景观特色。同时运用植物材料组织空间，根据各区域位置和功能上的差异，有侧重地选择植物，体现植物在造园中的功能特性，创造有合有开，有张有弛，有收有放的不同的绿地空间。

（4）变化发展：考虑植物的季相变化，和生长速度、树形树姿的变化。根据各种植物的观赏时期的不同，合理进行植物配置，做到各季有花可观，冬季有绿可见。注意不同树种的生长速度不同，将快长树和慢长树进行合理配置，既创造一定的短期就能实现的植物景观，又注意营造和维护长期的植物景观，再一次的保证可持续发展。

滨水植物配置实景

河道植物配置实景图

7.6 景观小品

　　街道小品的设计：在造型上要简洁大气，充分尊重人的使用需求，以实用为主，注意使用的舒适性、安全性和艺术性，要能在景观带中起到一定的美观点缀作用。

　　铺装设计：在铺装材质选用上可采用当地的花岗岩、板岩、木板等材料，再辅以其他的铺地材料，力求营造出活泼、自然、现代的铺装效果。

　　灯光照明设计：游步路进行方向布置庭院灯，满足基本照明功能。种植区中布置草坪灯，亲水堤岸的安全照明应重点设计，沿岸设计线性布置的地埋灯，可有效提示边界，增强安全性。在台阶处设计提示光源，以保证安全功能。

8 创新与总结
CHUANGXIN YU
ZONGJIE.............................●

8.1 创新

1 中水利用

项目以中水、雨水结合作为主要水源，在公园等节点尝试生物净化方案，满足了 272 hm² 蓄水水面及 587 hm² 绿化面积的需水要求，在北方城市中具有示范作用。

2 景观与工程的合理配置

河道全段为新开挖河道，与现有公路、铁路、管线等交叉工程成为制约其开展的首要因素。项目结合现有条件，选取合理建筑物形式，即达到美化景观目标的目的，又未对现有工程造成不利影响。

3 驳岸形式

在受占地制约，河道断面较窄位置，为实现全段通航的目标，选取仰斜式挡墙方案，满足了景观、绿化、通航等多方面的要求。

4 减渗方案

项目未采取完全无渗漏的设计方案，但根据各段不同地质条件，选取了不同的减渗措施，既保证了景观需水要求，又对当地地下水进行了一定程度的补充，使沿线小区域的水环境得到了一定程度的改善。

8.2 实施效果

通过工程建设，达到了建设自然生态景观、人水和谐的目标，适应了河北省打造宜居石家庄，建设繁荣、舒适石家庄的必然要求。

项目完成后形成了蓄水面积 272 hm²、绿化面积 587 hm²。建成了胜利、高迁公园、楼底、民俗、泊水、天河公园、环山湖 7 大公园。

水系两岸绿地及特色主题景观区的设计为主，把水景、岸景、桥景、树景、草景、亭景、石景等多种景观科学组合设计，构建景在水中，水在绿中，亲水近水，人工与自然相交融，功能齐全，可游可憩可赏的环绕城市的河道景观。

通过空间形态、细部设计、植物种植、活动引导等手段来表达与烘托，为市民及游人开展丰富多彩的文化活动提供了相应的环境空间。

8.3 生态与社会效益

通过扩河挖湖、中水利用、筑堤蓄水、建绿造景、恢复湿地、整治生态建设，营造了 272 hm² 水面、形成了 587 hm² 绿化面积，形成一条集城市生态、休闲等功能为一体的水绿交融、彰显特色的环城休闲长廊。直接为石家庄市居民提供了一个可供休闲游玩的场所，石家庄整体生态水平提高了档次，提高了河道沿岸的土地利用价值，为石家庄市的长远发展奠定了基础，同时又为中水、雨水结合利用提供了示范作用。

注：本工程设计以河北省水利水电勘测设计院为主体，天津市园林规划设计院配合河道外侧景观设计。

武烈河承德市区段防洪及水环境整治工程

WULIEHE CHENGDESHIQUDUAN
FANGHONG JI SHUIHUANJING
ZHENGZHI GONGCHENG

编制人员：康军红　张淑秀　李　钊　李东斌　姜彤宇
周　宇

导 言

DAOYAN ....●

承德，取意"承受德泽"，旧称热河，见证了"康乾盛世"的百年辉煌，承载着四海归心、天下一统的梦想，是首批国家历史文化名城，位于市区的避暑山庄及其周围寺庙群是中国十大风景名胜，1994年被联合国教科文组织批准为世界文化遗产，也是国家首批世界文化遗产。特殊的丹霞地貌和人文景观构成了承德市独具特色的旅游资源，辖区内奇峰异水形成众多的独特风光，市区四周奇峰异景、风景秀丽多姿，夏季气候凉爽宜人，每年都吸引上千万中外游客。

承德市素有"紫塞明珠"的美誉，城市定位为"生态型山水园林城市、国际旅游城市、休闲宜居城市、联系京津辽蒙的区域性中心城市、京津卫星城"，确定了"大避暑山庄"发展战略，提出了"以山为骨、以水为魂、以绿为脉、以文为韵"的城市和生态建设理念，实现山庄与城市的和谐统一。

"今热河即古武烈水"。武烈河是承德的母亲河，她轻盈灵动，自北向南纵贯承德市区，润泽两岸，市区依河势在两岸临山而建，避暑山庄及外八庙分布于武烈河两岸，为承德市构建山水园林城市创

造了得天独厚的自然条件。清代康熙年间就沿武烈河修建了总长4300m的堤坝，时至今日，清坝仍然是承德市的一项重要防洪水利设施。

近年来，随着自然环境的不断恶化，承德市区"水患、水少、水脏"等水问题日益突出，成为制约承德市社会经济可持续发展的瓶颈。为彻底改善承德市的防洪和水环境条件，配合建设"大避暑山庄"的规划理念，承德市委市政府决定进行武烈河市区段防洪及水环境整治，修建武烈河两岸防洪堤及橡胶坝群，使河段形成连续的梯级水面，并进行滨河生态景观带建设；结合位于市区上游12km处武烈河干流上修建的大（2）型水库——双峰寺水库工程，使承德市防洪标准提达到《海河流域防洪规划》确定的100年一遇。从根本上解决了承德市的防洪问题，改善了城市水生态环境。

承德避暑山庄内景图

武烈河上游

武烈河实景图

"山庄以山名，而胜趣实在水"。整治工程的实施，完善了城市防洪体系、使武烈河承德市区段河道两岸绿树成荫、花园锦簇，河中碧水清流、波光荡漾，改善了城区小气候和生态环境，与左岸的避暑山庄和右岸的磬锤峰相映生辉，为城市增添了新的旅游资源和靓丽风景，大大提升了城市品位，使沿河两岸也逐渐发展成为了承德市的生态景观带和经济发展带的龙头。

武烈河清坝实景图

1 工程基本情况

GONGCHENG

JIBEN

QINGKUANG.....................................●

1.1 工程概况

武烈河承德市区段防洪及水环境整治工程范围为承德市区避暑山庄上游至滦河口12km的河段。根据河道地形及纵坡，统一规划建设十二道橡胶坝蓄水工程，使武烈河承德市区段形成连续水面；配套建设滦河补调水工程，保障橡胶坝群顺利蓄水；修建河道两岸防洪堤，提高防洪标准，扩大河道水面面积；建设18万m²的两

岸滨水景观带，有效改善城区生态环境。使武烈河水生态景观与避暑山庄交相辉映，既得小桥流水、浪涌瀑泻之浪漫，又兼湖泊停蓄、波光堤柳之柔媚，使承德市真正成为"何必江南罗绮月，请看塞北水云乡"的美丽城市。

工程蓄水后实景图（一）

1.2 环境分析

1.2.1 地理位置

承德地处河北省东北部，处于华北和东北两个地区的连接过渡地带，北靠辽蒙，南邻京津，东部和东南部与省内的秦皇岛、唐山两个沿海城市接壤，西部与张家口市相邻，是连接京津冀辽蒙的重要节点，具有"一市连五省"的独特区位优势。武烈河自北向南纵贯承德市区，城市沿两岸依河而建，河流的生态环境与城市发展密切相关。

1.2.2 河流环境

承德市流域包括滦河、北三河（潮河、白河、蓟运河）、辽河和大凌河等四个水

工程蓄水后实景图（二）

承德地理位置图

系，其中滦河流域面积28858.2km²，占总面积的72.53%；北三河流域面积6776.74km²，占总面积的17.03%；辽河流域面积3718.9km²，占总面积的9.35%；大凌河流域面积434.9km²，占总面积的1.09%。

武烈河属滦河的一级支流，又名固都尔呼河，茅沟河，赛音河，即古三藏水，至温泉会流之后，始名热河"。武烈河流域位于承德市中北部，发源于燕山山脉七老图山支脉南侧的围场县道至沟，上游四条主要支流头沟川、茅沟川、鹦鹉川、石洞子川呈扇形分布，于隆化县中关村附近汇流成武烈河。武烈河清澈碧绿，缓缓流淌，点染了承德的旖旎风光，给那里山峰、寺庙、园林增加了许多光彩。

武烈河干流总长度114km，流域面积2580km²，在承德县双峰寺镇进入承德市市区，市区段河道长16.35km，自北向南贯穿整个市区，于雹神庙注入滦河。

1.2.3 社会经济

承德全市下辖八县三区，地域总面积39500 km²，占河北省的五分之一，总人口361.7万人。市区位于武烈河流域下游河道干流两侧，区内面积708km²，人口39.18万人。

承德生态良好，资源富集，森林覆盖率达55.8%，被称为"华北之肺"，具独有的区位优势、资源优势、生态优势、文化优势，同时也正打造国际休闲旅游基地、国家钒钛资源利用产业基地、首都绿色有机农产品生产加工基地、京北清洁能源基地。在城市建设上，确立了历史文化名城、山水园林城市、国际旅游城市和连接京、津、冀、辽、蒙区域中心城市的发展定位。

1.2.4 水文情势

武烈河具有华北地区河流的普遍特点，汛期洪水暴涨暴落，枯水期径流明显减少甚至干枯，实测最大年径流量（1959年）达10.11亿 m³，最小年径流量（2000年）仅为0.1390亿 m³，两者73倍；径流量的年内分配也很不均匀，70% ~ 80%的径流量集中在汛期6—9月份，与和谐水环境需求形成了尖锐矛盾。

武烈河上游目前没有大中型控制工程，承德市区河段主要靠防洪堤坝和两岸自然地形控制。规划治理河段10年一遇洪水流量1060m³/s，20年一遇1670m³/s，100年一遇3360m³/s。

1.2.5 存在问题

（1）河道堤防防洪标准偏低，威胁市区及避暑山庄等的防洪安全。

武烈河历史洪水（一）

武烈河流域山高坡陡，暴雨强度大，洪水湍急，流域内没有大中型控制性工程，市区段总体防洪能力仅为20年一遇，部分堤段尚不足20年一遇。承德市区及避暑山庄、普宁寺、溥仁寺等重要文物景点位于武烈河边，直接遭受洪水威胁。

武烈河历史洪水（二）

干涸的武烈河河道

离宫中干涸的湖底

（2）水资源短缺和年际、年内分配不均严重社会经济的可持续发展。武烈河流域多年平均降雨量572.8mm，平均水资源总量2.61亿m³，且以1%的速率逐年递减。自1980—2008年的29年中有16年武烈河干流春季断流，特别是进入21世纪后的2003年、2001年，断流天数分别达到93天、67天，导致避暑山庄湖区曾干涸，严重影响了承德市的旅游环境和社会经济的可持续发展。

（3）水生态环境不断恶化。随着国民经济的发展，市区段水生态系统受损严重，河道环境脏、乱、差，已远不能满足城市的发展要求。

治理前武烈河河道

2 总体规划与布局

ZONGTI GUIHUA YU
BUJU ....●

2.1 整治原则

　　武烈河承德市区下游段河道两岸是承德市区的重要组成部分，是城市生态景观和经济发展的龙头，按照生态水利的治水思想，统筹城市河流的防洪功能、生态功能、景观功能和文化功能，综合治理工程以营造水面为主体、以滨河亲水绿地为衬托、以山庄文化为底蕴，集城市防洪、景观、旅游、休闲、健身于一体，在武烈河干流形成碧水清泉川流不息的美丽景观，与皇家园林——避暑山庄、外八庙以及磬锤山等奇特的丹霞景观交相辉映，使承德这座中外旅游名城充满灵气，为实现建设"大避暑山庄"构想提供支撑和保障，促进社会经济可持续发展。

2.2 主要建设内容

　　为满足城市防洪要求，对河道和两岸堤防进行综合治理，对河道内因自然淤积和人为原因形成的阻碍行洪的高地进行统一清理，并对河道行洪断面按 20 年一遇

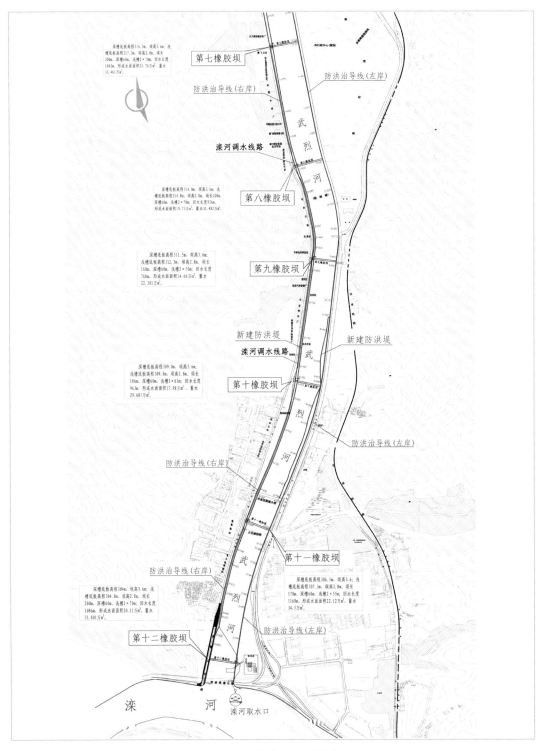

防洪及水环境整治工程总体布置图

洪水标准进行整治，结合市区上游武烈河干流修建的双峰寺水库工程，使承德市防洪标准达到 100 年一遇。防洪堤工程起自武烈河第六道橡胶坝，终至京承高速跨武烈河大桥，其中左堤全长 6267m，右堤全长 5998m。

在武烈河承德市区避暑山庄上游至滦河口 12km 的河段内建设十二道橡胶坝，其中 1989—1992 年已修建完成了第一至第六道橡胶坝，2006—2007 年建设第七至第十二道橡胶坝，使市区河道形成梯级连续水面，达到改善区域水环境的目标。

为弥补武烈河上游来水的不足，提高橡胶坝蓄水保证率，配套修建滦河补水工程，在武烈河入滦河河口滦河左岸修建取水井，在第十二道橡胶坝泵房负一层修建泵站引水，沿右岸堤防铺设输水管路至第七道橡胶坝库区，沿线每座橡胶坝设分水口取水。

结合城市分区产业定位及沿线的历史、人文和景观特点，遵循"以山为骨、以水为魂、以绿为脉、以文为韵"的理念，按照"尚古、蕴文"和满足行洪、生态和景观功能的要求，分段打造 18 万 m² 以山体绿化为大的背景，强调以沿河带状绿化包括沿河生态带绿化、沿河休闲游憩绿化带、山地绿色通廊等为主线串联各绿化

节点的系统水生态滨河水生态景观带。

3 防洪堤工程
FANGHONGDI
GONGCHENG ....●

3.1 布置和治理标准

防洪堤工程起自武烈河第六道橡胶坝，终至京承高速跨武烈河大桥，左堤全长 6267m，右堤全长 5998m。修建防洪堤的目的是为抵挡洪水，并在满足防洪、防渗的同时，兼顾水景观的蓄水需要。防洪堤设计防洪标准 20 年一遇，河道过水流量 1670m³/s。

3.2 堤型方案

为便于结合生态景观建设，防洪堤采用复式河堤，采用主堤抵挡高水位洪水，副堤抵挡低水位洪水并起防冲作用，主、副堤之间打造亲水设施平台和生态景观带。副堤分段布设，其中右岸沿主堤堤脚以内 15m 布设副堤，左岸只在桩号 3+327 ~ 4+796 段设副堤。

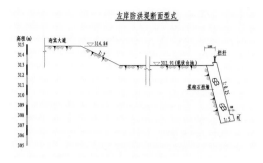

左岸防洪堤典型断面

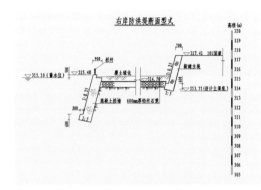

右岸防洪堤典型断面

整治后防洪右堤实景图

整治后防洪左堤实景图

4 橡胶坝工程

XIANGJIAOBA
GONGCHENG ....●

4.1 布置原则

橡胶坝布置遵循回水满足规划要求、不降低河道行洪能力、使水流顺畅、减少两岸浸没等原则。

橡胶坝坝顶高程根据坝顶溢流加安全超高不超过 20 年一遇洪水时两岸堤顶高程，以及正常挡水时保证上一道橡胶坝下游底板淹没深度不小于 20.0cm 等因素确定。坝顶允许溢流水深为 10.0cm。为防止过坝推移质泥沙随水流卷入橡胶坝袋底部对坝袋造成磨损，底板高程高出河道底 0.2～0.4m。为便于冲沙和固定河床，

减轻过坝水流对两岸堤防的冲刷，同时考虑到低标准洪水时可仅采用中间坝袋塌坝行洪，便于工程管理，橡胶坝工程采用深、浅槽布置。

建设实施的第七至第十二道橡胶坝主要技术指标见下表。

4.2 工程布置

橡胶坝工程由橡胶坝体、泵房和充排水系统等组成。

橡胶坝按深浅槽布置，中间为深槽，两侧为浅槽，高差 0.8m；深槽段长均为 60.0m，两侧浅槽段根据河道宽度平均分

橡胶坝主要技术指标见表   单位：m

名称	坝顶高程	深槽			浅槽			坝址处规划堤顶高程	安全超高	回水长度	蓄水量/万 m³
		底板高程	长度	设计坝高	底板高程	长度	设计坝高				
第七道坝	320.1	316.5	60	3.6	317.3	140	2.8	320.88	0.68	1042	33.5
第八道坝	317.6	314.0	60	3.6	314.8	140	2.8	318.36	0.68	936	31.5
第九道坝	315.1	311.5	60	3.6	312.3	100	2.8	316.05	0.68	768	22.3
第十道坝	312.6	309.0	60	3.6	309.8	126	2.8	313.74	1.04	963	29.7
第十一道	310.1	306.5	60	3.6	307.3	110	2.8	311.04	0.94	1168	34.5
第十二道	307.6	304.0	60	3.6	304.8	140	2.8	308.66	0.96	1086	35.8

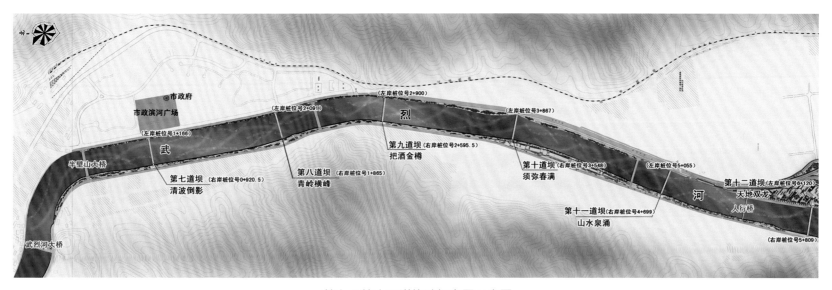

第七至第十二道橡胶坝布置示意图

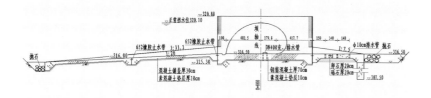

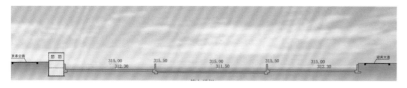

典型橡胶坝布置

第七道橡胶坝实景

配，长50.0～70.0m。深、浅槽之间设厚0.8m的混凝土分隔墩。坝体底板顺水流方向长度均为11.0m，厚60.0～70.0cm。底板上游侧设长20.0m的混凝土铺盖，厚30.0cm。底板下游侧接长6.0m的混凝土护坦，厚50.0cm；为削减坝基渗透压力，护坦上设φ10.0cm的3排排水孔。护坦末端下部接防冲墙，采用混凝土灌注桩工艺成墙，桩径80.0cm，孔距70.0cm，墙顶与混凝土护坦连为一体。两侧边墩采用悬臂式挡土墙型式，顶宽80.0cm，上游、下游边墙均为重力式混凝土挡土墙。防冲墙下游抛填厚1.0m，长5.0m的铅丝笼块石进行防护。

第八道橡胶坝实景

橡胶坝袋为冲水式二布三胶锦纶坝袋，采用枕式直墙连接，设计内压比1:1.4，为螺栓压板双线锚固型式。

泵房均布置于坝体右岸，为半地下矩形钢筋混凝土结构，内设水泵、气泵等给排水设备及检修场地。泵房顶板以上布置管理用房，用于电气控制设备及管理人员办公室等。

充排水系统主要包括橡胶坝供水水源、供排水管路以及相关设备等。供水水源为设在坝体右侧、泵房上游约30.0m处内径5.0m的大口井。坝袋充水方式采用动力式，充水设备采用3台250S14型双吸式离心水泵。

第十一道橡胶坝实景

第十二道橡胶坝实景

现地控制室

4.3 自动化控制

由于橡胶坝数量多，同时又位于市区行洪河道上，橡胶坝运行管理较为复杂，为提高橡胶坝运行的时效性和可靠性，对每座橡胶坝充、排水系统的离心泵、电动阀、真空泵、空压机及渗漏排水泵建立自动化控制系统，实现对其现地控制及远方控制的功能。系统采用分层分布式结构，设置调度中心层和现地控制层，调度中心层进行集中控制，现地控制层仅于每座橡胶坝控制室对其自身设备进行控制。

5 补调水工程设计
BUDIAOSHUI
GONGCHENG
SHEJI ·······························•

5.1 工程规模

第七至第十二道橡胶坝总蓄水量为 187.23 万 m^3，在枯水期 4—5 月份，河道平均基流量仅 $1.18 \sim 1.45 m^3/s$，充满六道橡胶坝的时间为 15 天左右，遇枯水年份时间还须延长。由于滦河汇流面积大，水资源量丰富，基流量也较大，为弥补武烈河上游来水的不足，提高橡胶坝蓄水保证率，配套建设滦河补调水工程。

按第七至十二道橡胶坝全部由滦河补水，配套工程扬水流量为 $1.0 m^3/s$，则充满需要时间为 22 天；如考虑 50% 水量由滦河补水，则充蓄时间为 11 天。为缩短橡胶坝蓄水区蓄水时间，在可能情况下由滦河补水工程规模尽可能达到 $1 m^3/s$ 以上。

5.2 工程布置

河道取水采用渗渠取水方式，并在滦河与武烈河汇合口附近的第十二道坝下游设集水井作为供水水源，第十二道橡胶坝泵房负一层布置调水泵站。沿武烈河右岸防洪堤铺设直径 700mm 的球磨铸铁管路，直至第七道橡胶坝，沿线每座橡胶坝均设高于该坝库区最高水位的分水口向河道补水。

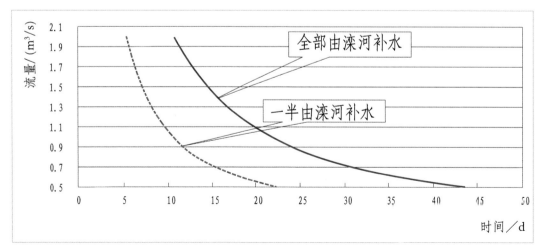
橡胶坝蓄水区充蓄时间与流量关系图

6 滨水生态景观工程

BINSHUI SHENGTAI
JINGGUAN
GONGCHENG ....●

6.1 目标

在现有水利设计的基础上加载景观功能，实现水利上的行洪、蓄水工程和美化工程同时兼顾。

6.2 总体主体和设计构思

1 总体主体

打造大旅游通道的空间效果，武烈河作为带状城市景观走廊，担负着实现城市的整体发展。提升对河道的建设和加速旅游目的地的建设。

2 设计构思来源

作为古御道，自紫禁城至避暑山庄，实现出巡目的；现今作为交通通道，自北京至承德，实现旅游目的。整治河段是通道上的重要环节。

6.3 总体规划

1 总体定位

规划将武烈河所形成的城市通道总体形象定位为：集生态、休闲、居住为一体的城市空间，创造立体分布、赋予序列性的沿线景观节点，打造若干精品景观标志物，为城市营造休闲舒适的生活环境。成为提高城市生活质量与品位、提升景观旅游形象、建设生态家园的城市主脉。

2 以山为骨

围绕山庄，展现中华文明的瑰宝，从空间上将各个景区相互融合，把旅游产品的丰富与系统作为城市发展的推动力之一。旅游度假地的景观、山庄的历史景观、沿线的生态、河道的景观同时实现。

3 以水为魂

武烈河建设不仅仅是河道本身的水利、景观建设问题，它对于改善城市形象，拓展城市空间，完善城市结构，整合城市功能，提升用地价值以及城市品位等方面有着重要的意义。

4 以文为蕴

根据对武烈河的总体形象定位，注重提升城市文化形象，将山庄文化、度假文化、生态文化三大类文化发展脉络相互融。

5 以绿为脉

完善原有的城市园林绿化结构，形成滨水绿化带、重点绿化节点，并通过提高滨水地带的绿化率来改造绿化环境，以达到带动城市整体绿化环境优化、提供更多的开敞绿化空间、提升市民生活环境与质量的目的。

6.4 项目策划

沿全河段河设置自行车线，进行驳岸改建，设立水上活动游览线。

自上游至下游依次建设生态环境文化带、自然公园文化带、历史文化带和现代都市文化带。

6.5 景观风貌和主题

在景观风貌控制上将地段划分为自然景观风貌区、商业景观风貌区、文化景观风貌区、公共景观风貌区以及住区景观风貌区等五种，体现自然景观、历史文化、城市景观的相互交融。水利工程景观化是风貌控制的重点，要求景观除了视觉上的享受，更多的是满足功能需要。

自避暑山庄上游向下至滦河口，景观主题分为山庄畅晚、泛舟远钟、轻歌曼舞、水波山城、热河胜境、腾罗叠水、清波倒影、青岭横峰、把酒金樽等十二段。

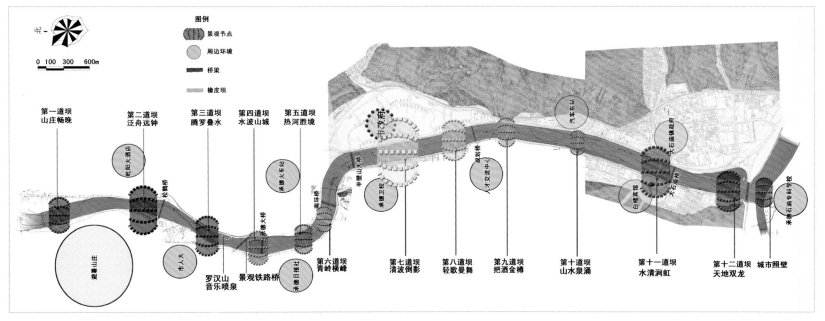

图例
景观节点
周边环境
桥梁
橡皮坝

0 100 300 600m

北

第一道坝
山庄畅晚

第二道坝
泛舟远钟

第三道坝
腾罗叠水

第四道坝
水波山城

第五道坝
热河胜境

乾阳大酒店

松鹤桥

市人大

罗汉山
音乐喷泉

景观铁路桥

承德大桥

承德日报社

承德火车站

南环桥

半壁山大桥

承德卫校

人才交流中心

规划桥

市政府

汽车东站

市政府

大石庙镇政府

白楼宾馆

大石庙桥

承德石油专科学校

城市照壁

第六道坝
青岭横峰

第七道坝
清波倒影

第八道坝
轻歌曼舞

第九道坝
把酒金樽

第十道坝
山水泉涌

第十一道坝
水清涧虹

第十二道坝
天地双龙

避暑山庄

景观总体布局图

6.6 景观节点

1 橡胶坝

以"溯·河·源"为主题,结合"龙腾凤舞"的立意和彩灯,以及门架、平桥、喷泉等,形成一系列以橡胶坝为基础的雕塑形态设计。

橡胶坝雕塑实景图

橡胶坝雕塑实景图

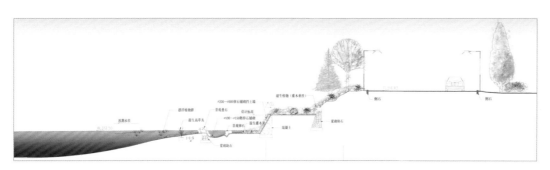

复合台地式

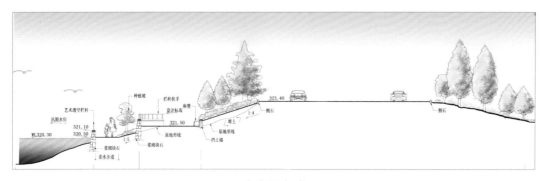

亲水平台式

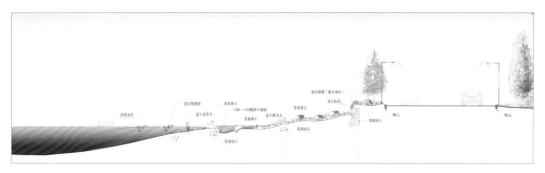

自然斜坡式

2 滨水驳岸

结合河道景观的区段定位，道路外侧人行道及沿河驳岸景观规划设计采取分区段的形式。

较宽的岸线部位采用复合台地式，人流活动区为亲水平台式，场地充裕、允许放坡的地段为自然斜坡式，用地紧张且有比较好的视觉观赏点的区段采用直立挡墙式（浮雕景墙）。

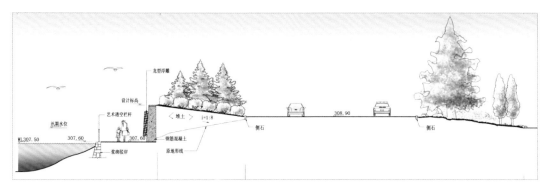

直立挡墙式

6.7 景观照明

1 河道景观亮化

采用水下射灯,对橡胶坝基础、雕塑的形态进行烘托,突现其立体感。

采用彩色水下射灯,对河道中的喷泉、水幕墙进行勾勒。

采用泛光照明、LED 灯带装饰河道上的景观桥,体现其层次感。

2 驳岸景观亮化

采用射灯对重点驳岸上的景观加以强调,灯带以勾勒出岸线的形态。

3 沿岸景观亮化

突出"溯源"的主题,整条河道两侧采用蜿蜒的龙形、龙鳞肌理的铺地,结合园林灯、草坪灯、地埋灯,贯穿整条河道景观。

驳岸实景图(一)

驳岸实景图(二)

3 管理房

建筑立面采用传统与现代相结合的原则,同时兼顾周边地块的建筑形式。形态上以船坊为设计立意,仿船舱的景观效果建筑的设计元素采用相对现代的材料和色彩。

典型橡胶坝管理房

整体夜景

驳岸夜景（一）

景观桥夜景

驳岸夜景（二）

罗汉山音乐喷泉

7 创新与总结

CHUANGXIN YU
ZONGJIE

7.1 创新

（1）橡胶坝数量多，规模大，为当时北方地区最大橡胶坝群。

武烈河承德市区段统一规划建设的十二道橡胶坝形成了当时北方乃至全国最大橡胶坝群，为北方城市地区营造水生态环境提供了宝贵的经验。

（2）工程整体布置科学合理，形成带状梯级水面。

武烈河承德市区段整治工程设计由防洪堤、橡胶坝、滦河补调水工程和滨河生态景观等四部分组成。橡胶坝的总体布置原则是保持水面连续衔接，满足河道行洪要求，同时为河道景观布置留出适当空间。各道橡胶坝位置满足蓄水高度低于堤顶高程 0.58 ~ 1.54m，营造亲水条件。

（3）橡胶坝设计精细，经济合理。

橡胶坝深浅槽布置，洪水期利用深槽进行冲砂行洪，减少淤沙对坝袋侵蚀及清淤费用，便于工程管理，解决了山区河道来水泥沙含量高，容易造成淤积的问题。

我国已建成的橡胶坝坝后消能型式大

河道景观

都采用底流式消能，费用较高，清淤难度大，本工程根据河道岩石埋深，采用水平护坦加防冲墙的消能防冲方案，有效防护了坝体稳定，节省了工程投资，且便于工程管理。

（4）防洪堤采用复式河堤型式，行洪和生态环境兼顾。

由于武烈河为山区行洪河道，河道较窄，为最大限度合理利用两侧滩地资源，防洪堤采用复式河堤型式，深浅槽布置。小洪峰利用主河槽行洪；较大洪水时，两侧亲水平台过水参与行洪。改造后的堤防既满足了20年一遇的防洪要求，又充分利用了宝贵的土地资源，为打造滨水生态景观带打下了良好的基础，也为山区较窄河道合理利用带来新的设计理念。

（5）积极采用新材料和新技术。

副堤较早采用生态混凝土护坡，种植绿色植物，洪水期过水行洪，正常运用期美化环境，为生态混凝土护坡的推广和应用提供了实践经验。

7.2 总结

武烈河承德市区段防洪及水环境工程的建设改善了河道防洪与水环境，使河道防洪能力提高到20年一遇，上游双峰寺水库工程完成后可达到100年一遇，大大减轻了洪水对河道两岸城市设施、企事业单位、公路以及避暑山庄等历史文物建筑的威胁。修建的橡胶坝工程增加了河道回水长度6.3km，库区蓄水面积117.5m²，形成了宽阔的梯级带状水面，改善生态环境，扩充了城市供水水源，抬

高了地下水位，缓解了城市的供水紧张状况，同时还可为避暑山庄的湖区进行补水，更好地保护了世界文化遗产。

通过对橡胶坝群联合调度，辅以健全的管理体系，使市区12km长河道形成一道靓丽的景观带，提高了城市品位，平湖、跌水、倒影、山青、水秀，使武烈河承德市区段呈现一派"潮平两岸阔，清水绕名城"的景象，为山城人民提供了舒适的工作环境和休闲场所。

武烈河的梯级开发形成的两岸秀丽的风景绿化带也为招商引资创建了优越的外部环境，极大地推动社会经济的可持续发展。

注：滨河景观设计方案主要由同济大学风景科学研究院完成

桑干河生态河湖工程

SANGGANHE
SHENGTAI HEHU GONGCHENG

编制人员：王小龙　宋宝生　李　健　孙　浩　刘俊婷
　　　　　王春香　周　慧　赵亚如　周婷婷　赵艺娜
　　　　　赵慧涛　尹健婷

导言

桑干河位于山西省北部和河北省西北部，是海河的重要支流、永定河的上游。桑干河上源为山西省的元子河与恢河，两河于朔州与邑村汇合后始称桑干河，在河北省怀来县朱官屯汇洋河后入官厅水库，经宣化后流经北京至天津，汇合了其他若干河流之后称为海河，经天津大沽注入渤海。全长约为506km，流域面积2.4万km²。桑干河因每年桑葚成熟的时候河水干涸而得名，更因女作家丁玲的小说《太阳照在桑干河上》而闻名于世。

历史上的桑干河水资源丰富，东汉时，桑干河水量充足，能够行船运粮。光武帝建武十三年（公元37年），上谷太守王霸奉召北伐匈奴乌桓，从今永定河上溯桑干河，漕运军粮至今大同。

隋炀帝开凿北运河亦引该河之水北通涿郡（今北京），可通行长二百尺、高四十五尺的四层龙舟。

唐代诗人刘皂《渡桑干》中写道："客舍并州已十霜，归心日夜忆咸阳。无端又渡桑干水，却望并州是故乡。"

历史上的桑干河洪灾泛滥不断，唐代诗歌中说："可怜无定河边骨，犹作春闺梦里人"，即是对桑干河流域洪灾泛滥的

真实写照。

元代建筑大都时，从冀北采伐木料由木筏顺桑干河而下运到北京城西。结果在至元八年（1272年）与大德四年（1301年）两次暴发大水，将金河口"尽行堵闭"。

1939年卢沟桥以上河道共泛决十四次，其中两次洪水涌入北京城。

历史上的桑干河文化悠久，是中华文明的发祥地之一。

炎帝和黄帝是原始社会晚期影响很大的领袖人物，后来人们尊崇他们为中华民

桑干河治理施工前照片

桑干河治理施工后效果图

族的祖先。为了争夺土地、财物和领导权，他们之间发生过长期的争战。黄帝族和炎帝族在阪泉之野即今河北涿鹿县东南发生了大战，经过三次激烈的战斗，黄帝族部取得了胜利，炎帝族溃败后散居各地。时隔不久，居于今山东一带的部落联盟首领蚩尤在东方横行霸道，又企图向西发展，与黄帝族一争高低。这次战争在涿鹿之野，即今河北涿鹿县东南的广阔地带展开了，结果黄帝族取得大胜，擒获了蚩尤，并将他杀戮于野外。涿鹿之战使我国逐渐形成

以黄、炎部落为核心的华夏民族。这说明中华民族的序幕是在桑干河拉开的，桑干河也成为中华文明的一个起点。

桑干河历史上水量充沛，水面有三四百米宽。但自20世纪90年代以来因植被破坏、上游截流，桑干河出现断流，许多河段常年处于干涸状态，昔日美景一去不复返。在群众心中成了风沙肆虐、垃圾遍地，蚊蝇滋生的"伤心河"。

项目建成后，桑干河将成为"山水交融、碧波荡漾"的景观河、"亭台交错、

瓜果飘香"的幸福河和"品茗微坐，曲水流觞"的文化河。"太阳照在桑干河上，幸福生活葡萄园中"的美好景象将再次呈现在一首"浣溪沙"中。

太阳春日葡萄架

桑干秋雨景致佳

淡烟流水看晚霞

一捧清泉一落花

亭台微坐试新茶

曲水流觞话桑麻

1 工程基本情况

GONGCHENG

JIBEN

QINGKUANG ....●

1.1 工程概况

　　涿鹿县桑干河综合开发治理工程是涿鹿县第十一次党代会"一线四新"战略目标中"一城两河"的主要内容。该工程全长 10km，工程分两期实施。一期治理工程位于县城境内中段，西起合符路桑干河大桥上游 300m，东至张涿高速公路桥下游 200m，长 4.5km。设计疏浚行洪河槽，整理两侧滩地，加高培厚两岸堤防行洪防汛；利用行洪主槽营造景观水面，立足两侧滩地布置滨水景观，结合两岸堤防打造景观大道。工程治理段按照 20 年一遇洪水加超高和 50 年一遇洪水不漫堤设计。项目实施后设置 4 道橡胶坝和 1 个潜坝

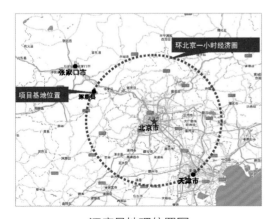

涿鹿县地理位置图

形成 5 个宽 210 ~ 220m 的景观水面，水面面积 96 万 m²，总蓄水量约 174 万 m³。桑干河河道治理工程于 2012 年 5 月 31 日开工；2013 年年底完成主体工程建设并达到蓄水标准。

1.2 环境分析

1.2.1 地理位置

　　涿鹿县隶属河北省张家口市，位于河北省西北部永定河上游，北京市西北部。地处北纬 39°40' ~ 40°39'，东经 114°55' ~ 115°31' 之间，涿鹿至怀来盆地西部。北与张家口市下花园区交界，西北隔黄羊山与宣化县相望，西南与蔚县毗邻，东南与北京市门头沟区和保定市涞水县接壤，东北与怀来县相邻。涿鹿县南北长 90km，东西宽 43km，面积 2802km²。东距北京市中心 136km，西距煤都大同市 214km，北距张家口市 67km。涿鹿县是河北省环首都经济圈 13 县之一。

1.2.2 历史文化

　　涿鹿县是中华文明的发祥地之一，素有"千古文明开涿鹿"之称。黄帝联合炎帝大战蚩尤就发生在涿鹿。5000 年前，中华民族三大人文始祖黄帝、炎帝、蚩尤在涿鹿征战、耕作、融合、统一，创造了

中华三祖堂

清凉寺

三祖广场

中华民族公认的"龙"图腾，开创了中华 5000 年的文明史，实现了中华民族的大融合。目前，涿鹿县仍保存有黄帝城、炎帝营、蚩尤寨等遗迹遗址，逐渐形成"三祖文化"。

　　涿鹿县生态资源独具魅力。涿鹿山水

丁玲纪念馆

河北五台山国家级自然保护区

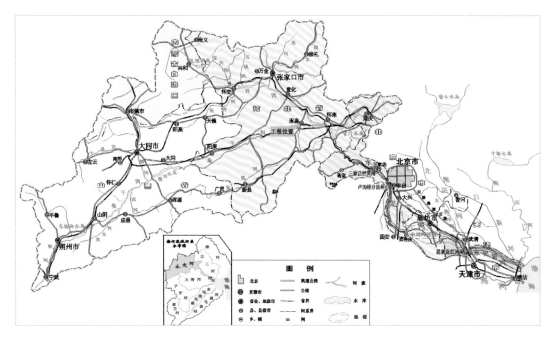
永定河水系图

秀丽，风光旖旎，生态资源极其丰富。小五台山自然风景区、黄羊山国家级森林公园、东西灵山生态旅游区构成了天然的生态景观。

1.2.3 水文情况

桑干河流域属于永定河水系的高原背风区，北接内蒙古高原，南屏海拔2000m以上的恒山和太行山，整个地势西部高、东部低，平均高程约1000m，流域分水岭一般在1500m以上。流域内植被较差，除一些高寒山区外，天然植被已破坏严重，黄土丘陵及石山分布较广，沟壑纵横。土壤基本上为黄土和沙壤土，结构松散，透水性强，土地贫瘠，水土流失十分严重。

桑干河总流域面积26000km²，册田水库以上流域面积为17050km²，涿鹿城区整治段以上总流域面积24986km²，涿鹿城区至册田水库区间流域面积7936km²。桑干河涿鹿县城区治理段多年平均天然径流量为8.36亿m³。

通过区间设计、水库相应洪水组合方式，整治段河道设计洪水采用50年一遇、20年一遇设计洪峰流量分别为3198m³/s、2244m³/s。

1.2.4 工程地质

工程区位于涿鹿县城南部0.5km，怀涿盆地中部的冲洪积平原，地形较为平坦，地面高程524～543m，西高东低。现代河床高程523～540m，河漫滩一般高出河床1～2m。

根据地质测绘和勘探成果表明，河渠建基面主要座落于卵石(al+plQ₃)及壤土(al+plQ₃)层上。卵石承载力建议值为310kPa，壤土承载力建议值为100kPa。卵石渗透系数建议值为1.2×10^{-1}cm/s，具强透水性，应注意河道蓄水后的防渗问题。

卵石土河床

由于河道内存较多的人工砂坑，个别位置深度较深，对于需要填筑的部位要注意填筑的质量。

1.2.5 面临问题

1 现状防洪能力偏低

根据实测的纵横断面资料，结合原设计，对桑干河县城段的河道行洪能力进行复核，县城仅部分河段左堤满足 10 年一遇防洪标准，大部分河段堤防的防洪标准不足。与此同时，大部分河段现状没有堤防，有堤段也不满足防洪要求，加之年久失修，堤身断面矮小、超高不够，抗风蚀和冲刷性能差，使得沿河两岸仍在洪水的威胁之下。

2 生态环境持续恶化

桑干河流域植被较差，土地贫瘠，表层土壤结构松散，透水性强，水土流失十分严重，为我国多沙河流之一。自 1960 年以来，流域上游已建成各型水库 160 多座，这些水利工程对流域的天然水沙特性影响较大。1997 年以后，桑干河全面断流，许多河段常年处于干涸状态。现状河道内砂坑遍布，生活、建筑垃圾的任意堆放，加剧了生态环境的恶化，对县城环境造成严重不良影响。

治理前河道

2 总体规划与布局
ZONGTI GUIHUA
YU BUJU.............................●

2.1 设计理念与目标

涿鹿县桑干河综合治理规划坚持"统一规划、分期治理、统筹兼顾上下游、左右岸利益"的指导思想，把桑干河建设成为一条防洪标准适宜、生态景观协调的河流，为涿鹿县城创造一个安全、舒适和美观的水环境，使其在城市生态建设和拓展城市发展空间方面发挥特有的功能。

2.2 规划与布局

2.2.1 功能定位

1 行洪排涝

现状河道主槽不明显，深槽内过流能力仅为 100～150m³/s，大水时对两岸滩地造成较大损失。治理后达到 50 年一遇洪水过境不漫堤。

2 生态景观

（1）水体景观。利用行洪主槽营造景观水面，满足传统水坝的同时融入涿鹿的人文历史，打造"一水域一主题，一坝一文化"。项目实施后，桑干河将成为"山水交融、碧波荡漾"的景观河、"亭台交错、瓜果飘香"的幸福河和"品茗微坐，曲水流觞"的文化河。"太阳照在桑干河上，幸福生活葡萄园中"的美好景象将再次呈现。

（2）滨水景观。桑干河为行洪河道，滩地不得建有阻碍行洪的建筑物，也不得种植阻碍行洪的树木，可植草美化，其他景观建筑为临时性可活动建筑物。景观绿化设计内容包括绿化、照明、喷灌、林荫道路、小品、体育活动场、小型雕塑、小型广场等。

2.2.2 总体布局

根据实地条件分为即相互独立，又在整体视觉效果上相互呼应，相互补充，相互借景的五大区域：即文化推广区、婚纱摄影区、儿童游乐区、生态游园区、休闲运动区。使得桑干河真正成为居民可以亲近水景的健身、休闲、娱乐的高品质生活场所。

1 文化推广区

位于治理段上游，以桥头两侧为重点设置小型广场，内设丁玲园、三祖文化广场作为空间界定的标志和区段环境形象代表。

2 婚纱摄影区

主要提供给新人、年轻人拍婚纱照、全家福、写真、婚礼等，为百姓提供高品质的拍摄场所。主要包括：大型水景、主题广场、小型广场、亭子等。

3 儿童游乐区

儿童活动区以灵活多变的活动场所为主，用乔灌木分割成若干相对独立的运动空间，为儿童提供游乐、运动、趣味、健身为一体的娱乐活动中心。

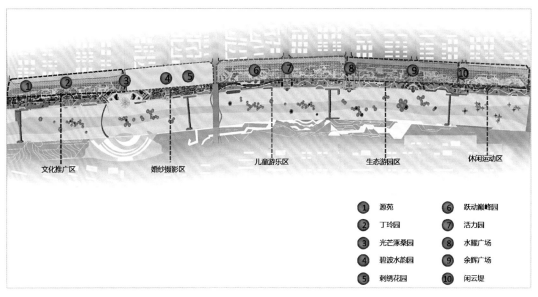

项目功能分区图

1	源苑	6	跃动巅峰园
2	丁玲园	7	活力园
3	光芒涿桑园	8	水耀广场
4	碧波水韵园	9	余辉广场
5	刺绣花园	10	闲云堤

4 生态游园区

古人云"久居樊笼里，复得返自然"，这反映了人回归自然的愿望。绿化带中心区域设计成生态园林景观区，植物以乔木为主，馒头柳、国槐、银杏等乡土树种为主，常绿树、灌木点缀中，适量增加新品种植物，同时还可增加色带，色块和观赏花卉，卵石地面贯穿其中，人们通过对植物材料和天然石材的触摸，产生质地对比，加深对自然界的认识和了解。

5 休闲运动区

它是为现代社会快节奏工作和生活环境下的人们娱乐健身所提供的场地，以身体活动为基础的休闲运动区。

3 河道设计
HEDAO SHEJI..............................●

桑干河综合开发治理工程分为河道治理和景观工程两大板块。其中河道治理包括扩挖深槽工程、蓄水工程、岸坡防护、防洪堤等工程；主要建筑物包括橡胶坝、交叉涵洞、节制闸等。项目土方开挖 434.9 万 m^3，土方回填 250.9 万 m^3，黏土回填 48.9 万 m^3，砂砾回填 36.5 万 m^3，铺设防水毯 73.69 万 m^2。

3.1 工程总布置

涿鹿县桑干河综合开发治理工程一期治理工程位于县城境内中段，西起合符路桑干河大桥上游 300m，东至张涿高速公

治理后效果图

路桥下游 200m，长 4.5km。涿鹿县城段桑干河坡度大，河道常年处于干涸状态，河床透水性强。为满足景观蓄水和行洪要求，河段内规划新建 4 道橡胶坝和 1 道潜坝，形成 5 个景观水面。单个景观水面长 500 ~ 1290m、宽 210 ~ 220m，蓄水深 0.8 ~ 3.7m，水面面积 96 万 m²，总蓄水量约 174 万 m³。该段河道治理后主槽宽 205 ~ 225m，单侧滩地宽 100 ~ 150m，河道宽 470 ~ 530m。工程治理段按照 20 年一遇洪水加超高和 50 年一遇洪水不漫堤设计。

桑干河治理是以提高河道防洪标准为主，结合蓄水形成景观水面等综合利用的水利工程，河道设计主要由两岸堤防、河道防护、主槽蓄水、跌水、橡胶坝、潜坝、亲水平台等组成。

景观水面需水量成果表

名称	蓄水量 / 万 m³	蓄水面积 / 万 m²	蒸发、渗漏损失量 / 万 m³			换水 / 万 m³	需水总量 / 万 m³
			蒸发损失	渗漏损失	小计		
需水量	174	96	104	57	161	347	508

3.2 供需水量

3.2.1 景观水面需水量

桑干河城区段景观水面正常蓄水后，考虑蒸发、渗漏和补换水计算需水量（见上表）。为保证水景观效果，每年按补换水 2 次设计。

3.2.2 可供水量

桑干河城区治理段景观水面供水水源主要有册田水库和区域内自产径流等，中远期随着涿鹿县中水厂的建成运行，部分水源可由中水进行补充。

1 册田水库供水

册田水库是一座以工业供水、防洪为主，兼顾灌溉、养鱼的大(2)型水库，水库以上流域面积 17050km²，占桑干河流域面积的 65.6%。水库总库容为 5.80 亿 m³，防洪库容 1.63 亿 m³。由于桑干河城区景观水面在册田水库下游，景观水面每年的换水可结合水库向下游工业供水进行水体轮换。在枯水期可通过水库供水补充景观水面蒸发、渗漏损失量。

2 区间自产水资源量

桑干河城区治理段多年平均径流深为 50mm，多年平均径流量 5210 万 m³。

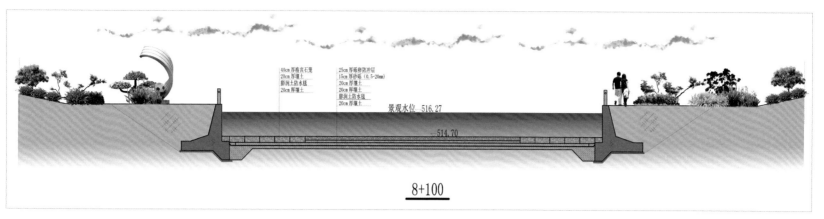

方案一——直立矩形槽方案断面型式

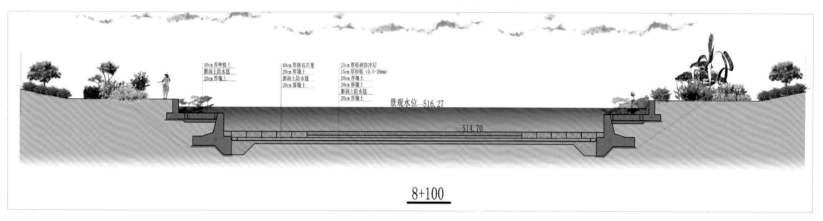

方案二——复式直墙＋直墙方案断面型式

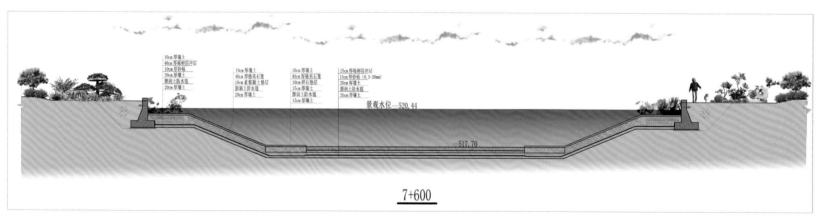

方案三——复式直墙＋斜墙方案断面型式

3.2.3 供需水量

自产径流量年内分配不均匀，扣除上游用水后，区间自产径流最小月份在 1 月为 62.4 万 m^3，而平均每月需水量为 35.2 万 m^3，自产径流量大于该月景观水面的总需水量。经过分析，通过册田水库调水或区间自产径流可满足一般年份景观水面各月需水要求。

3.3 竖向设计

行洪河槽设计指标依据现状地形条件，尽量减少开挖和弃土，并考虑与上、下游河道衔接，同时满足设计流量要求等因素综合确定。行洪河槽底维持现状河道纵坡，设计纵坡 4.3‰。

景观水面在行洪断面（设计河底）以下，本段共有 5 个景观水面，深槽纵坡 2.5‰。治理段内深槽扩挖后，为保证上游进口部位水流顺畅，经复核对深槽上游进口按照 1/400 纵坡进行扩挖疏浚深槽，下游出口需要按照 1/435 纵坡进行扩挖疏浚并与原有河道深槽连接，以充分发挥扩挖后行洪深槽的行洪能力。

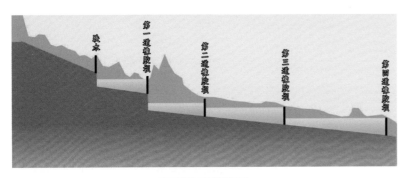

河道治理纵断图

3.4 横向设计

河道工程设计在满足防洪的基础上，服从于生态、景观设计要求。行洪河道采用梯形断面形式，内堤肩开口宽 470 ~ 520m，设计底宽 450 ~ 500m。河道横断面包括两侧堤顶、河底滩地、亲水平台和景观蓄水槽。

两侧堤顶结合公路设计，堤顶宽 30m，堤顶高程满足防洪要求，内外边坡结合景观坡比不陡于 1:5。两侧河底滩地宽 70 ~ 150m，作为行洪河槽为便于雨水汇集，河底滩地横向坡度向河道方向为 1%。滩地与景观蓄水槽之间为亲水平台，亲水平台宽大致 7m。亲水平台以下为复式断面景观蓄水槽。

景观蓄水槽断面设计三个方案进行比较，择优选择。

方案一：直立矩形槽

景观水面采用矩形槽，两侧采用钢筋混凝土挡土墙，墙高 2.9 ~ 5.4m。为防止挡墙被冲刷，坡脚设置格宾石笼防护，由于水深较深，墙顶设置防护栏杆。

方案二：复式直墙 + 直墙

景观水面采用复式直墙 + 直墙，浅水区墙高 1.0m，深水区墙高 1.9 ~ 4.4m。为防止挡墙被冲刷，坡脚设置格宾石笼防护，由于有浅水区，墙顶不设置防护栏杆。

方案三：复式直墙 + 斜墙

景观水面采用复式直墙 + 斜墙，两侧各有 3.0m 宽、1.0m 高的浅水区，浅水区采用 1.0m 高直立挡土墙。深水区采用边坡 1:2.5 的梯形断面，蓄水槽底宽 200m。景观水面水深 0.5 ~ 3.7m。不设防护栏杆。

三个方案从投资、安全性和运行管理方面综合比选，选择方案三断面型式。蓄水槽两侧各有 3.0m 宽、1.0m 高直墙作为浅水区，1:2.5 坡比到槽底，槽底宽 200m，复式断面景观蓄水槽总宽即为水面宽210～220m。

3.5 护砌材料的选择

由于深槽行洪期间流速较大，蓄水断面需进行防冲、防护，防护型式设计两个方案进行比较。

（1）水工互锁砌块：水工互锁砌块为混凝土预制而成，相互连锁，厚10cm，因预制块间连锁型设计，铺面的整体抗冲刷能力强。块与块间可适当位移和变形，适应性强，施工简单。

水工互锁砌块

格宾石笼

（2）格宾石笼：格宾石笼就是格宾网填充粒径大于10cm的卵石或块石，防冲效果好，石笼厚60cm。

两种防护措施造价相当，从施工角度，水工互锁砌块结构较快捷，考虑到当地卵石量较多，山区块石料较多，采用格宾石笼防护措施。

3.6 防渗方案的确定

根据地质勘探结果，渠基主要为卵、砾石层和部分壤土层，卵、砾石渗透系数建议值为1.2×10^{-1}cm/s，具强透水性，应加强防渗。

1黏土防渗方案

河底和边坡采用含黏粒量大于20%的重粉质壤土压实防渗，渗透系数不大于1×10^{-6}cm/s，铺设厚度0.8m，回填土分层铺筑压实。经计算铺设后日均渗漏量1262m³/d。优点：防渗效果好，且接近于自然环境生态，地上水和地下水是可联系的，可提高河道自净能力，还可适当补充地下水，适用于高地下水位渠道。缺点：施工难度大，投资大，造价高。

2膨润土防水毯防渗

河底和边坡采用膨润土防水毯防渗，由于该河段为卵石基础，为使防水毯发挥较好的防渗效果，防水毯上、下各铺

防渗材料——黏土

防渗材料——防渗毯

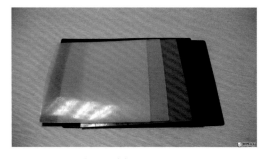

防渗材料——土工膜

设20cm厚壤土，并压实。膨润土防水毯采用钠基膨润土防水毯，单位面积质量≥5000g/m²，渗透系数≤5.0×10^{-9}cm/s。优点：防渗效果好，且接近于自然环境生态，地上水和地下水是可联系的，可提高河道自净能力，施工简单。缺点：投资大，造价高，不适用于高地下水位渠道。

3 复合土工膜防渗

河底和边坡采用土工膜防渗，膜厚0.3mm，单位质量400g/m²，膜上浇筑0.15m厚C20素混凝土防护，日均渗漏量46m³/d。优点：防渗效果好，管理维护简便。缺点割断了地表水与地下水的联系，不利于丰水年补充地下水，不适用于高地下水位渠道。

从工程施工、运行管理、景观要求、投资、地下水位等多方面比较，对于地下水位较低河段推荐方案一黏土防渗方案，对于地下水位较低河段推荐方案二膨润土防水毯防渗方案。

3.7 亲水平台设计

为便于两侧居民观景、亲水，一般河段两侧设置7.0m宽亲水平台，亲水平台外侧坡比1:5，高程高于水面0.5m，为便于雨水汇集，亲水平台横向坡度向河道方向为1%。亲水平台、外坡均设置景观。为防止亲水平台及外坡在河道行洪期间被冲毁，景观设计时一定要进行防冲设计。为确保橡胶坝后亲水平台及外坡安全，在坝后200m范围内采用10cm厚水工互锁砌块防护，砌块下铺设10cm厚砾石垫层。

亲水平台

亲水平台效果图

3.8 主要建筑物

为满足治理段的防洪调度、景观蓄水，分别设置4道橡胶坝1道潜坝和1座节制闸（见下表）。

3.8.1 橡胶坝

1 橡胶坝布置

本段蓄水深槽5个景观水面设置

4道橡胶坝，坝轴线长200m，坝高2.6～3.4m。橡胶坝分四跨布置，边跨坝长49.5m，中跨坝长49.0m。橡胶坝由上游防护段、橡胶坝段和下游防护段等组成。

2 降低渗透压力设计

涿鹿县城段桑干河坡度大，为延长单个景观水面，滩地采用原纵坡（4.3‰），主槽坡度降缓（2.5‰）。4道橡胶坝布置于河道主槽上，橡胶坝前后河底高差1.69～3.87m，坝前水深2.9～3.7m，坝后水深0.8m，橡胶坝段渗透压力大。为保证建筑物正常运行，除满足坝基防渗长度外，在景观水位以上护坦部分设ϕ80mmPVC排水管。为防止河道水位骤降破坏橡胶坝边墙，在橡胶坝两侧边墙后设2排排水盲沟，排水盲沟末端至护坦引出。

3 坝型设计

结合橡胶坝鼓坝蓄水流线型特点，利

治理段建筑物技术指标表

序号	建筑名称	坝高/闸高/m	坝长/闸宽/m	底板高程/m	常水位/m	备注
1	1号橡胶坝	2.6	200	527.56	530.16	
2	2号橡胶坝	2.6	200	521.21	524.61	
3	3号橡胶坝	3.4	200	517.84	520.44	
4	4号橡胶坝	2.6	200	513.67	516.27	
5	潜坝	1.4	210.5	511.06	512.46	
6	岔道河节制闸	4.5	4.5	519.33	524.61	支流

桑干河橡胶坝

用坝墩做"鲨鱼""海豚""鲤鱼"等造型，打造"一坝一景"。

3.8.2 潜坝

治理段内深槽扩挖后，为保证下游出口部位水流顺畅，对深槽上游进口按照宽 200m，纵坡 1/435 进行扩挖疏浚深槽，与原有河道深槽连接，为满足河道防冲及景观要求，在此处设置 1:20 倒坡，桩号 9+372 ~ 9+410 段为河道出口连接段，设计主槽底高程由 511.06m 升至 512.46m，高差 1.4m，连接段采用格宾石笼结构、防止河道行洪时冲刷。

3.8.3 岔道河节制闸

岔道河为涿鹿县城以南的一条自南向北河流，为桑干河的一条主要支流，汇入于桑干河治理段内。岔道河常年处于干涸状态，汛期需行洪入桑干河，为防止景观蓄水入岔道河，在岔道河末端、桑干河右岸堤顶设置节制闸一座。

岔道河节制闸设置 1 扇平面钢闸门为工作闸门，闸门尺寸为 4.5m×5.4m（宽 × 高），墩顶设置检修桥和机架桥，机架桥设置卷扬式启闭机；在工作闸门上游侧布置拦污栅。

3.8.4 管理房设计

本方案设计为现代风格，运用米色的轻快，灰色的厚重来体现该组建筑的力量之美。镂空方格墙，屋顶的透空装饰架使建筑层次丰富饱满。外墙面以大块分格的仿石涂料，配以曲折的装饰线条，凹凸有致的外装饰砖等，使简洁的现代建筑富有活力，生动灵活。

管理房效果图

3.9 运行调度

3.9.1 防洪调度

工程主要目的为解决城区防洪安全问题，因此河道上所有工程均不能对两岸堤防的安全构成不利影响，同时应服从总体防洪调度的安排。

当河段出现10年一遇以下洪水时，应特别注意护滩、护坎、护岸工程的安全。当河段出现20年一遇洪水时应特别关注堤防工程的安全。当遇超标准洪水时应视工程情况确定是否弃堤分洪，及时组织人员撤离避险。

根据总体规划安排，涿鹿县城区段主堤为左堤，一旦发生超标准洪水，威胁左堤安全时，应首先考虑在河道右岸合适的位置采取分洪措施。

塌坝顺序自上而下：

1#→2#→3#→4#，鼓坝顺序相反。

3.9.2 景观水面运行

根据景观水面蓄水后的供需分析，一般年份、枯水年份区间自产径流能满足景观水面需水要求，遇到特殊年份，为保持整个景观水面景区的景观效果，需要进行水源补充。工程采用了自流方式进水，小水时河水自流进入景观水面。

4 生态景观
SHENGTAI
JINGGUAN...............................

客舍并州已十霜，归心日夜忆咸阳。

无端又渡桑干水，却望并州是故乡。

桑干河曾因作家丁玲的小说《太阳照在桑干河上》而闻名全国。桑干河是张家口涿鹿县"母亲河"。历史上，桑干河水面足有三四百米宽，一直有'千里桑干，唯富涿鹿'的说法。为改善生态环境、提

文化推广区鸟瞰图

丁玲园模拟图

升城市品位，重现"桑干烟雨""桑干晚渡"等历史美景，涿鹿县加大生态环境治理力度，把综合治理桑干河作为全县生态环境改善的重点工程之一。

一期建设共分为五个主题景区分别为：文化推广区，婚纱摄影区，儿童游乐区，生态游园区，休闲运动区。

文化推广区：主要以丁玲园为主体，是向外延伸的具有涿鹿县又一特色的文化品牌。

婚纱摄影区：主要提供给新人、年轻人拍婚纱照、全家福、写真、婚礼等，为百姓提供高品质的拍摄场所。

儿童游乐区：设计理念是为儿童提供游乐、运动、趣味、健身为一体的娱乐活动中心。

生态游园区：主要遵循生态学的原理，促进生态、社会和经济效益的同步发展，实现良性循环，创造优美文明的生态园区。

休闲运动区：它是为现代社会快节奏工作和生活环境下人们娱乐健身所提供的场地，以身体活动为基础的休闲运动区。

桑干河是塞北一条古老的河，它从西向东，流过张家口境内阳原、蔚县、涿鹿，绵延不断的河水滋润了两岸肥沃的土地，也孕育了这里悠久的文化，它留下了人类千百万年进步的印迹，也记载了人类学

婚纱摄影区鸟瞰图

家探寻的脚步，在这块神奇的土地上，埋藏着许多与中华民族生存发展有关的史前信息。

经过对涿鹿县桑干河的综合治理，使其成为一道靓丽的生态景观，留住涿鹿人"桑干记忆"中的历史美景，并让桑干河真正成为居民可以亲近水景的健身、休闲、娱乐的场所。

生态游园区鸟瞰图

儿童游乐区鸟瞰图

婚纱摄影区局部节点模拟图

休闲运动区鸟瞰图

5 创新与总结
CHUANGXIN YU
ZONGJIE ·····························•

  涿鹿县把综合治理桑干河作为全县生态环境改善的重点工程。2012年以来先后实施河槽行洪蓄水、景观橡胶坝、滩地整治、堤岸绿化、生态改造等工程，逐步形成水清、河畅、岸绿、景美的景观行洪河道，使涿鹿成为北京周边一座靓丽的卫星城。

  （1）"动"水景观，提高城市品位。本次利用橡胶坝立坝蓄水，结合多种复式断面营造出梯级宽浅式景观水面，形成了碧波荡漾、层次多变、城水相映、叠水斑驳的"动"水景观效果。依托城市独特的自然地理风貌，将自然水景观与城市环境建设相互融合，塑造人与自然和谐发展的城市形象，提升涿鹿县的整体水景观品位。

休闲运动区局部节点模拟图

（2）优化纵坡，兼顾行洪景观。涿鹿县城段桑干河坡度大，设计中滩地仍采用原纵坡，将主槽坡度降缓。如此一来，就可在满足行洪要求的前提下营造出"宽、长"的景观水面，为景观设计预留了充足的空间。

（3）增设盲管，保证运行安全。橡胶坝位于主河槽上，坝前坝后落差大，橡胶坝段渗透压力大。本次设计中在护坦上增设排水管，同时在橡胶坝两侧边墙也设置排水盲管，保证了建筑物运行安全。

（4）节点丰富，打造生态走廊。本次景观设计将"三祖文化"和"丁玲文化"与现代流行元素相结合，在桑干河沿线打造出即相互独立又相互辉映的五个功能区，同时又将景观小品、泥人雕塑、林荫道路、楼台亭榭、活动广场点缀其间，真正实现了"一水域一主题，一坝一文化"的主题，打造出了一条花掩河湖，绿映堤岸，分段遂园，小品点缀的生态走廊。

注：本工程设计以河北省水利水电勘测设计研究院为主体，北京意尚百年环境设计有限公司配合河道外侧景观设计。

大羊坊沟
生态治理与环境设计
DAYANGFANGGOU
SHENGTAI ZHILI YU HUANJING SHEJI

编制人员：马松豪　王新中　毕东华　王亚楠　富　饶
　　　　　孙晓真　经兰铭　孙　浩　张丽丽　韩　娟
　　　　　周满意　李　薇　尚　青　王艳肖

导言

北京是中华人民共和国的首都。北京城依水而建，依水而兴，算来已有3000余年历史。北京城早在商周时期就在永定河的河口之畔开始建成，水，特别是永定河的水，孕育了北京，造就了这座古老都城的文明。北京位于海河流域中部，历史上曾经是河湖纵横、清泉四溢、稻花飘香、禽鸟翔集的一座美丽城市。北京的天然河道自西向东有五大水系：拒马河水系、永定河水系、北运河水系、潮白河水系、蓟运河水系。近些年来，由于经济的发展，北京的水系环境有恶化的趋势，为此北京启动了城市水系治理工程。一是实现水系通航，二是保护和弘扬水文化，三是综合治理河湖。通过水系的综合治理，实现了人与水的重新亲近。

水之京韵，传承文明。

大羊坊沟是北京市东南郊地区的一条主要排水沟，其起源于东南城角左安门一带，向东南方向流经朝阳区的分钟寺、十八里店村、横街子村、大羊坊村、海户屯村和马驹桥村，于马驹桥闸下入凉水河，系凉水河一条较大支流。大羊坊沟的主要任务为承担流域内的防洪、排水任务，同时还承担着美化、改善该地区自然景观环境的功能。

大羊坊沟治理前上段底宽约2~3m，上口宽约7~8m，河道内淤积严重，过流能力严重不足，大羊坊沟流域内的污水未经处理直接入河，两岸生活垃圾随意倾倒，造成污染严重，影响了周边地区的环境质量。

为了提高河道的行洪能力，实现治理段内污水截流，排水通畅，环境改善的目的，北京市朝阳区对大羊坊沟进行综合治理，本次治理段为暗沟出口—五环路桥段，全长5090m。通过工程实施，有效提高了河道的行洪能力，极大地改善了沿岸的生态环境。

治理前照片

治理后实景图

1 工程基本情况

GONGCHENG

JIBEN

QINGKUANG ....●

1.1 项目概况

大羊坊沟位于朝阳区东南郊，是东南郊地区一条主要排水沟。起自朝阳区左安门外饮马井,向东南流经通州后转向南流,在大兴区汇入凉水河，全长 6.95km，流域面积 20 km²。

朝阳区位于北京市的东部,西与东城区、丰台区、海淀区相毗邻,北连昌平区、顺义区,东与通州区接壤,南与大兴区相邻,全区面积 470.8 km²,平均海拔 34m,是北京市城近郊区中面积最大的一个区。2008 年年末,全区常住人口 308.3 万,其中户籍人口 208.5 万,外来人口 99.8 万。区现行行政区划,有 23 个街道办事处,20 个乡。

随着北京市经济的迅速发展,朝阳区已成为重要的工业基地和外事活动区,对区域内河道的防洪能力、水生态环境与景观建设都提出了较高的要求,而大羊坊沟防洪能力较低及生态恶化的局面与城市发展需求之间形成了鲜明对比,特别是经过 2012 年"7·21"特大暴雨后,对大羊

坊沟进行综合治理更是迫在眉睫。

1.2 环境分析

1.2.1 自然概况

朝阳区位于北京市主城区的东部和东北部,是北京市面积最大的近郊区,南北长 28km,东西宽 17km,土地总面积 470.8km²,其中建成区面积 177.2km²。

朝阳区介于北纬 39°48′ ~ 40°09′,东经 116°21′ ~ 116°42′。东与通州区接壤,西与海淀、西城、东城等区毗邻,南连丰台、大兴两区,北接顺义、昌平两区。朝阳区平均海拔 34m。

气候属暖温带半湿润季风型大陆性气候,四季分明,降水集中,风向有明显的季节变化。春季气温回升快,昼夜温差较大;夏季炎热多雨,水热同季;秋季晴朗少雨,冷暖适宜,光照充足;冬季寒冷干燥,风多雨少,各月平均气温都在 0℃以下。

大羊坊沟是北京市东南郊地区的一条主要排水沟。其起源于东南城角左安门一带。向东南方向流经朝阳区的分钟寺、十八里店村、横街子村、大羊坊村、海户屯村和马驹桥村,于马驹桥闸下入凉水河,系凉水河一条较大支流。

1.2.2 社会经济

朝阳区区现辖 22 个街道办事处,20 个地区办事处。

朝阳区经济持续高速发展。2001 年、2002 年、2003 年 GDP 增长速度分别为 10.2%、15.9%、15.6%。一、二、三产业在国内生产总值中的比例 1998 年为 1.2:44.2:54.6,2003 年为 0.4:28.1:71.5。第三产业在经济发展中的主导地位不断加强,金融、信息咨询、中介服务、连锁商业、仓储物流等现代服务业以及房地产、文化体育、旅游休闲等新兴第三产业快速发展。第二产业在全市工业调整中不断优化,电子信息、生物医药、汽车等高新技术产业和现代制造保持良好态势,成为拉动第二产业增长的主要力量。第一产业全部退出商品粮生产,实现了传统农业向现代都市农业和绿色产业发展的大跨越。

1.2.3 面临问题

大羊坊沟几经变迁,现状大羊坊沟明沟起点位于周庄路以南,在周庄路以北段已改成暗沟。通常将五环路以北段称为大羊坊沟上段,以南段称为大羊坊沟下段。沿途汇入的主要支流有横街子沟,汇入点位于 4+400 处。现状大羊坊沟上段底宽约 2 ~ 3m,上口宽约 7 ~ 8m,河道内淤积严重,过流能力严重不足,另外,平

时大羊坊沟流域内由于两侧村庄排入的是未经处理的污水，导致两岸污染严重，影响周边地区环境质量。

2 总体规划
ZONGTI
GUIHUA...........................●

大羊坊沟流域处于城乡交界，目前随着流域内开发建设项目实施，流域下垫面状况逐渐由农田和绿地转变为城市居住小区和城市道路为主的硬化地面。一方面居住小区及城市用地相对原有的农田及绿地排水要求提高，根据《大羊坊沟治理工程规划》（2005.10），项目范围内河道远不能满足防洪要求。现状新建小区雨水排水口均按照规划 20 年一遇洪水位设计，若不对河道进行治理，将造成河道壅水，现状雨水口淹没，导致排水不畅。

大羊坊沟大部分河道紧邻或穿越城市建设区，现状大羊坊沟两岸未截流的城乡居民生活污水直接排入，直接导致河道水质恶化，目前河道水质为劣Ⅴ类，影响了两岸居住区的环境及居民健康。

根据大羊坊沟存在的问题，结合城市发展的需要，对大羊坊沟进行防洪、生态综合治理，通过修建截污管线，增设水循环系统，逐步实现河道生态复原，采用生态防护材料，提高河道抗冲刷能力，沿岸修建巡河路和景观绿化带，改善沿岸居民的出行及生活环境。

3 河道整治设计
HEDAO ZHENGZHI
SHEJI............................●

3.1 河道平面设计

根据大羊坊沟的特点，河道平面线型基本与现有河道一致，充分体现自然生型生态河道的设计理念，根据两岸环境和地势的不同，在不同河段运用多种护岸形式，尽量避免征、占迁，减少工程占地，同时考虑河道景观、亲水效果。

3.2 河道横断面设计

大羊坊沟河道两岸建筑设施密集且紧邻河岸，为尽量避免征、占迁，减少工程

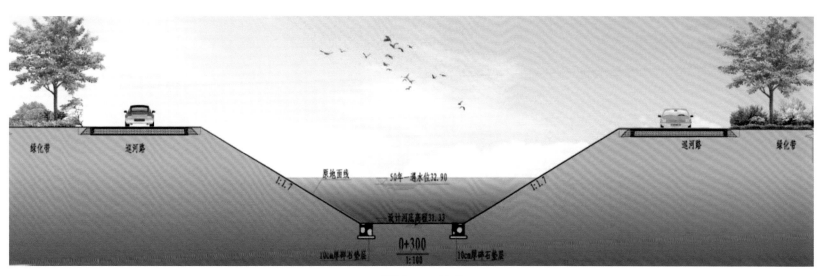

河道横断面设计图

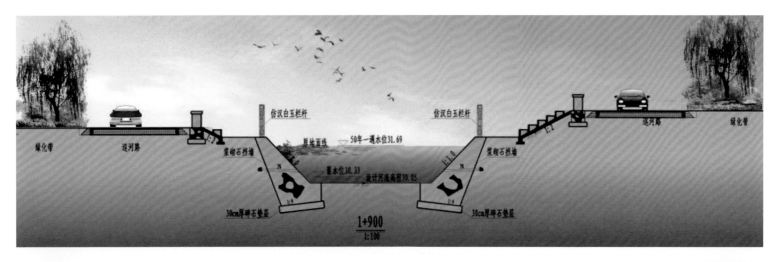

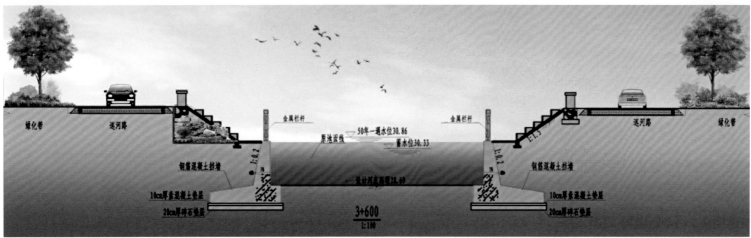

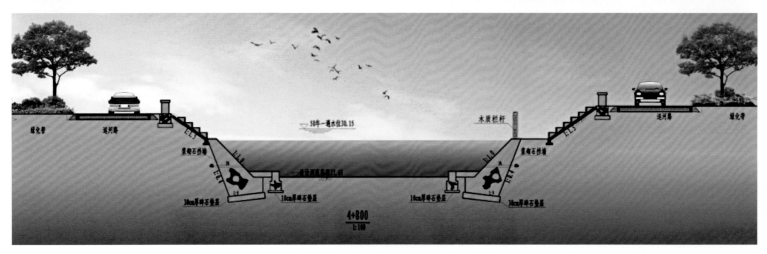

河道横断面设计图

占地，同时考虑河道景观、亲水效果，河道断面根据河道实际情况，采用不同的防护断面，在满足防洪要求的前提下，充分考虑生态防护，河道下部采用浆砌石、混凝土、格宾石笼挡墙结构，上部采用坡改平砌块、自嵌式生态挡墙结构，河道断面主要有以上几种。

3.3 生态护岸技术

大羊坊沟治理主要采取生态护岸型式，这样不仅可以提高水系统的水体质量，同时也可以提升景观效果，在人群集中且有施工条件的前提下，设置部分亲水平台、人行步道，使人与自然更加贴近，同时也可以改善周围的生态环境。

采用不同的生态护岸，可以促进地表水与地下水的交换，滞洪补枯、调节水位，既能稳定河床，又能改善生态和美化环境，尽量采用植物固坡的形式，减少堤防硬化，使河岸趋于自然形态。

本工程采用的生态护岸形式主要有：覆土石笼护岸、坡改平生态砖护岸、自嵌式挡墙护岸等。

1 覆土石笼护岸

大羊坊沟上游段由于拆迁，大量的自来水管被截断且未关闭供水，造成土体长时间浸泡，已处于饱和状态，根据现场的

格宾石笼护岸

坡改平生态砖护岸

实际情况，采用了格宾石笼护岸，格宾石笼护岸表面覆盖种植土，播种草籽或铺设草皮，植物根系将石笼加固连接，起到加固堤岸的作用，同时，卵石良好的透水性可以补枯、调节水位。石笼背后铺设土工布，可以有效防止水土流失。

2 坡改平生态砖护岸

大羊坊沟治理大量采用了坡改平生态砖护岸，该护坡砖的外周边为正多边形，中空，内周边为正多边形或圆形，顶端面与水平面平行，底端面与水平面成一夹角，所述夹角的大小与所护边坡和水平面之间的夹角基本相同，以确保护坡砖铺设在坡面时，砖的上面保持水平，确保砖内用以进行恢复植被的土的表面保持水平，最大限度地保持土壤。在护坡砖底端面上设置至少一组阻滑齿，用于加大护坡砖的下滑阻力。护坡砖通过把坡面分解为若干

个"小平面"，以"小平面"上土体的稳定，达到整个坡面的稳定，从而可以彻底解决现存的护坡方式带来的土壤流失问题，对生态环境改善和水土保持工作具有重要的现实和长远意义，具有显著的社会和生态效益。

3 自嵌式挡墙护岸

大羊坊沟下游花墙子中心街河段，两侧为民房和交通路，河道横断面受较大限制，不能扩挖，本河段两岸采用了自嵌式挡墙护岸。

自嵌式挡墙是在干垒挡土墙的基础上开发的一种柔性结构。它是加筋土挡墙，面板采用大小、形状、重量一致的混凝土自嵌块，加筋材料采用土工格栅。自嵌式挡墙的加筋土构造原理同预制面板加筋挡墙，自嵌块由于其自身的特点，即块体之间通过台阶、榫接等方式相互咬合连接。

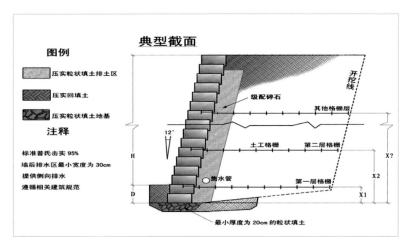

图例
▨ 压实粒状填土排土区
▨ 压实回填土
▨ 压实粒状填土地基

注释
标准普氏击实 95%
墙后排水区最小宽度为 30cm
提供侧向排水
遵循相关建筑规范

典型截面

级配碎石
其他格栅层
土工格栅   第二层格栅
集水管
第一层格栅
开挖线
最小厚度为 20cm 的粒状填土

自嵌式挡墙典型截面图

砌块有一个凸起铸就机械互锁，增加了接触面的剪切强度。其台阶式垒砌的墙体自然形成 12°的坡度，这使墙体重心偏内，增加其在土压力作用下的抗倾覆能力。

4 水工建筑物设计
SHUIGONG JIANZHUWU
SHEJI................................●

大羊坊沟上游为暗沟，暗沟出口以上实施污水截留，在暗沟出口设一座截污闸，考虑河道景观蓄水要求，在桩号东方大学城下游处设一座节制闸。

4.1 二堡子截污闸

截污节制闸位于大羊坊沟河道桩号 0+025 处，20 年一遇流量为 18m³/s。行洪期间，水闸开闸放水，使洪水顺利通过。汛后，将闸门关闭，实施截污。水闸主要建筑物包括上游防护段、闸室段、

消力池段及下游防护段。闸室总段总长 15.0m，为钢筋混凝土结构，闸室总宽 9.2m，净宽 6.6m，单孔净宽 3.3m，共两孔。

1 上游防护段

上游防护段长 12.0m，底板顶高程为 31.55m，顺水流方向分别采用浆砌石及混凝土护底，其中浆砌石护底长 6.0m，厚 0.5m，下设 10cm 厚碎石垫层；混凝土护底长 6.0m，厚 0.5m，下设 10cm 厚素混凝土垫层；护底宽均为 7.5m。两侧采用钢筋混凝土悬臂式挡墙，墙高 4.7m，挡墙底部设 10cm 厚素混凝土垫层，垫层下设 20cm 厚碎石垫层。浆砌石护底与上游河道衔接。

2 闸室段

闸室布置根据泄流特点和运行要求，选用开敞式。

闸室段总长 15.0m，为钢筋混凝土结构，闸室总宽 9.2m，净宽 6.6m，单孔净宽 3.3m，共 2 孔。闸室底板顶高程为 31.55m，墩顶高程与防洪堤堤顶高程同高，为 35.15m。闸边、中墩厚分别为 1.0m 和 0.9m，闸室底板厚 1.0m，上下游端均设齿墙，齿墙深 1.5m，底板下设 10cm 厚 C15 素混凝土垫层。闸室每孔均设置 1 扇平面钢闸门为工作闸门，闸门尺寸为 3.3m×2.0m（宽×高），墩顶设检修桥和机架桥，机架桥配有卷扬式启闭机，1 门 1 机布置。在工作闸门上游侧布置检修门槽，检修闸门采用平面滑动钢闸门，闸门尺寸为 3.3m×2.0m（宽×高），2 孔共用 1 扇，启闭设备采用移动式电动葫芦。

3 消力池段

消力池段长 13.0m，斜坡段长 3.2，坡度为 1:4，水平段长 9.8m，池深 0.8m。消力池底板及两侧岸墙均为钢筋混凝土结构，底板厚 0.5m，岸墙采用悬臂式结构，墙高 4.7～5.5m。消力池底板上设 φ80 排水孔，梅花形布置，孔距 2.5m，底板下部设 10cm 厚 C15 素混凝土垫层和反滤层，反滤层由下向上依次为 300g/m² 土工布、10cm 厚中粗砂、10cm 厚砾石层、15cm

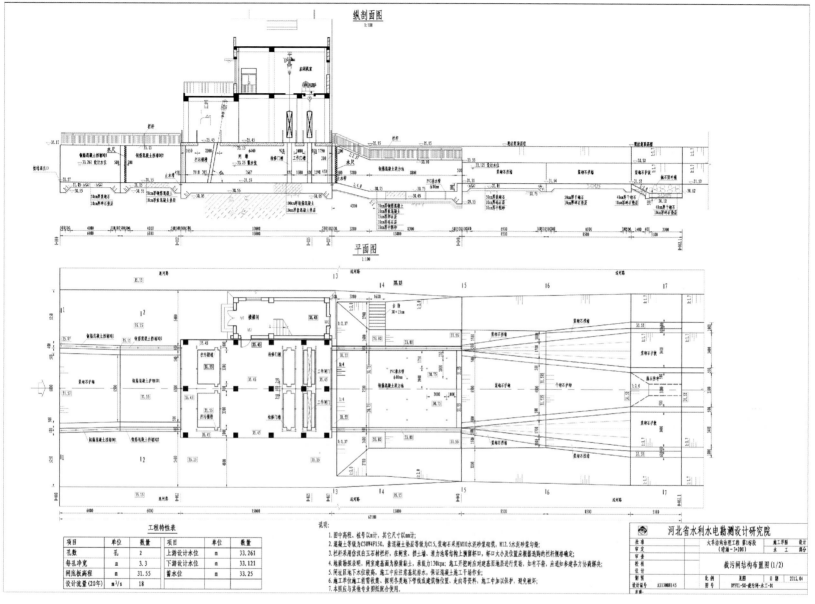

二堡子截污闸结构图

厚卵石层，排水孔穿透 C15 素混凝土垫层。

4 下游防护段

下游防护段分为浆砌石护底、干砌石海漫和抛石防冲槽三部分。

浆砌石护底长 6.0m，厚 0.5m，下设反滤层，从上至下依次为 10cm 厚砾石垫层、10cm 厚中粗砂、300g/m² 土工布，两侧采用混凝土悬臂式挡墙，墙顶高程为 35.15～33.25m。干砌石海漫长 9.0m，厚 0.5m，下设 10cm 厚碎石垫层。抛石防冲槽槽深 1.5m，边坡为 1:2.0，槽内采用抛石防冲。

4.2 大学城闸

四号桥闸位于东方大学下游，主要作为景观蓄水使用，水闸主要建筑物包括上游防护段、闸室段、消力池段及下游防护段。闸室总长15m，钢筋混凝土结构，闸室共2孔，单孔净宽4.5m。

1 上游防护段

上游防护段长12m，底板顶高程为28.63m，顺水流方向分别采用浆砌石及混凝土护底，其中浆砌石护底长6.0m，厚0.5m，混凝土护底长6.0m，厚为0.5m。浆砌石护底宽9.0m，混凝土护底宽由9.0m渐变至8.9m，厚0.5m，两侧采用钢筋混凝土悬臂式挡墙，墙顶高程31.93m，挡墙底部设10cm厚C15素混凝土垫层。

2 闸室段

闸室布置根据泄流特点和运行要求，选用开敞式。

闸室段总长15m，整体结构为钢筋混凝土。闸室共2孔，单孔净宽4.5m。闸室底板顶高程为28.63m，墩顶高程为32.23m。闸边、中墩厚分别为1.0m和0.9m，闸室底板厚1.0m，上下游端均设齿墙，齿墙深1.5m，底板下设10cm厚C15素混凝土垫层。闸室每孔均设置1扇平面钢闸门为工作闸门，闸门尺寸为

大学城闸实景

4.5m×2.0m（宽×高），墩顶设检修桥和启闭机室，启闭机室配有卷扬式启闭机，1门1机布置。在工作闸门上游侧布置检修门槽，检修闸门采用平面滑动钢闸门，闸门尺寸为4.5m×2.0m（宽×高），2孔共用1扇，启闭设备采用移动式电动葫芦。检修闸门上游侧设拦污栅，共2孔。

3 消力池段

消力池段总长13m，由斜坡段和水平段组成。斜坡段长3.2m，坡度为1:4，水平段长9.8m，池深0.8m。消力池两侧采用钢筋混凝土悬臂式挡墙，墙顶高程31.1～32.23m，挡墙底部设10cm厚C15素混凝土垫层。消力池底板厚0.5m，底板上设ϕ80排水孔，梅花形布置，孔距1.5m。底板下部设反滤层，由下向上依次为10cm厚中粗砂、10cm厚砾石层、15cm厚卵石层、10cm厚C15素混凝土垫层，排水孔穿透C15素混凝土垫层。四号桥闸设管理厂区，为满足厂区交通需要，消力池顶部设交通桥。

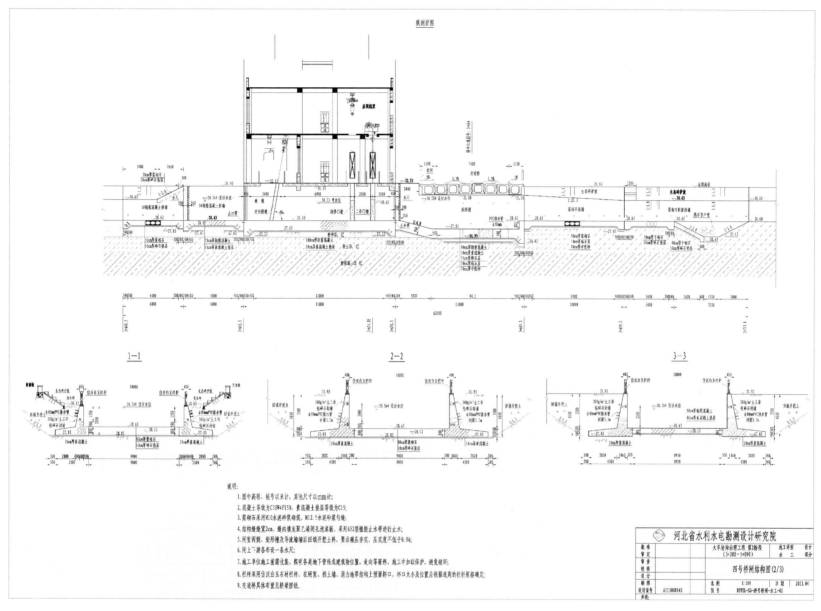

大学城闸结构图

4 下游防护段

下游防护段分为浆砌石护底、干砌石海漫和抛石防冲槽三部分。

浆砌石护底长10m，宽度由8.9m渐变至6m，厚0.5m，下设反滤层，从上至下依次为10cm厚砾石垫层、10cm厚中粗砂，两侧采用浆砌石扭墙。干砌石海漫长5.0m，厚0.5m，下设10cm厚碎石垫层。抛石防冲槽槽深1.5m，边坡为1:2.0，槽内采用抛石防冲。

5 截污与水处理系统设计

JIEWU YU SHUICHULI
XITONG SHEJI................................

5.1 截污管道

依据大羊坊沟河道两侧现状排水口情况，同时结合后期污水规划，本次截污工程沿大羊坊沟河道两侧敷设截污管道：其中河道右侧敷设截污主干管，河道左侧局部敷设截污管道。

5.2 污水处理站

根据现状污水量统计，本次设计污水处理站处理总规模为27000m³/d。对原有两座污水处理站进行升级改造。

四环内污水处理站：处理规模为15000m³/d，位于十八里店村西侧，大羊坊沟右岸，将原大羊坊沟内污水通过新建截污闸及引水管道截入污水处理站。新建污水管道将现状左岸管道连接接入污水处理站内，最终污水经过生化池处理后排入大羊坊沟。

四环外污水处理站：处理规模为12000m³/d，位于四环路外西南侧，大羊坊沟右岸，通过新建挡墙，将排入河道内污水接入新建污水处理站，经过处理后排入大羊坊沟。

5.3 引水工程

为维护河道水环境，采用再生水源对河道进行补水，一方面补给河道蒸发渗漏损失，另一方面实现河道换水，满足水质维护需求。工程拟从河道下游将经污水处理站处理的污水加压引至上游，供给河道用水。引水管道从大羊坊沟末端至上游沿河布设，全长2.8km。

6 交通工程设计

JIAOTONG GONGCHENG
SHEJI................................

6.1 交通桥

6.1.1 桥梁概况

大羊坊沟桥梁现状多为当地村民生产生活用桥，荷载标准低，宽度偏小，过水能力差；且很多已经破损，存在安全隐患，迫切需要重建。

大羊坊沟部分桥梁
改造前情况

6.1.2 桥梁设计

根据现场实际情况，为满足附近居民出行需求本次设计对 2 座桥梁维修加固，对 8 座桥梁进行拆除重建，重建桥梁包括 2 座人行桥和 6 座公路桥梁。2 座人行桥重建为钢结构人行便桥，6 座公路桥梁位置、宽度等设计指标见右表。

1 上部结构设计

桥梁上部均采用预制空心板结构，10m 空心板采用钢筋混凝土结构，16m、20m 空心板为预应力混凝土结构。

10m 钢筋混凝土空心板，板高 0.5m，中板宽 1m，边板宽 1.25m。空心板板间均采用铰接缝连接，铰接缝采用 C40W4 混凝土和 M15 水泥砂浆填筑。空心板混凝土等级为 C30。

16m 预应力空心板板高 80cm，20m 预应力空心板板高 95cm，中板宽 124cm，横向布置 8 块板，6 块中板，2 块边板，板厚 0.8m，空心板中板宽 1.24m，边板宽 1.49 m（悬臂 0.25m），板间均采用 C50 混凝土铰缝连接，M15 水泥砂浆填筑底缝。预应力空心板钢绞线采用 15.2 标准强度 1860MPa 高强度低松弛预应力钢绞线。空心板混凝土等级为 C50。

2 下部结构设计

结合桥型和地质条件，下部结构采用

桥梁技术指标表

桥名	桩号	交角 /(°)	桥型	施工图桥宽 /m	荷载等级
二堡子桥	0+045.145	60	1×20m 空心板	净 7.5+2×1.5	公路 - Ⅱ级
改建一号桥	1+693.89	90	1×16m 空心板	净 7.5+2×1.5	公路 - Ⅱ级
改建二号桥	2+215.169	60	1×20m 空心板	净 7.5+2×1.5	公路 - Ⅱ级
改建三号桥	2+790.094	75	1×20m 空心板	净 7.5+2×1.5	公路 - Ⅱ级
改建四号桥（新建闸）	3+684	90	1×16m 空心板	净 7.5+2×1.5	公路 - Ⅱ级
改建五号桥	4+169.106	90	2×10m 空心板	净 6.5+2×1.0	公路 - Ⅱ级

摩擦桩基础。桥墩结构形式为柱式墩。桥台结构形式为桩接盖梁式。

混凝土等级桥墩墩柱及盖梁、系梁均采用 C30F200，灌注桩采用 C30。

桥台采用桩接盖梁与耳墙组合形式，盖梁下接单排灌注桩布置，灌注桩为摩擦桩。混凝土等级盖梁、背墙为 C30F200，灌注桩为 C30。

3 桥面附属设施

桥面铺装采用混合铺装，上层为 4cm 细粒式 +5cm 中粒式沥青混凝土，下层为 10cm 厚 C50 水泥混凝土铺装。沥青混凝土铺装和水泥混凝土铺装之间设置防水层。行车道两侧设置人行道。工程支座均采用橡胶板式支座。桥梁伸缩缝均设置在桥台处。

7 景观设计

JINGGUAN SHEJI ....●

大羊坊沟的主要任务为承担流域内的防洪、排水任务。同时还承担着美化、改善该地区自然景观环境的功能。人们对水环境的要求也越来越高，渴望见到水清天蓝、绿树夹岸、鱼虾洄游的河道生态景观，河道不仅仅具有"泄洪、排涝、蓄水、引清"等河道的基本功能，而且还具有"景观、旅游、生态对周边环境的呼应"等功能。

大羊坊沟是北京市东南郊地区的一条主要排水沟，本次工程治理的范围是暗沟出口至五环路桥段，景观范围纵深

4990m，总面积 84118 m²（包含铺装、种植、滨河路、台阶及广场节点等面积），横向范围包括与水相邻的 2～4m 护坡、1.5～2m 滨河路、2～5m 绿植护坡以及最外围 3m 左右的绿化带。

在保证工程安全、水质安全、人员安全的前提下，景观小品、铺装材料及植物材料的选择与周围环境协调一致，以生态与自然作为景观基调，减少运行期的管理及养护成本。我们一贯秉承的原则是把景观设计当成一门艺术，如同绘画和雕塑，所有的设计首先要满足功能的需要，即便是在最具有艺术气息的设计中还是要秉承功能第一的理念，然后才是实现它的形式。例如：俞孔坚先生设计的中山岐江公园，彼得.沃克先生设计的索尼总部等等这些大师们的设计都十分别致，令人难忘，但是他们的同性就是设计与形象是在相互依赖中共存的。

通过河道整治和景观设计，在保证排污、防洪基本功能的前提下，全面提升该区域的环境质量，建构"集点成线、以线构面"的景观体系，最终达到"河畅、水清、岸绿、景美"的景观效果，塑造一个汛时能疏导河道、闲时能美化环境的集历史文化、娱乐休闲功能于一体的滨河生态景观走廊。争取还原一种正在逐步消失的自然河流真实的景象，蜿蜒曲折的河流在大自然中流淌，陡峭的河岸和平缓的河岸交替出现在人们眼前，河底的石块、游鱼清晰可见，转弯处的河水几乎静止不动，树木和草丛的倒影重叠映在水面上。保护我们接近自然状态的河流，是一种迫在眉睫的事。

根据景观总体布局，结合闸区、主干路、滨河路及居民区与河道的空间关系，以"绿韵咏畔"为景观主题，在绿地面积相对开阔的位置，打造景观节点，形成串联式风景带，从而增强居民的幸福感和归属感。

7.1 景点设计

（1）在规划范围内共 17 座桥，其中 10 座需要重建，桥周边营造景观节点，以满足行人驻足欣赏的需要。

（2）邻近河道的村口附近，设置座椅等小品及景观设施，供老人孩子休闲娱乐。

（3）在现状外交官公寓与河道之间的场地上，结合环境特点配置对景乔木及景石渲染肃穆气氛，并打通与水面的空间联系。

（4）河道与现状学校间配植各色树

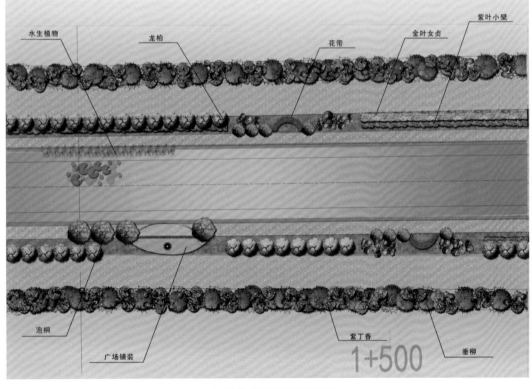

大羊坊沟河道治理效果图

水生植物　龙柏　花带　金叶女贞　紫叶小檗　泡桐　广场铺装　紫丁香　1+500　垂柳

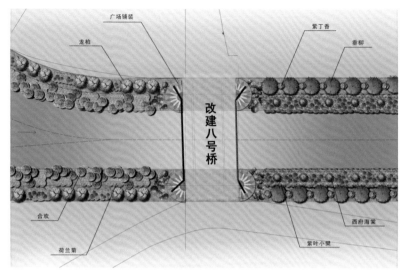

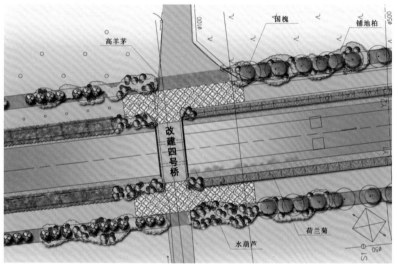

桥头绿化

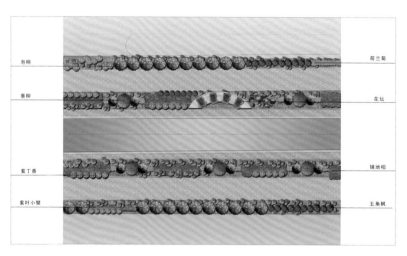

生态走廊

景观规划范围内包括公路改建桥和人行改建桥总共 10 座，为人流、车流繁忙地段。设计为突出桥梁特色，在桥头进行重点节点设计。亲水平台结合景观小品的设置，辅以大规格且姿态优美的乔灌木，配合不同的绿化形式形成各具特色的景观节点。

大羊坊沟河道治理段护坡在主体结构稳定安全的基础上，建设沿堤景观生态走廊。设计最大程度的增加绿化厚度，着眼于季相变化，科学性和艺术性相统一，以铺地柏和波斯菊地被植物为主，配置西府海棠、紫丁香、等乔木点缀种植。大羊坊沟治理段巡河路一侧景观设计以垂柳、馒头柳、107 杨、国槐等乔木为主，配置大叶黄杨球、紫丁香、小叶黄杨等灌木。沿岸形成丰富多样的植物群落，营造出花掩河湖，绿映堤岸的景观场景，提升当地的景观形象。

7.2 生态河道断面

对于水面以上的斜坡护岸，在满足护坡结构安全的基础上，主要以灌木、地被植物为主，点植乔木的设计手法，实现既统一又有变化的景观效果。

木花卉、陈列雕塑小品，为学生提供远可观景、近可休闲的空间场所。

（5）敬老院外景观以服务老年人休闲娱乐为主，多植大树、花卉，辅以座椅、圆桌，在确保安全的前提下，拉近景观空间与水面的关系。

根据河道断面形式，在总长 2690m 上，分别设置 1.5m 和 2m 的滨水步道，局部地段拓宽成为亲水平台，为居民提供休闲逗留场所，改善居民的生活环境，提高居民的生活品质。

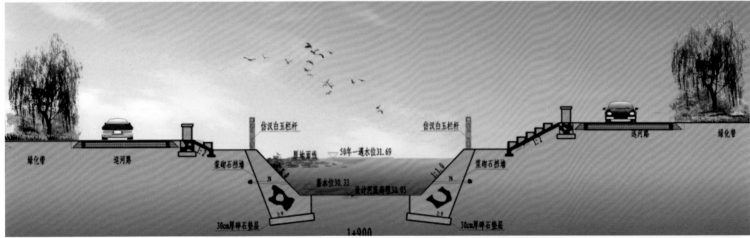

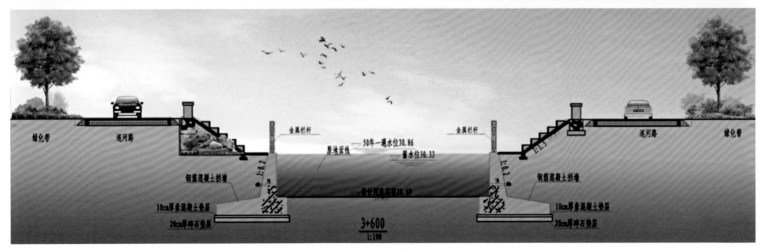

河道断面图（一）

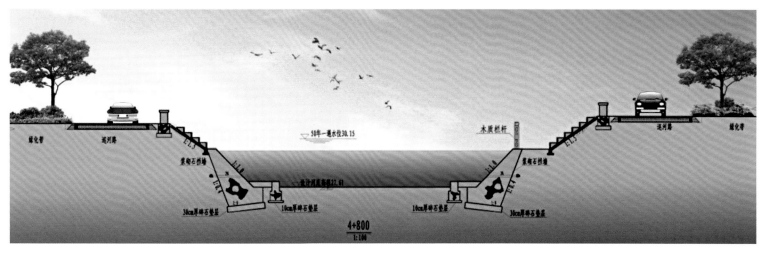

河道断面图（二）

7.3 挡墙设计

对于水面以上的斜坡护岸及直立挡墙材料，选用卵石、浆砌石等。部分重点节点采用堆石、浮雕等形式在护岸的基础上固定成挡墙，种植不同的水葫芦、荷花等水生植物，其间隙适于水中生物栖息，实现景观与生态护岸双重效果。

河道挡墙设计

鹅卵石直墙

混凝土砌块砖直墙

鹅卵石坡墙

浮雕挡墙

汉白玉栏杆

木质栏杆

金属栏杆

花岗石栏杆

河道两岸防护栏杆设计

7.4 栏杆设计

鉴于安全方面考虑应在河道两岸堤顶内侧设置防护栏杆，材料可采用汉白玉、花岗石、木质及不锈钢等，护栏设计为预制部件后装配整体。

7.5 绿化设计

景观植被滨水空间有非常重要的生态效应与景观功能，也是河道水区与周边地区空间和谐过渡的手段。

生态种植：因地制宜，适地适树，充分考虑当地的气候条件，科学地应用植物材料，达到最好的生态效益，并使绿地系统能自我完善，减少养护工作量，保证可持续发展。地域原则：尊重当地乡土树种，适当引入北方适宜生长的其他树种，同时注意选择耐旱省水、抗逆性强的品种，节约一定的施工造价，日常的养护工作，以及对水、电等费用的投资成本。

植物造景：突出植物造景，注重意境营造。以展示植物的自然美来感染人，充分利用植物的生态特点和文化内涵，针对不同的区域，突出不同的景观特色。同时运用植物材料构建空间，根据各区域位置和功能上的差异，有侧重地选择植物，体现植物在造园中的功能特性，创造出有合有开，有张有弛，有收有放的不同的绿地空间。

变化发展：考虑植物的季相、生长速度、树形树姿的变化，根据各种植物的观赏时期的不同，合理进行植物配置。注意不同树种的生长速度不同，将快长树和慢长树进行合理配置，既创造出短期就能实现的植物景观，又注意营造和维护长期的植物景观。

植物分区配置以乡土树种为主，结合彩叶植物并搭配一些特殊的植物景观。保证各个景区有景可观，四季不同。处理好植物配置中常绿树与落叶树的比例，乔木与灌木的比例。保留河道两侧原有树木，并加强本地野生花卉、地被、藤蔓、灌木、乔木的栽培，展示本地植物的多样性，显示其地方特色的同时并因地制宜设置休闲空间，为居民提供宜居的生活环境。

此次植被绿化在特殊的地段会设计不同特色的主体植被。第一段，巡河道一侧绿化，基调树主要以乔木五角枫为主，配以灌木西府海棠，地被植物何兰菊，高羊茅等。护坡绿化以灌木，地被植物为主，主要有山桃，何兰菊，铺地柏，高羊茅等。第二段，景观因紧邻京津城际线，所以绿化范围相对较少,主要以地被植物何兰菊，铺地柏等为主。第三段，巡河道一侧绿化，基调树主要是乔木垂柳，配以灌木山桃，地被植物高羊茅等。护坡绿化以灌木，地被植物和部分水生植物为主，主要是紫丁香，大叶黄杨球，何兰菊，水葫芦，荷花等。第四段，巡河道一侧绿化，基调树以乔木107杨为主，配以灌木、地被植物，紫丁香、高羊茅等。护坡绿化包括灌木、地被植物、金叶女贞、紫叶小檗为主。第五段，巡河道一侧绿化，基调树以乔木馒头柳为主，配以灌木、地被植物金叶女贞、高羊茅等。护坡绿化，以大叶黄杨球、金叶女贞为主。第六段，巡河道一侧，基调树以乔木龙柏为主，配以灌木、地被植物、紫叶小檗、高羊茅等。护坡以灌木，地被植物紫叶小檗、金叶女贞、高羊茅等。第七段，巡河道一侧，基调树以乔木国槐为主，配以地被植物高羊茅。护坡绿植以灌木铺地柏、何兰菊、水生植物、水葫芦等。第八段，巡河道一侧，以乔木合欢为基调树，配以灌木何兰菊。护坡绿化以灌木何兰菊、地被植物高羊茅以及水生植物水葫芦、荷花为主。

7.6 景观小品

景观小品主要指各种材质的公共艺术雕塑、艺术化的街道设施，如垃圾箱、座椅、公用电话、指示牌、路标等。随着时间的推移和演变，每个区域都会逐渐形成自己独特的自然特征和历史文化。

街道家具的设计：在造型上要简洁大气，充分尊重人的使用需求，以实用为主，注意使用的舒适性、安全性和艺术性，要能在景观带中起到一定的美观点缀作用。

8 创新与总结
CHUANGXIN YU
ZONGJIE.............................●

（1）自嵌式挡墙的应用。自嵌式挡墙是在干垒挡土墙的基础上开发的一种新型柔性结构。该结构是一种新型的拟重力式结构，它主要依靠自嵌块块体（C30混凝土砌块）、填土通过土工格栅连接构成的复合体来抵抗动、静荷载的作用，达到稳定的目的。

自嵌式挡墙整齐、干净，富于艺术感染力。面板可根据要求设计成各种图案满足景观设计的要求。

大羊坊沟治理在横街子村上游河段采用了自嵌式挡墙结构，解决了两岸占迁问题，同时又达到良好的景观效果。

（2）坡改平生态护坡技术是北京市水利科学研究所水土保持研究团队研发的一项高效保土、蓄水生态护坡新技术，该技术获国家发明专利。

坡改平生态护坡砌块利用其特殊的结构，将坡面分割为若干小平面，铺设时底部与坡面相吻合，上端能够保持水平，使坡面土壤处于稳定状态，砌块内留2cm深的超高，可最大程度拦蓄降水和保持土壤，达到保水、保土的效果。与老式六角空心护坡砖相比，这项技术使土壤流失量降低90%以上，更适合灌木或小乔木生长，从而提高坡面防护标准，不同色彩的观叶小灌木搭配可丰富坡面绿化配置，实现更完善的坡面防护功能和美化效果。

（3）大羊坊沟通过治理，提高了防洪标准，改善了沿岸居民的生活环境和区域的生态环境。在工程中采用了坡改平生态护坡砖、自嵌式挡墙等生态材料与技术，但由于两岸场地的限制，还是采用了部分硬性结构，未达到真正意义上生态河道的标准，在以后的工作中，我们需要吸取教训，与区域内整体规划相结合，积极探索、研究新的技术方案，使河道更趋于自然、生态。

通惠排干工程
TONGHUI PAIGAN GONGCHENG

编制人员：杨 铎　阎 忠　李新旺　许一幢　孙 浩
李明朝　于 靓　王 聪　刘欣妹　周园园
韩 笑　邵 晔

导 言

DAOYAN ....●

通惠排干是北京市东南郊的一条主要排水河道，上游与观音堂沟相接，由北向南流经朝阳、通州两区，于通州北堤村汇入凉水河，沿途有观音堂沟、大柳树沟、萧太后河等支流汇入，全长约13.5km，总流域面积约65km²。通惠排干与通惠灌渠并行，呈现两河三堤态势，中堤宽窄不一，两河在通州境内合二为一。通惠排干的主要任务为承担流域内的防洪、排水任务。同时还承担着改善地区生态环境，提升自然景观的功能，为城市防洪兼风景观赏河道。

1993—1996年北京市朝阳区水务局对通惠排干进行疏挖治理。疏挖后通惠排干河道比较顺直，河道断面主要为梯形，边坡为土质边坡。经过多年运行，现状河道淤积严重，断面狭小，防洪排水能力不足；河道水质污染严重，滨河环境恶化；河道建筑物破旧，标准不足。

为配合朝阳区的河湖水系综合治理，

实施"清水朝阳"战略，2014年通惠排干朝阳区段生态治理工程正式实施，通过一年来的治理，通惠排干行洪能力显著提高，水环境明显改善，呈现一派水清、岸绿、景美的城市生态河道景观。

治理后实景图

治理前实景图

治理后效果图

1 工程基本情况

GONGCHENG
JIBEN
QINGKUANG ....●

1.1 项目概况

通惠排干在朝阳区界内总长 5.74km，从观音堂沟至京津高速下游，沿途穿越京沈高速公路，由大柳树沟、萧太后河汇入，与通惠灌渠并行，是朝阳区贯穿南北的重要的排水河道。河道大部分紧邻或穿越城市建设区，近几年河道沿岸已经开发建设了"富力又一城"等居住区。

通惠排干地理位置图

1.2 自然及社会经济环境

朝阳区位于北京市主城区的东部和东北部，是北京市面积最大的近郊区，南北长 28km，东西宽 17km，土地总面积 470.8km²，其中建成区面积 177.2km²。

朝阳区介于北纬39°48′～40°09′东经116°21′～116°42′，东与通州区接壤，西与海淀、西城、东城、崇文等区毗邻，南连丰台、大兴两区，北接顺义、昌平两区。

朝阳区平均海拔 34m。气候属暖温带半湿润季风型大陆性气候，四季分明，降水集中，风向有明显的季节变化。春季气温回升快，昼夜温差较大；夏季炎热多雨，水热同季；秋季晴朗少雨，冷暖适宜，光照充足；冬季寒冷干燥，多风少雨，各月平均气温都在 0℃以下。

朝阳区现辖 22 个街道办事处，20个地区办事处。

朝阳区经济持续高速发展。2001年、2002 年、2003 年 GDP 增长速度分别为 10.2 %、15.9 %、15.6 %。一、二、三产业在国内生产总值中的比例 1998 年为 1.2:44.2:54.6，2003 年为 0.4:28.1:71.5。第三产业在经济发展中的主导地位不断加强，金融、信息咨询、中介服务、连锁商业、仓储物流等现代服务业以及房地产、文化体育、旅游休闲等新兴第三产业快速发展。第二产业在全市工业调整中不断优化，电子信息、生物医药、汽车等高新技术产业和现代制造保持良好态势，成为拉动第二产业增长的主要力量。第一产业全部退出商品粮生产，实现了传统农业向现代都市农业和绿色产业发展的大跨越。

本项目位于朝阳区王四营乡、豆各庄乡地区，项目区保护人口众多，根据城市规划，豆各庄地区规划为物流服务区和生态宜居区。城市防洪建设是该区域发展的重要保障。

1.3 存在问题

1.3.1 洪涝灾害

根据《朝阳区水利志》记载，豆各庄地区大柳树沟流域内发生重大洪涝灾害 4 次。记载如下：

1950 年 7 月 17 日，降大暴雨 117.9mm，全区河道水位暴涨，多处河道满溢决口，大郊亭、南磨房一带被淹，农田受灾，粮食绝收，房舍淹泡倒塌，经济损失巨大。

1959 年 7 月 21 日，降雨量 113.9mm，8 月 6 日，降雨量 147.9mm，多处河道满

溢决口，垡头、大武基、小武基等地被淹，积水1m多深，大量房屋倒塌，道路中断，淹没农田，冲毁河道水利设施。

1963年8月3—10日，降雨489.7mm，河道满溢决口，大武基、小武基等地受灾，积水1m多深，大量房屋倒塌，道路中断，淹没农田，工厂停工、停产，经济损失严重。

2012年7月21日北京市发生特大暴雨，过程从21日10时开始，至22日03时结束，全市平均降水量为170mm，最大降雨量出现在房山河北镇，超过500mm（水文站），是1951年有完整气象记录以来最强的一次暴雨。造成道路中断，淹没农田，冲毁河道水利设施。

1.3.2 河道、堤防现状及主要问题

项目区通惠排干现状河道护岸工程设施，尚处于自然状态。河道淤积严重，断面狭小，防洪排水能力不足。区域内污水最终都汇入通惠排干，加上河道平时无清洁水源补给，基本上成了污水河，蚊蝇滋

治理前河道实景图

控制断面	流域面积 /km²	规划流量 / (m³/s)	
		Q20	Q50
大柳树沟以上	8.0	42	48
北环路	55	140	166

生，污水恶臭。

目前现状河道最大的问题是排洪能力不足，河道断面过小，威胁到河道防洪安全；现状水质较差，影响周边居民居住环境。为改善环境，还清水质，提升宜居环境，提高河道防洪能力，因此对该段河道治理十分必要。

1.4 水文情况

朝阳区地处平原，因受北面和西面山地影响，降水量在平面分布上有较大的差异，除1963年、2012年等大水年外，基本无大洪水发生，且降雨量逐年下降，2011年之前连续5年年降雨量只达到348mm左右，多呈现局地暴雨、大风、冰雹等强对流天气，每次降雨量一般不超过50mm，但历时短、强度大及排水出路萎缩，河道治理缓慢，极易造成低洼地区室内进水，道路、立交桥下严重积水，同时造成交通中断，农作物倒伏等损失。

由于城市开发，地面硬化面积增加，雨水下渗能力降低，雨水迅速形成径流排

入河道并形成洪峰，造成城市排水顶托阻滞，对居民生活及社会生产造成一定影响。

本次治理中采用"多点入流汇流法"对通惠排干的规划流量进行了分析计算，并结合亦庄新城规划，最终确定通惠排干的规划流量，计算成果见上表。

2 总体规划与布局
ZONGTI GUIHUA YU
BUJU................................●

现状通惠排干为城乡排水河道，近几年由于绿化隔离地区及豆各庄居住区的发展，周边兴建了富力又一城等小区，该河道的环境建设越发重要；现状高碑店污水处理厂的退水可为通惠排干提供补充水源，沿途有大柳树沟、萧太后河的汇入，因此将通惠排干确定为城市防洪排水兼风景观赏河道，在河道内维持一定的常水位供观赏需要。

在满足河道行洪要求基础上，最大限度考虑生态设计内容；在河道整体布置上，

占迁工程量控制到最小；因地制宜，考虑现状地形、地貌及河道周边区域发展要求，达到水清、岸绿、景美的效果。对邻近小区的河道适当提高景观标准，为附近百姓提高良好的环境。

河堤堤线与河势流向相适应，并与大洪水的主流线大致平行。堤线力求平顺，各堤段平缓连接，不采用折线和急弯。两岸堤距根据防洪规划分河段确定，上下游、左右岸统筹兼顾。同一河段两岸堤距大致相等。堤防工程尽量利用现有的堤防和有利地形，修筑在土质较好、比较稳定的滩岸上，避开软弱地基、深水地带、强透水地基。河道左堤为与通惠灌渠共用堤，左堤线布置尽量维持现状。

3 岸坡治理
ANPO ZHILI..............................●

本次河道治理重点考虑生态设计。河道护岸一般分为护坡式和挡墙式。护坡式一般采用生态砖、生态袋、草皮护坡、格宾石笼等；挡墙式采用加筋挡墙、混凝土挡墙等。河道现状基本为梯形断面，因此在设计中考虑采用护坡式结构。护岸适宜采用生态防护型式，既可实现固土护坡，又可达到景观绿化的功效。根据岸坡地形地质条件，考虑施工方便，经久耐用，投资节省，并结合城市建设及环境美化等因素，本次河道治理坡式护岸选取坡改平生态砖和铅丝石笼护砌。

格宾石笼采用镀铝锌钢丝编织成的双绞六角形钢丝网组成网箱，网箱内填充石材，构成组合防护结构。可用于河道护坡，也可做格宾挡墙。根据工程经验，格宾石笼内直径 15～30cm 的填充石材所占比例为 80% 时，效果比较良好。为了保证格宾石

笼结构稳定及景观效果，表层石材采用人工摆放。

格宾石笼施工简便、快速，只需将网箱放置于工程位置后在箱内放置石块，装满后绑扎好网箱盖即可，施工技术容易掌握，便于工人操作，施工进度快。格宾石笼抗冲刷能力强，由于网箱的作用，使箱内石块形成一个整体，具有很高的抗冲刷能力。格宾石笼为柔性结构，能适应地基变形，同时透水、透气，生态效果好。

大鲁店桥下游图

拦河闸上游图

拦河闸下游图

坡改平生态砖护坡为预制混凝土块，有独特的结构设计，整个铺面为柔性体，具有良好的整体稳定性和耐冲刷能力。砖孔中可种植草本植物，美化环境。生态砖适应地基变形能力强，施工简易，耐久性较好，建筑外观较好，造价中等。

河道断面下部采用铅丝石笼护砌，护砌高度为河底以上 2.0m，厚 0.3m，下铺 0.1m 厚碎石垫层，坡比为 1:1.75。护砌顶部设 0.5m 宽坡肩，坡肩上接 1:1.75 边坡至堤顶，边坡铺设坡改平生态砖。

4 水环境治理
SHUIHUANJING
ZHILI

通惠排干治理上游为观音堂沟，观音堂沟内水流基本为污水，沟内水流全部汇入通惠排干，通惠排干沿岸也存在大量污

水口，污水未经处理直接排入河道，河道基本没有清洁水源补给，使通惠排干成为污水河，河水恶臭，夏季滋生蚊蝇，周边群众反映十分强烈。

4.1 截污设计

由于观音堂沟现阶段没有治理计划，沟内污水无法彻底治理，因此在通惠排干治理起点修建截污闸，并在河道沿岸铺设截污管道，使污水通过截污管道导入市政管网，同时沿线污水口通过检查井也将污水汇入截污管道。对于现状排沥口，设置截流井，将平时混入的生活污水截入截污主干管，雨水通过截流井直接排入河道。

4.2 引水设计

为维护河道水环境，采用再生水源对河道进行补水，一方面补给河道蒸发渗漏损失，另一方面实现河道换水，满足水质维护需求。设计从通惠灌渠引水至通惠排干，供给河道用水。

引水管道垂直河道穿通惠灌渠与通惠排干堤防处敷设，起端设闸阀井，末端设流量计井，满足河道补充及换水水量。

引水设计图

截污设计图

4.3 蓄水设计

考虑河道防洪调度及景观蓄水要求，在萧太后河汇入口下游设1座拦河闸。闸室总宽37.6m，单孔净宽5m，共6孔。闸室每孔均设置1扇平面钢闸门为工作闸门，闸门尺寸为5.0m×3.0m（宽×高），

拦河闸启闭机

拦河闸

墩顶设检修桥和机架桥，机架桥配有卷扬式启闭机，1门1机布置。在闸墩排架上设置启闭机室，采用单层框架结构。两侧布置了2部钢梯，用于上下交通及疏散。建筑外墙采用灰色仿古面砖加白色装饰线条提亮。主立面临水，建筑如此近距离接近水面，房屋的阳刚与潺潺的流水形成对比，形成一道"闸借水而柔，水借闸而秀"的亮丽风景。

5 景观设计
JINGGUAN
SHEJI................................●

自古至今，水是所有生物生存的根本条件，更是生命诞生的基础，水边也是几乎所有生物进行生命活动最适宜的场所。水作为一种物质，根据环境的改变可自由变换形状，呈现出灵动往复的生命特征。当今社会对水资源、水文化、水景观的研究和利用越来越贴近自

然。如何因势利导，科学合理的利用水的灵动形态，与周围的环境相辅相融，展示文化和美的要素，是现阶段城市河道景观发展的重中之重。

5.1 设计理念

在保证工程安全、水质安全、人员安全的前提下，以生态与自然作为景观基调，景观小品、铺装材料及植物材料的选择与周围环境协调一致，减少运行期的管理及养护成本。

通过河道整治和景观设计，全面提升该区域的环境质量，整体设计以居民的完美舒适度为前提，创造怡人的社区环境，把优美的"内河"曲线转变为绿化轴线，以大量的植物营造自然清新的氛围，形成"绿树浓阴夏日长，楼台倒影入池塘"美景。沿岸布设为居民提供良好的亲水活动空间，营造舒适宜人的绿色环境，增强居民的归属感。

"水"包含了社会学、历史人文、建筑规划景观等多学科的交叉融合。在景观设计通过整合，引入多元化生态元素，构建一丝清凉、一片绿色，为居民提供一个可以尽情呼吸的场所，力求打造"通透、开朗、宜人"的河道景观。滨水景观设计的对象不仅是水边的界面，而是复杂的滨

水空间和岸线系统，这便是"自然风"的设计思路和基本框架。

设计以乔木为主，乔木、灌木、地被植物相结合，树种的选择考虑不同季节色彩的变化，形成连续的丰富多彩的绿带，绿化带宽度大于3m时，结合场地特色局部可设成开放式绿地。在充分考虑现状和周边环境的基础上，本次设计划分为节点绿化设计、一般节点绿化设计和生态护坡绿化设计三部分。

5.2 节点绿化设计

通惠排干根据景观总体布局，考虑通惠排干现状绿化植被杨树生长较好，可利用率较高，设计保留现状杨树，在绿地面积相对开阔的场地，作为节点绿化设计，为周边居民提供休闲、亲水的场所。

节点设计主要在通惠排干河道大柳树沟汇入口下游右侧上开口线只红线范围内绿地宽度大于8m，并结合现状一些绿地景观，保留现有的石板路，再充分利用现状资源局部增设少量铺装，结合绿植的点缀，形成舒适的方便市民休憩的空间。

节点绿化设计护坡段栽植千屈菜，结合景观石驳岸，岸边种植一排柳树，树下设有甬道，正映了"凭栏怀古，残柳参差舞"。并在靠近绿地红线一侧种植刺槐，

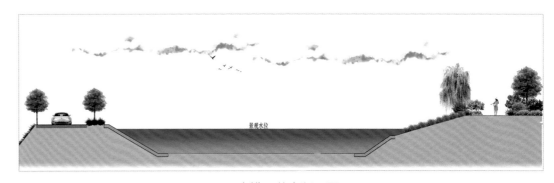

通惠排干节点断面图

主要植物有常绿乔木龙柏、油松；落叶乔木柳树、刺槐、元宝枫；花灌木主要有榆叶梅、白丁香等。

5.3 一般节点绿化设计

由于通惠排干河道受环境影响局限性较大，绿化带宽度变化较大，最宽处为8m，最窄处不足1m，并考虑现状杨树长势较好，局部设计保留了现状的杨树。通惠排干中堤处设计保留现状长势良好形态自然的杨树林，并在林下铺设园路，形成曲径通幽的林荫小路。对绿化带范围较窄的区域进行乔木种植，栽植乔木柳树、刺槐、元宝枫等，株距为5m保，在绿化区域8m的较宽区域

通惠排干中堤实景

搭配种植金银木、西府海棠等灌木，并局部设置大叶黄杨、金叶女贞、紫叶小檗等绿篱。

通惠排干节点平面图（一）

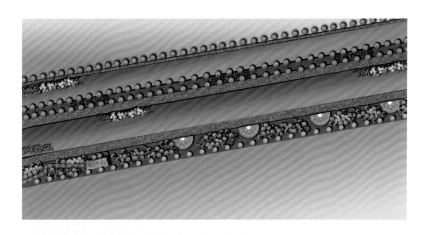

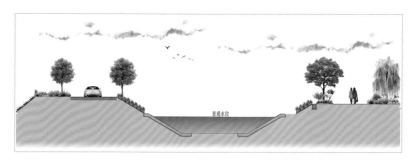

通惠排干一般节点断面图

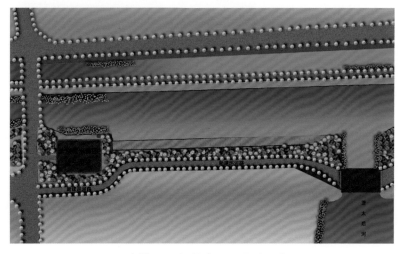

通惠排干一般节点平面图（二）

5.4 生态护坡绿化设计

生态护坡绿化设计主要为通惠排干河道生态护坡上进行野牛草的种植设计，并在节点设计部分段的河道护坡上种植千屈菜，千屈菜又称水枝柳、水柳，适宜生长于沼泽地、沟渠边或滩涂上。夏秋开花，为紫红色。并在开后线部位设置景观石驳岸，形成阻水固土的作用。

局部护坡采用绿篱拼图形式，金叶女贞篱与大叶黄杨篱交替种植，形成富有韵律的护坡景观。

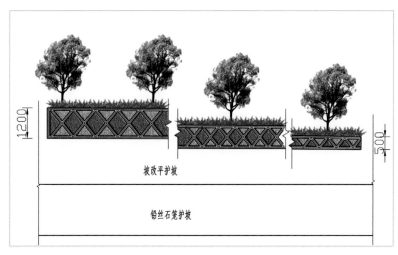

通惠排干生态护坡示意图

5.5 植物造景设计

在园林植物配置时，树形、色彩、线条、质地及比例都要有一定的差异和变化，但又要使它们之间保持一定的相似性，这样，显得既生动活泼，又和谐统一，最能体现植物景观的统一感。

对比与调和是艺术构图的重要手段之一。园林景观更需要有对比，形象的对比与调和，在植物造景中，乔木的高大和灌木的矮宽、尖塔形树冠与卵形树冠，有着明显的对比，但它们都是植物，从树冠上看，其本身又是调和的；色彩的对比与调和，红色和绿色为互补色，黄色与紫色为互补色，蓝色和橙色为互补色。此外，还有明暗的对比与调和，虚实的对比与调和，开闭的对比与调和，高低的对比与调和等。

一种树等距离排列称为"简单韵律"；两种树木，尤其是一种乔木与一种灌木相间排列或带状花坛中不同花色分段交替重复等，产生活泼的"交替韵律"；园中景物中连续重复的部分，作规则性的逐级增减变化还会形成"渐变韵律"。

一般色彩浓重、体量庞大、数量繁多、质地粗厚、枝叶茂密的植物种类给人厚重感；相反，色彩素淡、体量小巧，数量简少、质地细柔、枝叶疏朗的植物种类则给人轻盈的感觉。根据周围环境，在配植时有规则式均衡（对称式）和自然式均衡（不对称式）。

在植物造景中，必须有主体或主体部分，把其余置于一般或从属地位。一般地乔木是主体，灌木、草本是从属的。在园林中，突出主景的方法主要有轴心或重心位置法和对比法。

通惠排干河道治理段护坡在主体结构稳定安全的基础上，建设沿堤景观生态走廊。因地制宜，适地适树，充分考虑当地的气候条件，科学地应用植物材料，达到最好的生态效益。

植物设计是最大程度的增加绿化厚度，着眼于季节变化，科学性和艺术性相统一。乔木选择主要为常绿的龙柏、油松，落叶乔木柳树、杨树、元宝枫等，灌木以白丁香、榆叶梅、西府海棠、金叶女贞篱、紫叶小檗篱、大叶黄杨篱、连翘、金银木等为主，并配以沙地柏等地被植物加以点缀。沿岸形成丰富多样的植物群落，营造出花掩河湖，绿映堤岸的景观场景，从而将不同的景观序列展开成一幅诗情画意的河道景观画卷，提升当地的景观形象。

不同的园林绿地有不同的功能要求，因此，植物的配置与造景应考虑绿地的功能，并使绿地系统能自我完善，减少养护工作量，保证可持续发展。尊重当地乡土树种，适当引入北方适宜生长的其他树种，同时注意选择耐旱省水、抗逆性强的品种，节约一定的施工造价，日常的养护工作，以及对水、电等费用的投资成本。

6 创新与总结
CHUANGXIN YU
ZONGJIE..............................●

通惠排干现状河道为天然断面，土质边坡，考虑河道景观、亲水效果，将河道横断面设计为梯形断面型式。河道两岸有空间的河段设置堤顶巡河路。横断面型式主要采用"铅丝石笼 + 坡改平生态砖"护砌型式。该种断面型式既可实现固土护坡，又可达到景观绿化的功效，并能随岸坡地形地质条件变化，施工方便，经久耐用。

大部分河道紧邻或穿越城市建设区，目前河道水质为劣 V 类，影响了两岸居住区的环境及居民健康。通过修建截污管线，增设水循环系统，逐步实现河道生态复原。项目实施后将解决目前项目区污水直接排放入河污染河道的情况，通过再生水补给，形成河道景观水面，改善项目区水环境。

在城市河道治理中，征占迁及管线改移所占比重较大，同时在施工中，难度也较大，往往成为制约整个工程能否顺利按时完工的关键因素。在前期设计阶段应充分考虑该方面问题，在满足河道功能需要的前提下，尽量减少征占迁。

秦皇岛市戴河开发区段综合治理工程

QINHUANGDAOSHI DAIHE KAIFAQUDUAN
ZONGHE ZHILI GONGCHENG

编制人员：李博超　张馥蓉　高蛟　王佳　缪萍萍
于靓　唐海霞

导 言

DAOYAN ....●

公元前 215 年，秦始皇东巡碣石，刻《碣石门辞》，并派燕人卢生入海求仙，曾驻跸于此，因而得名秦皇岛。

北戴河自古以来就有着悠久的历史和灿烂的文化，远在新石器时代，先人们就在这块肥沃的土地上繁衍生息。公元前 110 年，汉武帝刘彻为求仙所用，在此东巡筑汉武台。三国时期曹操平定乌桓后，沿辽西走廊回师，傍晚来到此地登碣石，有感而发写下了著名诗篇《观沧海》，"东临碣石，以观沧海"这一千古名句流传至今；贞观 19 年，唐太宗李世民亲征高丽，"次汉武台，刻石记功"。宋金时期，因北戴河地处宋辽边界，受战乱影响，碣石港海运终止。元世祖忽必烈因北戴河森林覆盖率极高，选此地为军事取材基地，开始在北戴河造船，由朱清等人开辟新的海运航线，春夏两季由崇明岛向北直达洋河口，戴河口，使金辽以来长期萧条的港口又开始活跃起来，直至现在北戴河的森林覆盖率依然能够达到 65% 以上。嘉靖七年（1528 年），兵部尚书翟鹏，登金山嘴，并赋诗《海嘴风帆》。

近代以来，1841 年起，英、法、美、俄等国因觊觎北戴河风景秀丽，想据为己有，同时向清政府施压，1893 年英籍工程师金达发现北戴河沙软潮平，为海水浴最佳之处，回天津广为宣扬，许多外国人慕名而来，自此北戴河名扬海外。1898 年，清政府宣布将北戴河辟为允中外人士杂居的避暑胜地。自此大量的中外名流，皇权贵族，传教士等来北戴河兴建别墅，至 1949 年共兴建别墅 719 栋，也因此造就了北戴河独具异域风情的建筑风格。1919 年，北洋政府公益会在北戴河建造莲花石公园。公园内建有体育场、高尔夫球场和跑马场等，同年还建设了公共浴场，北戴河区的旅游设施初具规模，成为著名的旅游城市。1933 年 4 月，日军侵占秦皇岛。1945 年 9 月，日本投降，国民党接收北戴河海滨区，成立北戴河区海滨管理局，直属河北省。

新中国成立后，1954 年夏天，伟大领袖毛主席曾在北戴河鸽子窝公园极目远眺，感慨北戴河秀丽美景，当即写下《浪淘沙·北戴河》的历史绝句：

"大雨落幽燕，白浪滔天，秦皇岛外打鱼船，一片汪洋都不见，知向谁边？

往事越千年，魏武挥鞭，东临碣石有遗篇，萧瑟秋风今又是，换了人间。"

"芦港乐波"设计效果图

北戴河不仅拥有丰富的人文历史，同时也具有中国其他地区无法比拟的影响力。国家领导人在北戴河酝酿出了许多影响中国命运的决策，如十八大预备会议就是在这里召开的。与此同时，北戴河是国务院公布的首批"国家级重点风景名胜区"，又因其优越的自然环境而享有"夏都"的称号。

1 工程基本情况

GONGCHENG

JIBEN

QINGKUANG ....●

1.1 工程概况

　　秦皇岛市北戴河地区是我国著名的旅游避暑胜地，是党和国家领导人暑期办公所在地，素有"夏都"之称。戴河是北戴河地区的母亲河，位于秦皇岛市东南部，是冀东沿海独流入海河流之一。戴河的源头均发源于抚宁县。东源为沙河，发源于抚宁县蚂蚁沟村西北青石岭清河塔寺；西源主流为西戴河，发源于抚宁县北车厂，西源支流名为渝河，发源于抚宁县聂口北；另一源为高家店村深河。戴河由北往南缓缓流淌，在北戴河区海滨镇河东寨村西南注入渤海，全长 40km，流域总面积 290km²，河床宽度约 200m，流域北宽南窄，形如纺锤，除上游属山区外，80% 皆为丘陵区，主河道比降 1.64‰。深河发源于抚宁县北坊子，是戴河的一条主要支流，流经秦皇岛市经济技术开发区，在小米河头村南入戴河干流，之后流经北戴河区后入海，河道全长约 16km，流域面积约 46km²。河道比降为 2.4‰。戴河（含深河）是北戴河生态系统中重要的组成部分，其水环境的优劣和防洪能力的高低直接影响着北戴河及其海域的水质、生态环境及区域防洪安全。

　　本次戴河（开发区段）综合治理工程包括戴河干流段和深河段两部分。戴河干流治理段南起经济技术开发区与北戴河区交界处，北至经济技术开发区与抚宁县交界处，全长约 6.29km；深河治理段北起京秦铁路桥以北约 500m，南至深河与戴河汇合口，全长约 4.97km。主要工程项目包括：河道清淤清污、修建护岸堤防、闸坝建设及景观工程等。

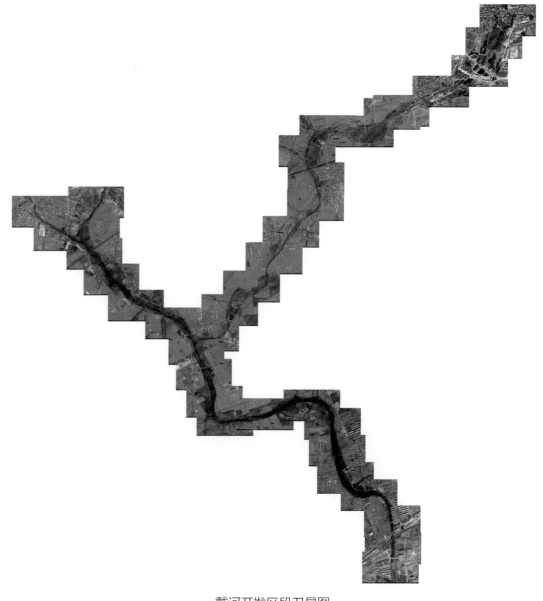

戴河开发区段卫星图

治理前河道污染

治理前河道淤塞

1.2 环境分析

1.2.1 水污染问题

多年来，由于戴河沿线企业、村镇的污、废水常年直排入河，各类垃圾沿河随意堆放，导致河道内水质恶化，破坏了河流生态环境；下泄污水进入渤海，对渤海水质造成了十分严重的污染。同时，由于河道两岸无序开发，沿河地段水土流失严重，河道重底淤积，行洪能力降低，灾害频发。戴河每遇较大洪水便会泛滥成灾，

对中央暑期办公区、北戴河旅游区、各类企事业单位、居住区及其他重要设施构成严重威胁。治理前的戴河已成为导致北戴河及渤海湾生态环境恶化、威胁城市防洪安全的典型，因此对其进行治理势在必行。

1.2.2 工程治理必要性

（1）戴河治理是渤海湾环境综合治理行动的重要组成部分。为彻底改善北戴河及近岸海域环境，中央和省委省政府决定开展为期三年的"北戴河及相邻地区近岸海域环境综合整治行动"，提出"努力使北戴河近岸海域水质2012年有明显改观，力争到2014年重点区域达到I类水质"的总体目标要求。工程的实施将明显提升当地人民的用水水质，有效改善区域水环境。

（2）戴河治理是提高河道行洪能力，完善城市防洪体系的必然要求。2011年中央1号文件明确指出，"十二五"期间基本完成重点中小河流（包括独流入海河流）重要河段治理。戴河现状安全行洪能力仅5年一遇标准，戴河（开发区段）综合治理工程的实施将构筑强化本区域防洪体系，为当地经济社会发展提供强有力的保障。

（3）戴河治理是改善河道生态环境，形成绿色生态走廊的正确方法。戴河（开发区段）综合治理工程除满足宣泄洪水的

要求外，将恢复河道的自然特征，提升河道生物的多样性，对恢复和加强河道的生态走廊功能具有重要的意义。

（4）戴河治理是促进区域经济发展的有效环境保证。戴河（开发区段）综合治理工程是推进秦皇岛经济技术开发区全面发展的切入点，有利于提升区域竞争软实力，是经济社会可持续发展的重要支撑。

治理后景观小品"镜花水月"

治理后内河景观

1.2.3 环境情况

1.2.3.1 地理位置

戴河位于秦皇岛市东南部，是冀东沿海独流入海河流之一。戴河上游共有三源：东源较大，名为沙河，上游分为三支，于上徐各庄处汇合，沙河东支为主流，发源于抚宁县蚂蚁沟北青石寺，上游建有北庄河水库，中支上游建有鸽子塘水库；西源主流发源于抚宁县车厂北，西源支流名为渝河，发源于聂口以北。西源两支向东南流至五王庄汇合，经榆关，南至沙河村与东支汇合，再向南于高家店村纳深河，在北戴河穿过京山铁路，于河东寨注入渤海。戴河主河道全长约 40km，流域面积约 290km²。

工程区在地貌单元上属滨海冲积平原，场地较平坦，地势微倾斜，北高南低。地面高程 5.22 ~ 17.65m。现代河床宽度 20 ~ 200m，两岸阶地高出河床一般 2 ~ 5m。

1.2.3.2 水文情况

戴河流域暴雨历时短，强度大，加之地面坡度较陡，汇流时间短，因此洪水具有峰高量大、来势凶猛、暴涨暴落、突发性强、发生频繁的特点。洪水在时间上的分布，年最大洪峰流量发生在 7、8 两月，这两月的径流量占年径流量的 70% 左右。一次洪水的洪量主要集中在 24h 内，24h 洪量占 3d 洪量的 70% 以上。戴河主河道 20 年一遇标准设计洪水为 820 ~ 855m³/s，深河 20 年一遇标准设计洪水为 150 ~ 183m³/s。

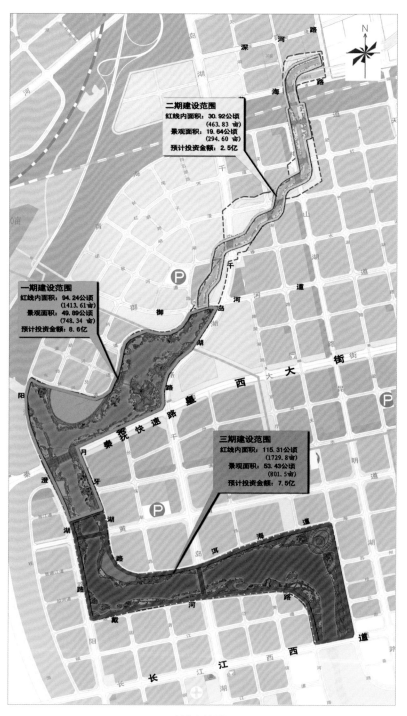

设计范围

2 总体规划布局
ZONGTI GUIHUA BUJU ....●

戴河是北戴河生态环境系统重要的组成部分,其水环境的优劣和防洪能力的高低直接影响着北戴河及其海域的水质、生态环境及区域防洪安全。本次戴河(开发区段)综合治理工程包括戴河干流段和深河段两部分。戴河干流治理段南起经济技术开发区与北戴河区交界处,北至经济技术开发区与抚宁县交界处,全长约6.29km;深河治理段北起京秦铁路桥以北约500m,南至深河与戴河汇合口,全长约4.97km。主要工程项目包括:河道清淤清污、修建护岸堤防、闸坝建设及景观工程等。建成后的戴河能够改善生态环境,满足市民休闲需求,提升当地城市品位,形成以自然形态为主的景观走廊。

戴河(开发区段)综合治理工程除满足宣泄洪水的要求外,还将恢复河道的自然特征,丰富生物多样性,明显改善河流生态,实现人水和谐,有力支持经济社会和谐健康发展。

工程的主要任务是:按照防洪和治污要求,对戴河(含深河)约11.26km河道实施清淤清污、护岸堤防及建筑物工程建设;结合区域发展规划,进行生态景观建设,建成一处特色鲜明的城市景观,一条充满活力的人文走廊,一处生机盎然的蓝绿境域。

2.1 设计理念与目标

2.1.1 设计理念

我们以"源于自然、融入自然、回归自然"为设计理念。营造自然动态的生态意境空间。设计方案充分考虑防洪及景观建设相结合的要求,在保证防洪安全的基础上,充分利用气象和生物作为河系景观设计的元素,融合自然气象,创造出优美、质朴的自然景观,形成良好的自然生态系统。治理后的戴河成为集文化、休闲、生态、景观与一体的特色水道,提升了河道行洪能力和沿岸地区的生态环境质量。经过综合治理后的深河也美轮美奂,以水串景,两岸绿树成荫,水绿相接是真正意义上的绿色生态走廊。

本工程景观设计充分运用植物景观及地形景观元素,采用观赏性乡土植物,水生植物、地被、花草、低矮灌木丛与高大乔木相互组合,使其富有层次感,赋予变化;结合自然河岸形式,融合自然气象和生物群落,模拟自然风光,创造出优美、质朴的自然景观。同时因地制宜的修桥造景,结合闸坝等建筑物工程,建设具有地方文化特色、集生态修复、度假休闲、综合开发功能为一体的绿化景观带,形成良好的自然生态系统。休闲广场、亲水平台等主要景观节点采用低碳节能的地嵌灯、泛光灯、透光灯和草坪灯等照明方式,突

河道设计效果图

戴河夜景效果图

3 河道设计

HEDAO
SHEJI ....

戴河整治前河槽已失去基本形态，一些地段水土流失严重，河道淤积，水质恶化，河道行洪能力大大降低，灾害频发，河流生态环境遭到破坏。设计对河道进行清污、疏浚、扩挖、堤岸回填、景观河道两岸挡墙设计，以及拦河蓄水建筑物新建工程。

出整个景区的特色，丰富城市夜间景观，便于人们开展夜晚的文娱活动。让人们在畅游期间，犹如在百里画廊，享受城绿交融的美好与和谐。

2.1.2 设计目标

围绕"防洪生态两相宜、人居自然两相益"的设计总体追求，综合考虑戴河规模、区域条件及发展诉求，将设计目标确定为：

（1）以保证防洪安全为综合治理基础性出发点。

（2）以创建城市湿地水系景观、打造人居交流平台为特色。

（3）强调自然生态与现代化城市的共融和相互促进。

（4）形成城市生态休闲水系景观带，实现人、水、城的和谐健康发展。

2.2 设计特点

在保证行洪安全的前提下，首先对戴河进行彻底清淤清污，消除河道内污染物，结合景观规划要求，按照复式断面型式布置河道两岸岸线，形成深浅不同水域，在保证行洪宽度的基础上形成不规则岸线，利于景观布置。考虑到戴河天然径流较小，于河道上分段设置拦蓄性建筑物，形成连续水面，为景观工程建设创造基础的水面条件。拦河建筑物采用新型翻板闸型，闸上结合规划布置亭台或道路。两岸景观工程多采用微地形结合特色建筑、沟通绿道、雕塑小品等，从成景的角度全面布置适合本地区生长的乔灌草，突出生态多样性、观赏性和可参与性，生态自然，移步易景，人在景中，其乐融融。

3.1 河道的纵断面设计

本次戴河治理段总长约 11.26km，其中戴河干流段全长约 6.29km，深河治理全长约 4.97km。本次设计充分结合原河道纵坡走势，同时考虑治理段与上下游的衔接，尽量保持河道的天然走势，将河底纵坡分段设计。

本次戴河干流段设计纵坡分别采用 0.6‰、1.2‰、0.9‰、1.3‰。深河支流治理段现状河底高程约 15.5 ~ 27.8m，纵断设计充分结合原河道纵坡走势，同时考虑治理段与上下游的衔接，以及周边地形地貌、建筑物布置、河道土方开挖、河道景观规划，治理段河道设计纵坡整体采用 2.0‰。

通过对河底污泥进行厚度勘察，全线河底污染层厚约为 0.5 ~ 1.5m，按照本工程控制高程及设计纵坡进行河道清淤，多数河段能够保证彻底清污，对于局部不能彻底清污的河段，施工过程中应根据现场情况以彻底清除河底污泥为标准适当增加清污厚度和范围。

3.2 河道的横断面设计

本次河道横断面设计，充分结合现状河道地形、规模及河道景观规划要求，进行分段设计。为营造健康河流，设计过程中综合考虑防洪排水、休闲观赏性、维持自然生态、规划控制线以及工程投资等诸多因素。

对于戴河主河道景观段，结合景观规划要求，该段河道设计底宽 90 ~ 165m，河道为复式断面，河道清淤后，两岸堤防下部为浆砌石挡墙矩形槽，挡墙高度结合闸坝景观蓄水位确定，墙顶高程为景观蓄水位以下 0.7m，墙顶平台（湿地）宽不小于 5m 且曲折布置，形成沿河湿地，利于湿地植物生长及岸线变化，墙高为 1.3 ~ 4.3m；挡墙以上河道部分布置景观地形，原则上采用梯形断面，为保证岸坡稳定，边坡不陡于 1:3，

且河道外侧景观地形最低不低于设计堤顶高程（20 年一遇洪水位 + 设计超高）。微地形及景观填筑尽量采用河道开挖土，保证土方平衡，降低工程投资。

深河治理段河道设计底宽采用 28 ~ 60m，平均底宽 47m，局部段结合河道滩地，底宽加大至 80 ~ 113m。河道断面形式为复式断面，下部为浆砌石挡墙矩形槽，挡墙高度结合蓄水闸景观蓄水位确定，墙顶高程为景观蓄水位以下 0.4m，墙顶平台（湿地）宽不小于 5m 且曲折布置，形成沿河湿地，利于湿地植物生长及岸线变化，墙高为 1 ~ 2.9m；挡墙以上河道部分布置景观地形，原则上采用梯形断面，为保证岸坡稳定，边坡不陡于 1:3，且河道外侧景观微地形不低于设计堤顶高程。

另外，利用局部现有洼地沟道，因地制宜布置水体蓄滞区域，形成小型湖泊、水道、岛屿，丰富水体形态，为造景创造空间。

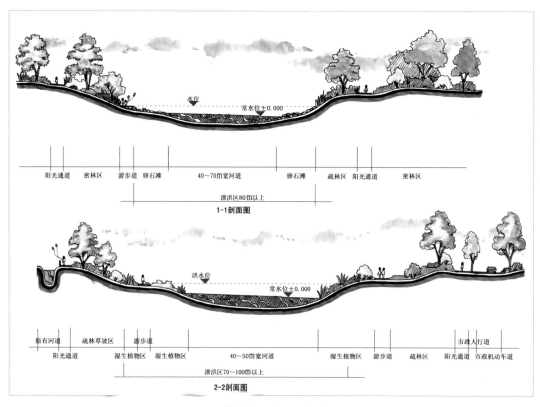

河道横断示意图（一）

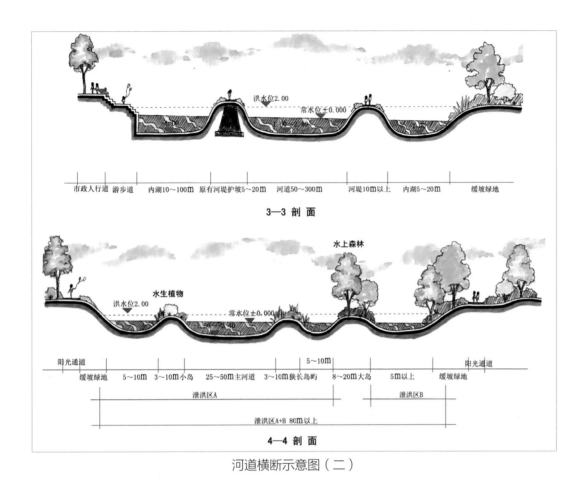

市政人行道　游步道　内湖10～100m　原有河堤护坡5～20m　河道50～300m　河堤10m以上　内湖5～20m　缓坡绿地

洪水位2.00
常水位±0.000

3—3 剖面

水上森林

水生植物
洪水位2.00
常水位±0.000

阳光通道　　　　　　　　　　　　　　5～10m　　　　　　阳光通道
缓坡绿地　5～10m　3～10m小岛　25～50m主河道　3～10m狭长岛屿　8～20m大岛　5m以上　缓坡绿地

泄洪区A　　　　　　　　　　　泄洪区B

泄洪区A+B 80m以上

4—4 剖面

河道横断示意图（二）

治理前河道污染

治理后绿岸河堤

3.3 水污染治理

通过人工种植净化水质微生物，构建具有净化功能的水生动、植物系统。同时利用生态自然系统，循环过滤等先进技术，利用微生物降解功能，净化水体，维护水质，达到高效率、低成本的净化水质的目的。同时通过景观表现手法，营造生动美丽的水底世界，水岸景观。

1 截污

针对场地内的功能服务性建筑，统一收集污水汇入统一的城市管网统一处理。

2 拦河

本区域与外部水系多出连接口。于接口处设置生态拦污系统，检测并保证充裕的水量流入，降低水体污染物输入，保证水质。

第一道，人工拦污网，利用竹木材质结合驳岸处理形成隔栅网，拦截外围水系中的固体污染物的进入，主要河道保持20m的水口密度，确保船只同行无碍。

第二道，生物拦污网，利用水生植物群落将水口附近约20m的水道区分成迂回曲折的河道（不超过5m），外围水系的水流通过湿地植物网的层层过滤，改善水质后，缓缓进入湿地；主要航道的生物拦污网收缩在水岸附近，确保航道宽度不小于20m，同时，拦污网长度延长到百米，通过长度的延伸弥补宽度不足。

3 净污

利用湿地水域大面积种植具有净水作用的水生植物，充分利用水生植物净化湿地内水体，逐步改善湿地水环境。同时，一组组的水生植物将笔直的水道变成曲径通幽的水上花道，成为一道独特的风景线。同时通过改变鱼类的物种组成和数量来调整水体的营养结构，从而加速水质的恢复和生态系统结构的完善。

4 疏浚

通过逐步疏浚，去除集聚在水体中的富营养物质，避免对水体产生污染。

4 建筑物设计
JIANZHUWU
SHEJI ....●

戴河天然径流较小，水面不连续，针对此现实问题，建设拦河蓄水翻板闸，形成连续水面。翻板闸主要用于在水库、河流、蓄水池等处拦截或排泄水流，能够实现自动控制水位，它特有的造型可以与亭台楼阁巧妙的相结合，实现景观功能与建筑物控制功能合二为一，水景交融，给戴河增添一道靓丽的风景。

戴河拦河闸实景图

4.1 高家店村拦河蓄水闸（建设中）

高家店村拦河蓄水闸工程位于戴河开发区景观段的中枢部位。建筑物布置分为三部分，由左向右依次为左岸船闸段、闸室段及右岸溢流坝段。左岸船闸单孔布置，净宽 6.5m，由上游至下游依次分为：15.0m 长上闸首段，20.0m 长闸室段及 15.0m 长下闸首段。闸室分四联布置，总计 10 孔，单孔 9.0m，闸室总净宽 90.0m。右岸堰坝段净宽 20.0m，为钢筋混凝土结构，所采用堰型为宽顶堰，堰高 4.0m，堰坝段长 10.0m。

左岸船闸单孔布置，净宽 6.5m，由上游至下游依次分为：15.0m 长上闸首段，20.0m 长闸室段及 15.0m 长下闸首段。上闸首结构由两侧边墩和底板组成，长 15.0m，采用钢筋混凝土整体式结构。岸侧边墩厚 4.5m，河侧边墩厚 1.0m，船闸墩顶高程 11.5 m，底板顶高程 5.0m，底板厚 1.2m。岸侧边墩布置有短廊道输水系统，廊道直径 1.5m，廊道内分别布置控制阀门。上闸首布置两道门槽，上游侧为检修门槽，平时不设置闸门，检修时使用。下游侧为工作闸门，闸门采用"一"字形平面钢闸门，采用集成式液压启闭机侧向推拉开关闸门，启闭设备布置在边墩上。闸室段长 20.0m，由闸室两侧边墩和闸室底板组成，采用钢筋混凝土整体式结构，岸侧边墩厚度为 1.2m，河侧边墩厚为 1.0m，船闸墩顶高程 11.5m，底板顶高程 5.0m，底板厚为 1.2m。下闸首结构由两侧边墩和底板组成，长

15.0m，采用钢筋混凝土整体式结构。岸侧边墩厚4.5m，河侧边墩厚1.2m，船闸墩顶高程11.5 m，底板顶高程5.0m，岸侧边墩均布置有短廊道输水系统，廊道直径1.5m。廊道内分别布置控制阀门。下闸首布置两道门槽，下游侧为检修门槽，平时不设置闸门，检修时使用，上游侧为工作闸门，结构型式同上闸首相同。

闸室分四联布置，总计10孔，单孔9.0m，闸室总净宽90.0m。闸室两个中联均布置3孔，单个中联底板宽度为30.6m；两个边联均布置2孔，单个边联底板宽度为20.8m，四联闸室底板总宽为102.8m。闸室底板顺水流方向长度为20.0m，为满足闸门布置要求，其顶面采用折线布置，上游部分顺水流方向长10.8m，底板顶高程为5.5m，底板上游部分通过70.0cm宽的斜坡过渡到底板闸门下卧槽，槽深1.0m，长8.5m，其底板顶高程为4.5m，拦河闸汛期行洪时闸门便卧倒在下卧槽内。闸室闸墩墩顶高程均为11.5m，闸门采用下倾式平板钢闸门，启动方式为液压启闭，闸门高度为3.5m；闸室底板上游设长10.0m、厚50.0cm的混凝土铺盖及长20.0m、厚50.0cm的浆砌石铺盖。闸室底板下游接混凝土消力池，消力池长11.0m，池深1.0m，斜坡段坡比为1:4，为削减坝基渗透压力，

消力池水平段上设φ10.0cm的排水孔4排，孔、排距均为2.0m，梅花形布置，下设反滤层；消力池下游接30.0m长浆砌石海漫段，厚0.5m。海漫段下接12.4m长的抛石防冲槽，槽深1.8m。

右岸堰坝段净宽20.0m，为钢筋混凝土结构，所采用堰型为宽顶堰，堰高4.0m，堰坝段长10.0m。堰坝段上游设长10.0m、厚50.0cm的混凝土铺盖及长16.0m、厚50.0cm的浆砌石铺盖。底板下游接混凝土消力池，消力池长10.0m，池深0.5m，为削减坝基渗透压力，消力池水平段上设φ10.0cm的排水孔4排，孔、排距均为2.0m，梅花形布置，下设反滤层；消力池下游接31.0m长钢筋混凝土海漫段，底板厚0.5m，堰坝海漫段下游接挡水闸海漫段。拦河蓄水闸段及堰坝段两侧通过钢筋混凝土半重力式挡

墙与两岸相接。挡水闸段和堰坝段之间采用钢筋混凝土分水墙相接。为满足整个拦河闸的防渗要求及处理地震液化影响，在闸室底板上下游、堰坝底板上下游以与门室和堰坝之间的连接墙下部设置高压定喷防渗墙，墙深上游侧10.0m，其余均为8.0m。

4.2 深河拦河蓄水闸（建设中）

闸室采用单联布置，总计4孔，单孔6.5m，闸室总净宽26.0m，闸室底板总宽为31.4 m。

闸室底板顺水流方向长度为18.0m，为满足闸门布置要求，其顶面采用折线布置，上游部分顺水流方向长9.7m，底板顶高程为8.5m，底板上游部分通过70.0cm宽的斜坡过渡到底板闸门下

深河翻板闸（上游）实景图

深河翻板闸（下游）实景图

卧槽，槽深 1.0m，长 7.6m，其底板顶高程为 7.5m，拦河闸汛期行洪时闸门便卧倒在下卧槽内。闸室闸墩墩顶高程均为 13.5m，闸门采用下倾式平板钢闸门，启动方式为液压启闭，闸门高度为 3.0m；拦河闸闸室底板上游设长 10.0m、厚 50.0cm 的混凝土铺盖及长 10.0m、厚 50.0cm 的浆砌石沉砂池。闸室底板下游接混凝土消力池，消力池长 22.8m，池深 0.9m，斜坡段坡比为 1:4，为削减坝基渗透压力，消力池水平段上设 ϕ10.0cm 的排水孔 4 排，孔、排距均为 2.0m，梅花形布置，下设反滤层；消力池下游接 30.0m 长浆砌石海漫段，厚 0.5m。海漫段下接 26.0m 长的桥下浆砌石护砌段，厚 0.5m。

5 滨水景观

BINSHUI
JINGGUAN ....●

自然的驳岸让水系整体与绿带融为一体，体现了当今社会所弘扬的回归自然的主题，同时点缀自然的景石让水边有所变化，也成为人们散步时的小憩场所。创造舒适宜人的人文自然生态环境，最大限度提高绿视率，营造出令人心旷神怡的环境。因地制宜的修桥造景，贯穿整个设计，充分反映出地方特色。崇尚寻求人与自然，接近自然，回归自然，寻求人与建筑小品、廊桥、植物之间和谐共处，使环境有融于人文与自然之感的和谐。

5.1 岸上小品

戴河河畔的岸上小品，多采用木结构式建筑。木结构式建筑有很多好处及特点：①有生物调节功能：新建的木结构住宅可以闻到木材的香气，其挥发成分是精油。精油可增强人的免疫力，具有除臭、防螨和杀虫、杀菌作用，可使室内空气清馨，使人感到舒服，还可以抑制由于精神压力造成的紧张，并使人有脉数稳定和减轻疲劳等；②保温节能性好：木结构的保温节能性能优于其他任何建筑材料，在同样厚度的条件下木结构的隔热值比标准的混凝土高 16 倍，比空心砖墙的住房高 3 倍。在夏季，室内气温比砖机构低 2.4℃，所以可称为是冬暖夏凉；③抗震性强：砖混建筑在大的地震中，历来难逃倒塌的命运，木结构房屋因其重量轻，所以地震时吸收地震力少，他们在地震中大多数纹丝不动，要么整体稍微变形而不散架，要么随地震波整体移动，即使强烈的地震使整个建筑脱离其基础，而其结构却完整无损。木屋由纯木建造，具有独特的木质凹槽，结构稳定、韧性极好，整体抗震性能更高。综上所述，木结构房屋经久耐用防腐蚀、冬暖夏凉四季舒适、防火防潮安全牢固、抗震坏保无污染、现场拼装可搬迁、实用造景两相宜。

休闲木屋

绿岸廊桥

5.1.1 绿岸廊桥

绿岸廊桥即木式廊桥，美观、实用，又有深沉的民俗文化渊源，在惊叹自然造化与巧匠神工之余，又能激起缕缕思古之幽。整座廊桥建造精细，美观大方。廊桥四周设置木凳，专供行人歇息，红廊青瓦，给戴河景观增添了一抹靓丽的色彩。

5.1.2 休闲木屋

木式小屋不仅冬暖夏凉、抗潮保湿、透气性强，还蕴涵着醇厚的文化气息，淳朴典雅，从远处即可感受到高贵的木构艺术风格。梅雨季节能调节湿度，当湿度大时木屋能自动吸潮，干燥时又会从自身的细胞中释放水分，起到天然调节的作用；木材还有抗菌、杀菌、防虫的作用。因此木屋享有"会呼吸的房屋"的美誉。木式小屋美化环境，丰富园趣，为游人休息和活动提供方便，让游客们更好地享受大自然的美好。

5.2 河畔美景

5.2.1 亲水景观

"闲来垂钓碧溪上，忽复乘舟梦日边"。亲水景观给人们带来更多休闲放松的场所。治理后的戴河流水潺潺、清澈见底、游鱼甚多；大片的阳光草坪、点缀的乔木，给都市中的人们提供清新的空气、阳光、绿荫。常见一群音乐爱好者吹拉弹唱，自娱自乐，寻觅属于自己的那份闲情逸致，享受与家人朋友在一起的幸福时光。

5.2.2 幽静小路

河道两旁的滨河便道，由槐树、柳树形成的绿色长廊，在太阳光照射下阴阳天成、凉热均分，而到了夜晚，在太阳能路灯映衬下，树影婆娑、万籁俱静。在这里，无论是细雨润物的春天，还是烈日炎炎的夏天，也不管是凉风送爽的秋天，还是雪花纷飞的冬天都有诱人的景致让人流连忘返。

亲水景观

幽静小路

5.3 水中建筑

5.3.1 廊桥遗梦

亭亭湖心立，蜿蜒水中梯。灰青色的石柱，红棕色的廊道，给流动的河流增添一抹静态的美丽。桥面木板硬实，四个翘角，东西南北分明，整座桥仿佛是精雕细刻的工艺品。桥下或碧水潺潺，或深潭如镜，或猛浪奔岩，远远望去，整座廊桥如长虹卧波，又似蛟龙出水，与其周围的山水构成一幅幅优美的画卷。

5.3.2 小桥流水

戴河流水潺潺，桥上轻语嬉戏。水为山之魂，水为桥之侣，精美古建筑风格的小桥让生态美景与人居生活更好的结合，更好的突出公共文化精神。让人陶醉于"桥头看月亮如画，桃畔听溪流有声"的悠然宁静之中。

廊桥遗梦

小桥流水

6 生态水系设计
SHENGTAI SHUIXI
SHEJI ·····························●

以"源于自然、融入自然、回归自然"为设计理念。营造自然动态的生态意境空间。在满足雨季泄洪的前提下，运用植物景观及地形景观元素的同时，以不规则自然河岸形式结合复层绿化，充分利用气象和生物作为重要景观设计的元素，融合自然气象，生物群落和植物种群于一体，创造出优美、质朴的自然景观，形成良好的自然生态系统。

6.1 生态设计目标及原则

6.1.1 生态设计目标

根据生态学原理，以生态、景观和水质三大保护和修复目标为重点；强调生态的连续性、区域性和自我调节性，将公园建成湿地特征明显，自然景观秀丽，生态循环良性，物种配置科学，生物多样，健康稳定的城市绿肺。

6.1.2 生态设计原则

1 因地制宜的原则

要根据基地自身特点、历史和现状。根据当地经济实力制定规划和进行设计，并适当借鉴国内外已经成功的先进经验。

2 生态系统自我调节与自我恢复原则

生态系统的自我组织功能表现为生态系统的可持续性,依靠生态系统自我设计,自我组织和自我恢复功能,由自然界选择合适的物种,形成合理的结构,从而完成生态设计,并适当结合工程措施、生态措施和管理措施的主观能动性。

3 景观尺度与整体设计原则

生态设计和管理应该在大景观尺度、长时期和保持可持续性的基础上进行,而不是在小尺度、短时期和零星局部的范围内进行。从生态系统的结构和功能出发,掌握生态系统各个要素的交互作用,提出设计公园生态系统的整体,综合的系统方法,而不仅是针对单一动物或修复河岸植被。

4 前瞻性和可操作性兼顾的原则

要立足当前实际,具有可操作性,又要充分考虑将来发展的需要,具有一定的超前性。

6.2 植物配置原则

(1)主推乡土树种,引进具备强大适生能力的树种。做的适地适树,适树适地,最大程度上发挥土地空间的承载力和空间的延展性,并使植物的生长达到最佳

状态。

(2)发挥植物的生态功能。利于植物的制氧、遮阴、防风、吸音、滞尘、杀菌、香薰、集雨、蓄水作用为动物、微生物提供各种生境;利用植物的多样性和其自身之间的互生共生原理。模拟并优化自然植物群落。创造"绿色高度""绿色厚度"和"绿色深度",让植物在这特定环境中与人、动物、微生物和谐共生,从而聚集最大的绿色生命能量。

(3)人与植物的和谐共生,艺术与绿色的相互交融。植物生理学与人类生理学的综合应用,通过对当地植物与人的生活关系的梳理,发掘植物对人深层次的心灵影响、人对植物产生感知和情感寄托,以寄托理想,反思现实,升华灵魂。结合硬质景观对不同色彩、不同高度的植物进行优化组合,通过植物空间的疏密、开阔、容纳、变化等创造出极具视觉美感又可感知的舒适空间。

(4)易管理、易养护的节约原则,即简单化的原则。生态密林、树林草地。阳光草坪等不同形式的植物群落布置,在科学合理的情况下相对集中,生态效益和景观效益集中体现的同事更利于日常的维护,以节约劳动力资源、水资源等。

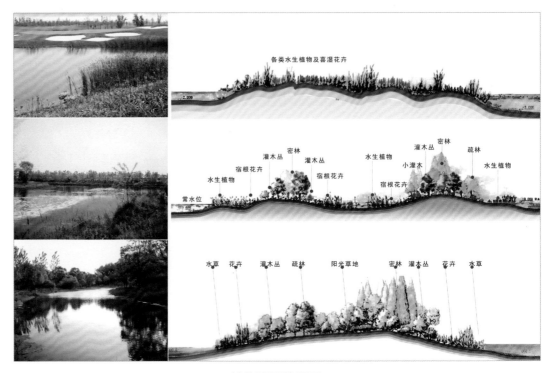

植物配置效果图

（5）乔木、灌木、草木群落式配置为主，达到物种多样性和生态性的效果。

6.3 戴河景观设计

水者，地之血气，如筋脉之流通也。山与水构成了中国艺术精神中最具代表性的符号系统。景观，土地及土地上的空间和物体所构成的综合体。它是复杂的自然过程和人类活动在大地上的烙印。而水与景观设计的结合，却是一个美丽而难以说清的概念。它依据水的特性，促进环境中多物种的衍生与相互关联，形成多样化的景观状态。该水景观设计以水为魂，以绿为体，以人为本，突出河流的景观价值与生态功能，保护和恢复河流的自然生态的

属性。并将用水、理水、治水、观水、玩水等多种诉求相结合，设置亲水设施，提供人与自然沟通与交流的平台，给人们提供不同的休闲空间和亲近自然的美好感受。

湖心静岛

清水河畔

莲池碧波

望海诗亭（效果图）

林中茶室（效果图）

7 创新与总结
CHUANGXIN YU
ZONGJIE..........................●

　　本项目围绕"防洪生态两相宜、人居自然两相益"的设计总体追求，综合考虑戴河规模、区域条件及发展诉求，在满足防洪安全的前提下，运用生态水系、植物景观及地形景观元素，创造出优美、质朴、且极具现代感的水系景观体系，完成了具有创新特色的设计方案。

7.1 河道部分

　　（1）打破了传统城市河道过分渠化的特点，岸线平面布置曲折多样，富于变化，为岸上景观布置提供了充分的发挥空间；改变了防洪河道因区域发展而被严重压缩束窄的常规做法，河面开阔，气势宏大，既保证了行洪安全，又为水面的综合开发利用准备了良好载体。

　　（2）河道断面采用多种复式断面型式，深时似湖、浅处如滩，底有水草游鱼、中有芦苇鸣蛙、上游灌草兽虫，形成极具多样性的自然生物群落。

　　（3）针对戴河天然径流小的短板，结合自然河势变化分段设置拦蓄性建筑物，形成戴河的常态化水面，兼顾调蓄功能，合

河内绿岛（效果图）

理利用珍贵的水资源；遇汛期洪水时建筑物可提前泄水，保障河系行洪安全。

（4）拦蓄性建筑物采用新型翻板闸型式，保证了闸顶亭台楼阁甚至于道路的布置与闸室正常功能运用的巧妙结合，营造出灵动美丽、和谐统一的河、岸景观效果。

7.2 水系景观部分

（1）因地制宜的制定规划和进行设计，并适当借鉴国内外已成功的先进经验。

（2）依靠生态系统自我设计，自我组织和自我恢复功能，选择合适的物种，形成合理的生态结构。

（3）从生态系统的结构和功能出发，掌握生态系统各个要素的交互作用，提出设计景观生态系统的整体。

（4）兼顾前瞻性和可操作性，具有一定的超前性。

秦皇岛戴河设计以水为魂，以绿为体，以人为本，突出河流的景观价值与生态功能，保护和恢复河流的自然生态的属性。

同时结合城市发展和人居条件改善的要求设置亲水景观和设施，提供人与自然沟通与交流的平台，带给人们亲近自然的美好感受。

注：戴河（开发区段）综合治理工程建设的戴河深河景观带由我院与中国城市建设研究院浙江分院合作共同完成设计，其中我院侧重于河道水系工程，中国城市建设研究院浙江分院侧重于景观工程，双方在工作中互相配合，提出了众多合理化建议并为对方所采纳。经中国城市建设研究院浙江分院授权同意，我院提交的本次成果中涉及的规划景观绿化类素材均由中国城市建设研究院浙江分院提供。

大柳树沟
生态治理与环境设计
DALIUSHUGOU
SHENGTAI ZHILI YU HUANJING SHEJI

编制人员：李久明　王新中　毕东华　富　饶　王亚楠
　　　　　张　帅　经兰铭　于　靓　刘欣妹　顾光富
　　　　　李　薇　赵　瑾　王　帅

导 言
DAOYAN ··●

　　大柳树沟位于北京市东南郊，起始于朝阳区东四环路外窑洼湖退水闸，流经京秦铁路、焦化厂、五环路、豆各庄等地，最后汇入通惠排干，总长度 8.3km，流域面积 12.8km²。大柳树沟的主要任务为承担流域内的防洪、排水任务。同时还承担着美化、改善该地区自然水景观环境的功能。

　　现状大柳树沟除在紫南家园、大柳树村桥及过京秦铁路处等河段进行治理过，过流能力满足河道行洪要求外，其余段河道均未治理过，河道行洪偏低。现状河道上开口宽 10~20m，沟深 1~3m，河道内杂草丛生，淤积严重，过水能力约为 10~40m/s，汛期排水不畅。由于沿线两岸村庄、企事业单位的污水直接往河道内排放，平时无清洁水源补给，现状水质为劣 V 类，水生态环境较差。

　　为了提高河道的行洪能力，实现治理段内污水截流，排水通畅，环境改善的目的，北京市朝阳区对大柳树沟进行综合治理，本次治理段为楼梓庄桥至五环路桥段，全长 5991m。通过工程实施，有效提高了河道的行洪能力，极大地改善了沿岸的生态环境。

治理前上游河道（大柳树村附近）

治理前中游河道（东南郊灌渠附近）

治理前下游河道（孛罗营村附近）

治理后实景图

1 工程基本情况

GONGCHENG
JIBEN
QINGKUANG ....●

1.1 项目概况

朝阳区位于北京市主城区的东部和东北部，是北京市面积最大的近郊区，南北长 28km，东西宽 17km，土地总面积 470.8km²，其中建成区面积 177.2km²。

朝阳区介于北纬 39°48′ ~ 40°09′，东经 116°21′ ~ 116°42′。东与通州区接壤，西与海淀、西城、东城、崇文等区毗邻，南连丰台、大兴两区，北接顺义、昌平两区。

朝阳区平均海拔 34m。气候属暖温带半湿润季风型大陆性气候，四季分明，降水集中，风向有明显的季节变化。春季气温回升快，昼夜温差较大；夏季炎热多雨，水热同季；秋季晴朗少雨，冷暖适宜，光照充足；冬季寒冷干燥，多风少雨，各月平均气温都在 0℃ 以下。

大柳树沟位于北京市东南郊，属于北运河水系凉水河支沟通惠排干的支流，河道起始于朝阳区东四环路外窑洼湖退水闸，流经京秦铁路、焦化厂、五环路、豆各庄等地后，汇入通惠排干后最终汇入凉水河。大柳树沟总长度约 8.3km，流域面积约 12.8km²。本次治理段自楼梓庄桥至五环路桥段长 5991m，流域面积 10.8km²。

随着北京市经济的迅速发展，朝阳区已成为重要的工业基地和外事活动区，对区域内河道的防洪能力、水生态环境与景观建设都提出了较高的要求，而大柳树沟防洪能力低下及生态恶化的局面与城市发展需求之间形成了鲜明对比，特别是经过 2012 年 "7·21" 特大暴雨后，对大柳树沟进行综合治理更是迫在眉睫。

1.2 环境分析

项目区大柳树沟现状河道基本没有护岸工程设施，尚处于自然状态。河道现状为梯形土渠，河道底宽约 9m，上开口约 17m，沟深约 2.5m，边坡系数约 1.2，河道坡降不足 0.0002。沿岸边坡被水侵蚀，冲刷坍塌，水土流失严重，污水管线直排入河，项目河段现状桥 2 座，严重阻水，河底淤积严重，现状污水深约 1.5m，蚊蝇滋生，污水恶臭。河道现状过流能力较小，一遇洪水，局部断面漫流，上游段最大排洪量不足 5m³/s。下游段最大排洪量不足 30m³/s。

目前现状河道最大的问题是排洪能力不足，河道断面过小，现状桥阻水，威胁到河道防洪安全；现状水质较差，影响周边居民居住环境。为改善环境，还清水质，提升宜居环境，提高河道防洪能力，促进物流服务区快速发展，对该段河道治理十分必要。

1.3 设计理念与目标

大柳树沟流域处于城乡交界，目前随着流域内开发建设项目实施，流域下垫面状况逐渐由农田和绿地转变为城市居住小区和城市道路为主的硬化地面。一方面居住小区及城市用地相对原有的农田及绿地排水要求提高，根据《大柳树沟治理工程规划》（2005.6），项目范围内河道远不能满足防洪要求。现状新建小区雨水排水口均按照规划 20 年一遇洪水位设计，若不对河道进行治理，将造成河道壅水，现状雨水口淹没，导致排水不畅。

大柳树沟大部分河道紧邻或穿越城市建设区，现状大柳树沟两岸未截流的城乡居民生活污水直接排入，直接导致河道水质恶化，目前河道水质为劣 V 类，影响了两岸居住区的环境及居民健康。

根据大柳树沟存在的问题，结合城市发展的需要，对大柳树沟进行防洪、生态综合治理，通过修建截污管线，增设水循环系统，逐步实现河道生态复原，采用生态防护材料，提高河道抗冲刷能力，沿岸修建巡河路和景观绿化，改善沿岸居民的出行及生活环境。

2 总体规划与布局

ZONGTI GUIHUA YU BUJU..................................

2.1 河道工程

2.1.1 堤线布置原则

（1）河堤堤线应与河势流向相适应，并与大洪水的主流线大致平行。

（2）堤线应力求平顺，各堤段平缓连接。

（3）两岸堤距应根据防洪规划分河段确定，上下游、左右岸应统筹兼顾。

（4）同一河段两岸堤距应大致相等，不宜突然放大或缩小。

（5）堤防工程尽量利用现有的堤防和有利地形，修筑在土质较好、比较稳定的滩岸上，尽可能地避开软弱地基、深水地带、强透水地基。

（6）堤线应布置在占压耕地、拆迁房屋等建筑物少的地带。

2.1.2 堤线布置

河道治理起点为楼梓庄桥（桩号0+000），治理终点为东五环桥（桩号5+991），治理总长为5991m。

根据大柳树沟河道现状并结合治理工程规划和景观规划等要求，本次河道治理堤线分段布设如下。两岸堤距16.37~29.59m。河道设计底宽10.0~16.4m。

2.2 节制闸工程

为使河道内形成景观水面，根据规划，分别在治理段中间及末端新建陶庄路闸和五环路闸共2座。闸室周围设管理厂区。

2.3 桥梁、涵洞工程

本次治理包括15座重建桥梁和2座新建公路桥、一座桥改建为涵洞。

本次治理拟对大柳树沟现有桥梁全部拆除重建，共15座公路桥和1座人行桥。其中一座公路桥改建为涵洞。

2.4 截污工程

依据大柳树沟河道两侧现状排水口情况，同时结合后期污水规划，本次截污工程沿大柳树沟河道两侧敷设截污管道：其中河道左侧全线敷设截污主干管，河道右侧局部敷设截污管道。

河道左侧截污主干管起点为河道桩号0+034附近排水口，并行河道敷设，收集河道各排水口污水，最终接入五环路附近下游污水主干管，线路全长约5.9km。

根据现状河道右岸污水管分布情况，沿线布置4段，总长约1.4km。截污管道并行河道敷设，收集河道各排水口污水，污水集中收集后穿河分别接入左侧截污主干管道。

2.5 引水工程

为维护河道水环境，采用再生水源对河道进行补水，一方面补给河道蒸发渗漏损失，另一方面实现河道换水，满足水质维护需求。工程拟从河道下游将经污水处理厂处理的污水利用引水泵站加压引至上游，供给河道用水。

引水管道从大柳树沟下游（5+001）五环路附近到上游河道桩号（0+000）

沿河布设，全长约 6.0km。引水泵站位于五环路闸区，设计流量为 500m³/h。

2.6 景观规划

本方案设计以河道治理段为景观设计范围，因现状河道两岸建筑设施密集且紧邻河岸，为尽量避免征、占迁，以两侧最小拆迁量为原则，同时考虑河道景观、亲水效果，横向范围包括上开口外 8m（含5m 宽巡河道）、上开口外 3m（不含巡河道）以及亲水步道至堤顶护岸的场区，总长 5991m，总面积 92637m² 的景观设计。

3 河道整治工程
HEDAO ZHENGZHI
GONGCHENG ······················●

3.1 纵断面设计

现状河道淤积比较严重，在清淤的基础上，根据现状河底走势及治理规划，确定河底设计纵坡。自上而下设计纵坡分别为 0.5‰、1‰。

3.2 横断面设计

大柳树沟现状河道两岸建筑设施密集且紧邻河岸，为尽量避免征、占迁，减少工程占地，同时考虑河道景观、亲水效果，将河道横断面设计为"上部梯形 + 下部矩形""上部梯形 + 下部梯形"、梯形、"桩挂板"矩形断面四种断面型式。河道两岸有空间的河段设置堤顶巡河路及堤岸亲水步道。

1 "上部梯形 + 下部矩形"的复式断面

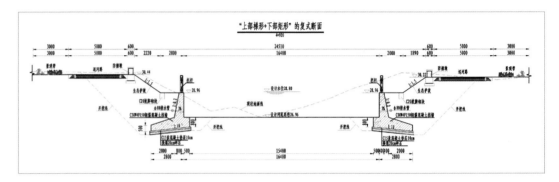

"上部梯形 + 下部矩形"的复式断面图

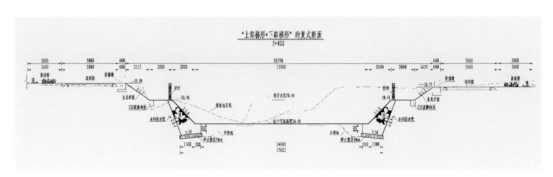

"上部梯形 + 下部梯形"的复式断面图

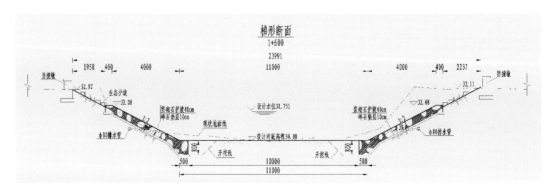

梯形断面图

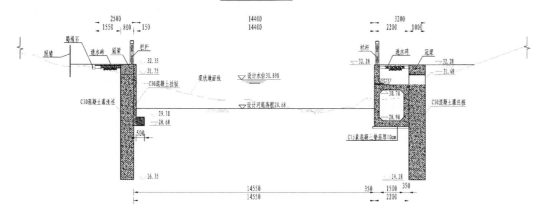

"桩挂板"矩形断面图

"上部梯形 + 下部矩形"的复式断面，设计主槽宽10.0~16.4m，主槽深2.0m，两岸自主槽顶向外侧以1:1.5边坡坡至堤顶，两岸主槽顶设2.0m宽亲水步道。两岸设5.0m宽巡河路及3.0m宽绿化带。

2 "上部梯形 + 下部梯形"的复式断面

"上部梯形 + 下部梯形"的复式断面，设计主槽底宽15.0m，主槽深2.0m，两岸底部边坡为1:1，上部边坡为1:1.5，两岸主槽顶设2.0m宽亲水步道。两岸设5.0m宽巡河路及3.0m宽绿化带。

3 梯形断面

梯形断面，两岸边坡坡比1:2，底宽11.0m。左岸利用化工路作为巡河路，右岸局部段设5.0m宽巡河路及3.0m宽绿化带。

4 "桩挂板"矩形断面

双峰铁路涵洞下游900河道右岸为焦化厂铁路，左岸为企业及居民区，河道为矩形断面，设计底宽14.4m，深2.5 ~ 2.8m，两岸主槽顶为亲水步道。

不同断面之间设渐变段连接。

3.3 生态护岸技术

大柳树沟治理主要采取生态护岸型式，这样不仅可以提高水系统的水体质量，同时也可以提升景观效果，在人群集中且有施工条件的前提下，设置部分亲水平台、人行步道，使人与自然更加贴近，同时也可以改善周围的生态环境。

采用不同的生态护岸，可以促进地表水与地下水的交换、滞洪补枯、调节水位，既能稳定河床，又能改善生态和美化环境，

尽量采用植物固坡的形式，减少堤防硬化，使河岸趋于自然形态。

本工程采用的生态护岸形式主要有：覆土石笼护岸、生态砖护岸等。

大柳树沟治理大量采用了坡改平生态砖护岸，该护坡砖的外周边为正多边形，中空，内周边为正多边形或圆形，顶端面与水平面平行，底端面与水平面成一夹角，所述夹角的大小与所护边坡和水平面之间的夹角基本相同，以确保护坡砖铺设在坡面时，砖的上面保持水平，确保砖内用以进行恢复植被的土的表面保持水平，最大限度地保持土壤。在护坡砖底端面上设置至少一组阻滑齿，用于加大护坡砖的下滑阻力。本实用新型提供的护坡砖通过把坡面分解为若干个"小平面"，以"小平面"上土体的稳定，达到整个坡面的稳定，从而可以彻底解决现存的护坡方式带来的土壤流失问题，对生态环境改善和水土保持工作具有重要的现实和长远意义，具有显著的社会和生态效益。

坡改平生态护岸

4 水工建筑物设计
SHUIGONG JIANZHUWU SHEJI ·····························●

为使河道内形成景观水面,根据规划,分别在桩号 2+695 和 5+850 处新建陶庄路闸和五环路闸共 2 座。闸室周围设管理厂区。

根据规划,在河道两岸东南郊灌渠上各新建一座节制闸,汛期开闸行洪,平时关闸蓄水。拆除东南郊灌渠渡槽,改建为 2 根 DN500 钢管输水。拆除现状左岸一座分水闸。

4.1 陶庄路闸

陶庄路闸位于桩号 2+695 处。水闸主要建筑物包括上游防护段、闸室段、消力池段及下游防护段。陶庄路闸设管理厂区,为满足厂区交通需要,消力池顶部设交通桥。

1 上游防护段

上游防护段长 14m,底板顶高程为 29.22m,顺水流方向分别采用浆砌石及混凝土护底,其中浆砌石护底长 6.0m,厚 0.5m,混凝土护底长 8m,厚为 0.5m。浆砌石护底宽由 13.4m 渐变至 14.3m,混凝土护底宽 14.3m,左侧岸坡采用混

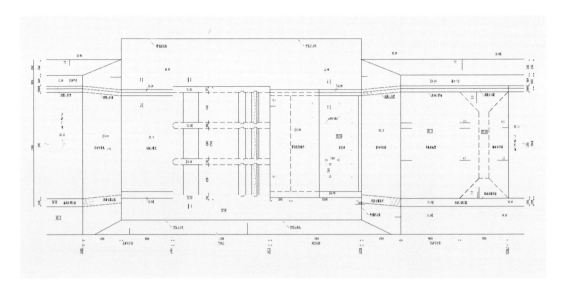

陶庄路闸平面图

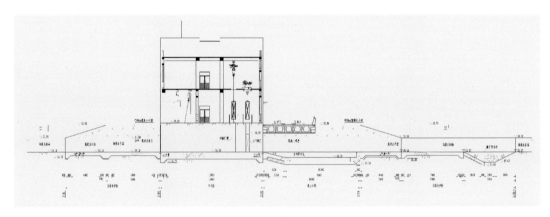

陶庄路闸纵剖面图

凝土悬臂式挡墙,墙顶高程 32.98m,挡墙底部设 10cm 厚 C15 素混凝土垫层,垫层下设 20cm 厚碎石垫层。右侧采用混凝土灌注桩,桩深、桩径与上游河道相同。挡墙顶部平台及平台以上部分设计与河道部分设计相同。

2 闸室段

闸室布置根据泄流特点和运行要求,选用开敞式。

闸室段总长 15m,闸室为钢筋混凝土整体结构。闸室总宽 17.1m,单孔孔口尺寸 4.5m×2.5m(宽×高),共 3 孔。闸室底板顶高程为 29.18m,墩顶高程为 33.28m。闸墩厚 0.9m,闸室底板厚 1.0m,上下游端均设齿墙,齿墙深 1.5m,底板下设 10cm 厚 C15 素混凝土垫层。闸室每孔均设置 1 扇平面钢闸门为工作闸门,闸门尺寸为 4.5m×2.5m(宽×高),

238 城市河湖生态治理与环境设计
CHENGSHI HEHU
SHENGTAI ZHILI YU HUANJING SHEJI

墩顶设检修桥和机架桥，机架桥配有卷扬式启闭机，1门1机布置。在工作闸门上游侧布置检修门槽，检修闸门采用平面滑动钢闸门，闸门尺寸为4.5m×2.5m（宽×高），3孔共用1扇，启闭设备采用移动式电动葫芦。

3 消力池段

消力池段总长14m，由斜坡段和水平段组成。斜坡段长3.2m，坡度为1:4，水平段长10.8m，池深0.8m。消力池两侧采用悬臂式挡墙与河道挡墙相接，挡墙均采用钢筋混凝土结构，断面尺寸同上游防护段。消力池底板上设ϕ80排水孔，梅花形布置，孔距2m，底板下部设反滤层，由下向上依次为300g/m^{2}土工布、10cm厚中粗砂、10cm厚砾石层、15cm厚卵石层、10cm厚C15素混凝土垫层，排水孔穿透C15素混凝土垫层。消力池挡墙顶部为厂区内交通桥。

4 下游防护段

下游防护段分为浆砌石护底、干砌石海漫和抛石防冲槽三部分。

浆砌石护底长6m，宽度由14.8m渐变至15.9m，厚0.5m，下设反滤层，从上自下依次为10.0cm厚砾石垫层、10.0cm厚中粗砂、300g/m^{2}土工布，两侧采用混凝土悬臂式挡墙，墙顶高程为32.98~31.18m。干砌石海漫长9m，厚0.5m，下设10cm厚碎石垫层。河道左岸采用混凝土挡墙，挡墙断面及墙顶平台形式与下游河道相同。河道右岸采用混凝土灌注桩，桩深、桩径与下游河道相同。抛石防冲槽槽深1.5m，边坡为1:2，槽内采用抛石防冲。

4.2 五环路闸

陶庄路闸位于桩号5+850处。水闸主要建筑物包括上游防护段、闸室段、消力池段及下游防护段。五环路闸设管理厂区，为满足厂区交通需要，消力池顶部设交通桥。

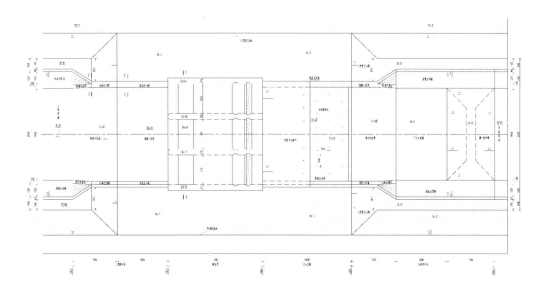

五环路闸平面图

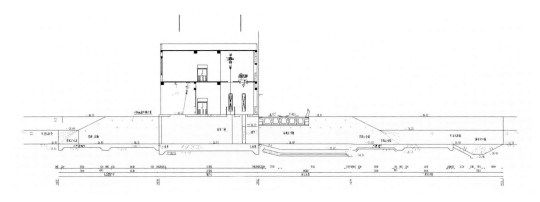

五环路闸纵剖面图

五环路闸实景图

1 上游防护段

上游防护段长 15m，底板顶高程为 26.03m，顺水流方向分别采用浆砌石及混凝土护底，其中浆砌石护底长 7.0m，厚 0.5m，混凝土护底长 8m，厚为 0.5m。浆砌石护底宽由 14.0m 渐变至 14.3m，渐变段两侧为浆砌石扭坡，水平段两侧为混凝土悬臂式挡墙。混凝土护底宽 14.3m，两侧岸坡采用混凝土悬臂式挡墙，墙顶高程 30.12m，挡墙底部设 10.0cm 厚 C15 素混凝土垫层，垫层下设 20.0cm 厚碎石垫层。挡墙顶部平台及平台以上部分设计与河道部分设计相同。

2 闸室段

闸室布置根据泄流特点和运行要求，选用开敞式。

闸室段总长 15.0m，闸室为钢筋混凝土整体结构。闸室总宽 17.1m，单孔孔口尺寸 4.5m×2.5m（宽 × 高），共 3 孔。闸室底板顶高程为 26.03m，墩顶高程为 30.42m。闸墩厚 0.9m，闸室底板厚 1.0m，上下游端均设齿墙，齿墙深 1.5m，底板下设 10.0cm 厚 C15 素混凝土垫层。闸室每孔均设置 1 扇平面钢闸门为工作闸门，闸门尺寸为 4.5m×2.5m（宽 × 高），墩顶设检修桥和机架桥，机架桥配有卷扬式启闭机，1 门 1 机布置。在工作闸门上游侧布置检修门槽，检修闸门采用平面滑动钢闸门，闸门尺寸为 4.5m×2.5m（宽 × 高），3 孔共用 1 扇，启闭设备采用移动式电动葫芦。

3 消力池段

消力池段总长 14.0m，由斜坡段和水平段组成。斜坡段长 3.2m，坡度为 1:4，水平段长 10.8m，池深 0.8m。消力池两侧采用悬臂式挡墙与河道挡墙相接，挡墙均采用钢筋混凝土结构，断面尺寸同上游防护段。消力池底板上设 ϕ80 排水孔，梅花形布置，孔距 2.0m，底板下部设反滤层，由下向上依次为 300g/m² 土工布、10.0cm 厚中粗砂、10.0cm 厚砾石层、15.0cm 厚卵石层、10.0cm 厚 C15 素混凝土垫层，排水孔穿透 C15 素混凝土垫层。消力池挡墙顶部为厂区内交通桥。

4 下游防护段

下游防护段分为浆砌石护底、干砌石海漫和抛石防冲槽三部分。

浆砌石护底长 6.0m，宽度 14.5m，厚 0.5m，下设反滤层，从上自下依次为 10.0cm 厚砾石垫层、10.0cm 厚中粗砂、300g/m² 土工布，两侧采用混凝土悬臂式挡墙，墙顶高程为 30.12m。干砌石海漫长 9.0m，厚 0.5m 下设 10.0cm 厚碎石垫层。河道两岸采用浆砌石贴坡式挡墙，挡墙断面及墙顶平台形式与下游河道相同。抛石防冲槽槽深 1.5m，边坡为 1:2，槽内采用抛石防冲。

4.3 东南郊灌渠节制闸

东南郊灌渠节制闸位于东南郊灌渠上，大柳树沟桩号 2+670 两侧。由于现状灌渠断面较小，过流能力较差，节制闸根据东南郊灌渠规划的断面尺寸、过流能力进行设计。两座节制闸采用相同的布置形式。水闸主要建筑物包括上游防护段、闸室段、消力池段及下游防护段。

1 上游防护段

上游防护段长 14.0m，底板顶高程为 29.58m，顺水流方向分别采用浆砌石及混凝土护底，其中浆砌石护底长 6.0m，厚 0.5m，混凝土护底长 8.0m，厚为 0.5m。浆砌石护底宽 5.2m，两侧为浆砌石护坡，坡比为 1:2，护坡厚度为 0.5m。混凝土护底由 5.2m 渐变至 4.9m，两侧岸坡采用混凝土悬臂式挡墙，墙顶高程 33.0m，挡墙底部设 10.0cm 厚 C15 素混凝土垫层，垫层下设 20.0cm 厚碎石垫层。

2 闸室段

闸室布置根据泄流特点和运行要求，选用开敞式。

闸室段总长 12.0m，闸室为钢筋混凝土整体结构。闸室总宽 7.7m，单孔孔口尺寸 2.5m×2.5m（宽×高），共 2 孔。闸室底板顶高程为 29.58m，墩顶高程为 33.3m。闸墩厚 0.9m，闸室底板厚 1.0m，上下游端均设齿墙，齿墙深 1.5m，底板下设 10cm 厚 C15 素混凝土垫层。闸室每孔均设置 1 扇平面钢闸门为工作闸门，闸门尺寸为 2.5m×2.5m（宽×高），墩顶设检修桥和机架桥，机架桥配有卷扬式启闭机，1 门 1 机布置。在工作闸门上游侧布置检修门槽，检修闸门采用平面滑

动钢闸门，闸门尺寸为 2.5m×2.5m（宽×高），2 孔共用 1 扇，启闭设备采用移动式电动葫芦。

3 消力池段

消力池段总长 12.0m，由斜坡段和水平段组成。斜坡段长 2.0m，坡度为 1:4，水平段长 10.0m，池深 0.5m。消力池两侧采用悬臂式挡墙与河道挡墙相接，挡墙均采用钢筋混凝土结构，断面尺寸同上游防护段。消力池底板上设 $\phi80$ 排水孔，梅花形布置，孔距 1.5m，底板下部设反滤层，由下向上依次为 300g/m^2 土工布、10.0cm 厚中粗砂、10.0cm 厚砾石层、15.0cm 厚卵石层、10.0cm 厚 C15 素混凝土垫层，排水孔穿透 C15 素混凝土垫层。

4 下游防护段

下游防护段分为浆砌石护底、干砌石海漫和抛石防冲槽三部分。

浆砌石护底长 6.0m，宽度 5.2m，厚 0.5m，下设反滤层，从上自下依次为 10.0cm 厚砾石垫层、10.0cm 厚中粗砂、300g/m^2 土工布，两侧采用浆砌石护坡，浆砌石厚 0.5m，坡比为 1:2。干砌石海漫长 9.0m，厚 0.5m 下设 10.0cm 厚碎石垫层。抛石防冲槽槽深 1.0m，边坡为 1:1.5，槽内采用抛石防冲。

5 截污与引水工程
JIEWU YU YINSHUI
GONGCHENG.........................●

5.1 截污工程

依据大柳树沟河道两侧现状排水口情况，同时结合后期污水规划，本次截污工程沿大柳树沟河道两侧敷设截污管道：其中河道左侧全线敷设截污主干管，河道右侧局部敷设截污管道。

河道左侧截污主干管起点为河道桩号 0+034 附近排水口，并行河道敷设，收集河道各排水口污水，最终接入五环路附近下游污水主干管，线路全长约 5.9km。

河道右侧截污管道分为四段：第一段为河道桩号 0+305 ~ 0+739，长度约 434.0m；第二段为河道桩号 0+860 ~ 0+955，长度约 95.0m；第三段为河道桩号 1+576 ~ 1+664，长度约 88.0m；第四段为河道桩号 3+578 ~ 4+379，长度约 801.0m。四段合计长度约 1.4km。截污管道并行河道敷设，收集河道各排水口污水，污水集中收集后穿河分别接入左侧截污主管道。

5.2 引水工程

为维护河道水环境，采用再生水源对河道进行补水，一方面补给河道蒸发渗漏损失，另一方面实现河道换水，满足水质维护需求。工程拟从河道下游将经污水处理厂处理的污水利用引水泵站加压引至上游，供给河道用水。

引水管道从大柳树沟下游（5+991）五环路附近到上游河道桩号（0+000）沿河布设，全长约6.0km。引水泵站位于五环路闸区，设计流量为500m³/h。

6 交通工程
JIAOTONG
GONGCHENG ....

6.1 交通路

根据实际情况，河道两岸堤顶设置巡河路，路宽5.0m，采用沥青混凝土路面，每隔200m设错车道，错车道宽7.0m。巡河路临河侧设置混凝土砌块防护墙，墙高0.6m，厚0.4m，墙顶料石压顶（尺寸500mm×500mm×100mm）。

6.2 交通桥

6.2.1 桥梁概况

大柳树沟桥梁现状多为当地村民生产生活用桥，荷载标准低，宽度偏小，过水能力差；且很多已经破损，存在安全隐患，迫切需要重建。

改造前的大柳树沟桥梁

6.2.2 桥梁设计

根据现场实际情况，为满足附近居民出行需求本次设计对2座桥梁维修加固，对8座桥梁进行拆除重建，重建桥梁包括2座人行桥和6座公路桥梁。2座人行桥重建为钢结构人行便桥，6座公路桥梁位置、宽度等设计指标见下表。

桥梁设计指标表

序号	桥名	桩号	交角/(°)	桥型	施工图桥宽	荷载等级
1	改建一号桥	0+602.44	90	1×16m 空心板	净7.5+2×1.5	公路－Ⅱ级
2	小武基路桥	0+852.237	75	1×16m 空心板	净7.5+2×1.5	公路－Ⅱ级
3	改建三号桥	0+944.6	70	1×16m 空心板	净6.5+2×1.0	公路－Ⅱ级
4	改建四号桥	1+174.1	90	1×16m 空心板	净6.5+2×1.0	公路－Ⅱ级
5	百子湾医院桥	1+333.21	75	1×16m 空心板	净7.5+2×1.5	公路－Ⅱ级
6	陶庄路桥	2+601.17	90	1×20m 空心板	净7.5+2×1.5	公路－Ⅱ级
7	改建七号桥	3+493	90	1×20m 空心板	净1.5+2×0.25	人群荷载
8	高碑店路桥	3+595.508	85	1×20m 空心板	净7.5+2×1.5	公路－Ⅱ级
9	李罗营村桥	4+105.96	90	2×10m 空心板	净7.5+2×1.5	公路－Ⅱ级
10	改建十号桥	4+367.757	85	1×20m 空心板	净7.5+2×1.5	公路－Ⅱ级
11	五方天雅一号桥	4+497.54	90	1×20m 空心板	净7.5+2×1.5	公路－Ⅱ级
12	五方天雅二号桥	4+612.23	90	1×20m 空心板	5+ 净16+4	公路－Ⅰ级
13	五方天雅三号桥	4+918.32	90	箱涵	净10+2×1.5	
14	改建十四号桥	5+305	90	2×13m 空心板	净7.5+2×1.5	公路－Ⅱ级

1 上部结构设计

桥梁上部均采用预制空心板结构，10m 空心板采用钢筋混凝土结构，16m、20m 空心板为预应力混凝土结构。

10m 钢筋混凝土空心板，板高 0.5m，中板宽 1m，边板宽 1.25m。空心板板间均采用铰接缝连接，铰接缝采用 C40W4 混凝土和 M15 水泥砂浆填筑。空心板混凝土等级为 C30。

16m 预应力空心板板高 80cm，20m 预应力空心板板高 95cm，中板宽 124cm，横向布置 8 块板，6 块中板，2 块边板，板厚 0.8m，空心板中板宽 1.24m，边板宽 1.49 m（悬臂 0.25m），板间均采用 C50 混凝土铰缝连接，M15 水泥砂浆填筑底缝。预应力空心板钢绞线采用 15.2 标准强度 1860MPa 高强度低松弛预应力钢绞线。空心板混凝土等级为 C50。

2 下部结构设计

结合桥型和地质条件，下部结构采用摩擦桩基础。桥墩结构形式为柱式墩。桥台结构形式为桩接盖梁式。

混凝土等级桥墩墩柱及盖梁、系梁均采用 C30F200，灌注桩采用 C30。

桥台采用桩接盖梁与耳墙组合形式，盖梁下接单排灌注桩布置，灌注桩为摩擦桩。混凝土等级盖梁、背墙为

改造前的大柳树沟桥梁

C30F200，灌注桩为 C30。

3 桥面附属设施

桥面铺装采用混合铺装，上层为 4cm 细粒式 +5cm 中粒式沥青混凝土，下层为 10cm 厚 C50 水泥混凝土铺装。沥青混凝土铺装和水泥混凝土铺装之间设置防水层。行车道两侧设置人行道。本工

程支座均采用橡胶板式支座。桥梁伸缩缝均设置在桥台处。

7 景观
JINGGUAN ....●

随着城市建设的发展，尊重自然，保护自然，再现自然生态成为近年来的绿化建设主旋律。人们渴望拥有自然，在生活中随处可见自然，河道景观绿化的景观营造也在不断的提升和追求中接近自然，接近生活，只有更好地尊重和重现自然，更好地与周边的环境相融合，在保证工程安全、保证河道行洪的前提下，才能更好地重现河道景观。

大柳树沟是北京市朝阳区的一条排水河，流入通惠排水干渠，位于北京市东南郊。发源自朝阳区窑洼村，流向东南，在孟家坟村南汇入通惠排水干渠。大柳树沟因现状河道两岸建筑设施密集且紧邻河岸，为尽量避免征、占迁，以两侧最小拆迁量为原则，同时考虑河道景观、亲水效果，横向范围包括上开口外 8m（含5m 宽巡河道、3m 宽绿化带）、亲水步道 2m 至堤顶护岸的场区，治理段总长 5990m。

大柳树沟河道治理景观规划从周边环境利用与河道治理相结合着手，以"溯源长廊"为景观规划主题，将周围不同景观环境的典型元素或代表元素融入大柳树沟的景观设计当中，利用河道栏杆、挡墙、景观小品、植物等物质载体，打造一条回溯历史的时间廊道，景观廊道。

7.1 设计理念

工程主要划分为三个主要景观设计段，设计一段，设计风格贴近北京欢乐谷，以现代元素为主；设计二段，设计风格贴近扬州个园，是现代到古代元素的过渡；设计三段，设计风格贴近古

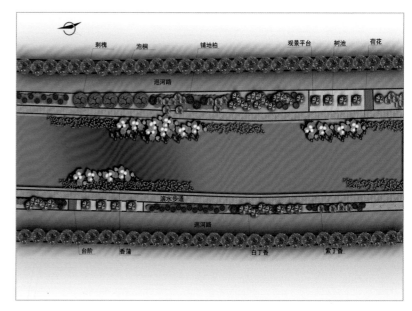

大柳树沟节点设计平面图

塔公园，以古典元素为主。

大柳树沟附近文化元素丰富，设计本着"贴近生活、融入自然、文韵十足"的设计理念，形成"一带、三段、多点"的景观轴线。设计中遵循以人为本的原则，采用多种园林景观表现手法，"点、线、面"结合融为一体，使人们与大自然亲密接触，置身于"独怜幽草涧边生，上有黄鹂深树鸣"的美景之中。

大柳树沟设计巡河道一侧绿化以乔木为主，乔木、灌木、地被植物相结合，树种的选择考虑不同季节色彩的变化，形成连续的丰富多彩的绿带，绿带宽度大于 3m 时，设计成开放式绿地。护岸绿化以灌木和地被植物为主，点缀种植特色乔木，形成河道景观亮点。在闸区、桥梁、主干路及居民区附近布置亲水平台，采取造型优美、色彩醒目的植物品种点植，提供给人们丰富的亲水空间。主要从以下几个方面进行景观规划。

7.2 景点设计

根据景观总体布局，结合闸区、桥梁、主干路及居民区，在绿地面积相对开阔的位置，设计滨水休息平台，为周边居民提供休闲、亲水的场所。休息平台包括铺装场区、亲水平台、植物造景，花坛和文化雕塑小品等，增强居民的幸福感和归属感。

"人生而静，天之性也"，景观作为情感的寄托，给人带来祥和、安定的氛围。水与景的结合，亲水景观已经越来越多的在河道景观中应用，积累。滨水景观，亲水设计是充满交流的景观，是人与人交流的场所。

7.2.1 滨水步道设计

大柳树沟治理段根据河道断面形式，除部分因条件限制无滨水步道外，其他的河道均设置宽2m的滨水步道，护坡上丰富的植物配置为沿河散步的居民提供了怡人的散步环境，局部地段拓宽的亲水平台节点设计又为居民提供了可休闲逗留的场所，很大程度的改善居民的生活环境，提高居民的生活品质。

两岸交错每隔100m设置一个台阶，采用防滑麻面花岗岩材质，在满足垂直交通的同时也丰富了竖向设计的空间变化。

7.2.2 桥头绿化设计

大柳树沟桥梁包括公路桥和人行桥总共15座桥梁，桥梁周围是人流、车流繁忙地段。设计为突出桥梁特色，在桥头与道路交会口进行重点节点设计，桥头四周设置小广场亲水平台，分别采用现代感十足，和充满古典韵味的景观小品设计，选用大规格且姿态优美的乔灌木，配合不同的绿化形式形成各具特色的景观节点，起到画龙点睛的作用，达到增强视觉美感，创造良好的景观环境的目的。

7.2.3 生态廊道设计

大柳树沟河道治理段护坡在主体结构稳定安全的基础上，建设沿堤景观生态走廊。该设计最大程度的增加绿化厚度，着眼于季节变化，科学性和艺术性相统一，以铺地柏、波斯菊、八宝景天等地被植物为主，配置垂杨柳、刺槐、泡桐等乔木点缀种植。大柳树沟治理段巡河路一侧景观设计以泡桐、金叶杨、垂柳、馒头柳、白皮松等乔木为主，配置白丁香、紫丁香、

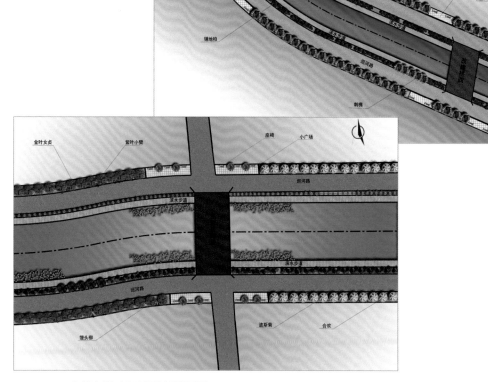

大柳树沟桥头设计平面图

金叶女贞、紫叶小檗、大叶黄杨、连翘等灌木。沿岸形成丰富多样的植物群落，营造出花掩河湖，绿映堤岸的景观场景，从而将不同的景观序列展开成一幅诗情画意的河道景观画卷，提升当地的景观形象。

7.3 生态河道断面设计

河道断面的景观主要分为河道栏杆、挡墙装饰、2m 滨水步道、斜坡护岸、巡河路和 3m 景观绿化带的设计。

河道栏杆设计结合主题思想，分别采用花饰钢栏杆、花岗石栏杆、仿木混凝土栏杆的结构，并且栏杆装饰上设置可放置花坛小品，形成每个设计河段的独特的景观特征，并形成历史的景观回溯。

挡墙装饰主要采用卵石贴面、混凝土砌块、浮雕、贴砖等表现形式，设计一段，以表达现代元素为主，采用卵石贴面和混凝土砌块相结合的形式；设计二段是现代到古代元素的过渡，主要采用贴砖和混凝土砌块的表现形式；设计三段以古典元素为主，主要采用浮雕的表现形式，把多种古典元素和图案用浮雕烘托，达到回溯历史节点的目的。

滨水步道主要是居民的一个亲水活动空间的延伸，在步道的铺装上主要采用铺

大柳树沟改造后栏杆实景

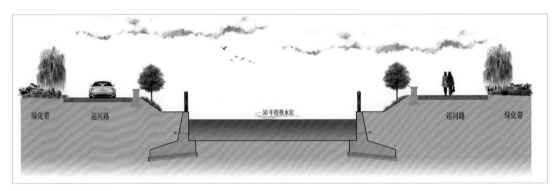

大柳树沟河道节点断面图（一）

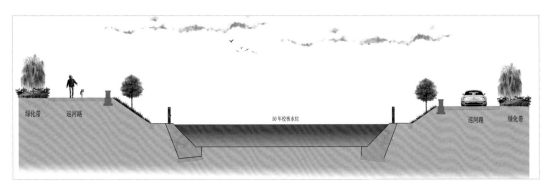

大柳树沟河道节点断面图（二）

8 创新与总结

贴透水装的形式,局部结合亲水平台设计,扩展亲水空间,让人民更加舒适的观赏景观,融入自然。

对于水面以上的斜坡护岸,在满足护坡结构安全的基础上,主要以灌木、地被植物为主,点植乔木的设计手法,实现既统一又有变化的景观效果。

对于水面以下的斜坡护岸,设计采用卵石、木桩等在护岸的基础上固定成挡墙,种植不同的睡莲、香蒲等水生植物,其间隙适于水中生物栖息,实现景观与生态护岸双重效果。

7.4 植物造景设计

植物作为园林景观的主体因素,在运用过程中,我们坚持的原则是:因地制宜、适地适树。只有坚持这一原则,才能充分满足各类植物的生物学特性,充分发挥各类植物的生态性及观赏性。

对于园林中的乔木,一般采用单株栽植,可偶尔两株合一或其种植点很近,在两者一主一次,一偃一仰,一大一小,给人自然活泼之感,若配以拙石或者桌凳,将是游人休憩的极佳场所。这种植坛,特别适宜点缀于宽大草坪中,亦可点缀于园路一侧或湖岸之畔作为园中的孤植树。园林植物的观赏特性千差万别,根据功能需求,可以利用植物的姿态、色彩、芳香、声响等观赏特性,构成观形、赏色、闻香、听声的景观。

植物分区配置以乡土树种为主,结合彩叶植物并搭配一些特殊的植物景观。保证各个景区有景可观,四季不同。处理好植物配置中常绿树与落叶树的比例,乔木与灌木的比例。保留河道两侧原有树木,并加强本地野生花卉、地被、藤蔓、灌木、乔木的栽培,展示本地植物的多样性,显示其地方特色的同时并因地制宜设置休闲空间,为居民提供宜居的生活环境。

（1）坡改平生态护坡技术是北京市水利科学研究所水土保持研究团队研发的一项高效保土、蓄水生态护坡新技术,该技术获国家发明专利。

坡改平生态护坡砌块利用其特殊的结构,将坡面分割为若干小平面,铺设时底部与坡面相吻合,上端能够保持水平,使坡面土壤处于稳定状态,砌块内留2cm深的超高,可最大程度拦蓄降水和保持土壤,达到保水、保土的效果。与老式六角空心护坡砖相比,这项技术使土壤流失量降低90%以上,更适合灌木或小乔木生长,从而提高坡面防护标准,不同色彩的观叶小灌木搭配可丰富坡面绿化配置,实现更完善的坡面防护功能和美化效果。

（2）治理后的大柳树沟提高了防洪标准,改善了沿岸居民的生活环境和趋于的生态环境,但由于两岸场地的限制,在工程中还是采用了部分硬性结构,未达到真正意义上生态河道的标准,在以后的工作中,我们需要吸取教训,与区域内整体规划相结合,积极探索、研究新的技术方案,使河道更趋于自然、生态。

滏阳河衡水市区段河道综合整治工程

FUYANGHE HENGSHUISHI QUDUAN HEDAO ZONGHE ZHENGZHI GONGCHENG

编制人员：赵文清　侯英杰　周　慧　王春香　刘　正　梁　艳

导 言

古老的滏阳河是一条承载了厚重的城市文化，是河北的"母亲河"，是衡水的"龙脉"。然而，光阴荏苒，从 20 世纪 70 年代初期以来，目前的滏阳河在衡水市区段昔日的风光就早已荡然无存，基本上逐渐成为了城市的"下水道"，滏阳河的河道整治已列入历次流域规划之中。滏阳河主要功能为排沥，兼顾排洪，滏阳河现状设防状况不仅不能适应城市安全要求，也不能满足流域规划确定的排涝要求，通过综合治理达到防洪体系的规划标准是十分必要的。

滏阳河综合整治是衡水市政府提出的"大衡水"计划的核心内容之一。所谓"大衡水"计划，即全力打造"一湖、一州、一城"，形成以衡水湖休闲度假区为主体，以冀州历史文化古城、滏阳河现代都市娱乐为两翼的城市发展格局。

滏阳河综合整治为"一城"的核心内容，河道整治后将从根本上改善河道两岸的城区环境，有利于沿河两岸土地资源的整合及有序开发，促进城市建设及经济发展。

搞好滏阳河综合整治，既是打造"水市湖城"的重点工程，也是改善人居环境、造福广大市民的惠民工程，按照"大节点、宽水面、深内涵、靓形象"的总要求，把滏阳河打造成为衡水市的风景线、景观带，充分展现"古河新韵，龙脉滏阳"。衡水市委市政府顺应民意，以滏阳河开发改造为龙头，开启"大衡水"建设的序幕。

治理前的滏阳河

治理后实景图

1 工程基本情况

GONGCHENG

JIBEN

QINGKUANG ....●

1.1 河流水系

流经衡水境内的较大河流有滏龙河、滏阳河、滏阳新河、滏东排河、索泸河——老盐河、清凉江、江江河、卫运河——南运河9条,分属海河水系的4个河系。

滏阳河为子牙河流域两大支流之一,发源于河北省磁县,总流域面积21737km²。

1.2 社会环境

衡水市是河北省下辖的一个地级市,位于河北省东南部。大禹治水划天下为九州,现衡水所辖冀州为九州之首。河北省称冀,也缘于此。深厚文化造就了一代名人,涌现出儒学大师董仲舒,唐代经学家孔颖达,诗人高适,文学巨匠孙犁等。

衡水属于环渤海经济圈和首都经济圈的"1+9+3"计划京南区。京九铁路、石德铁路、邯黄铁路、石济高铁、京九高铁、石津城际高速铁路、衡潢铁路、朔黄支线八条铁路或规划铁路途经衡水,被社会经济学家费孝通先生称为"黄金十字交叉处"。

衡水市区及所辖县(市)总面积

8815km²,其中市区面积35.04km²。2012年全市常住人口为4340773人。根据衡水市总体规划,2020年城区规划面积将达到72.6km²。

2012年,全市生产总值实现1011.5亿元,年增长10.4%。

1.3 河流现状

滏阳河历史上水量丰沛,曾是重要的行洪和航运河道。20世纪中叶上游支流先后修建多座大中型水库工程,控制了山区流域面积的1/2,艾辛庄以上流域面积的1/4;下游开挖了滏阳新河和子牙新河,洪水有了独立入海通道,流域防洪能力得到很大提高。但随之入滏阳河下游的水量

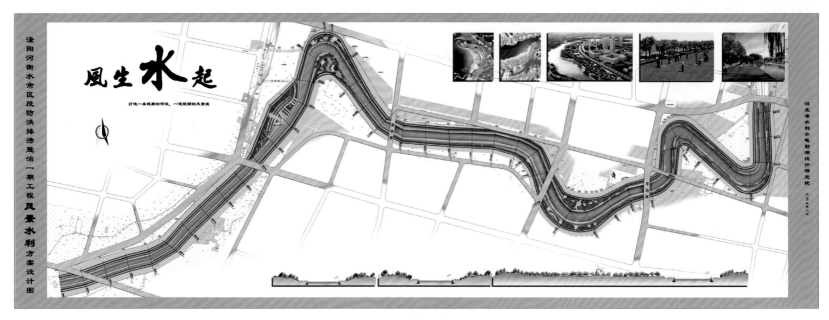

方案设计图

急剧减少，特别是 20 世纪 80 年代以来，海河流域出现连续枯水年，滹滏地区产流量减小，艾辛庄枢纽非汛期无水分入滏阳河，即使汛期也只是部分年份有水，且流量较小。由于水量大幅度减少，河道航运功能随之丧失，两岸堤防破损严重，特别是衡水市附近，受城区建设的影响，堤防已经不完整，部分河段滩地被严重侵占，河道过水能力减小。

1.4 存在问题

（1）本流域水资源量的减少，使得河道经常干涸，有水也基本为上游或城区排放的污水，因此河道附近环境恶化。

（2）滏阳河在本地区整体排沥标准较低，受下游洪水顶托及本身卡口等影响，大暴雨时河道排沥水位较高，两岸沥水不能及时排除，导致受灾面积较大。

（3）衡水市附近河段堤防已经不完整，部分河段滩地被严重侵占，河道过水能力减小，一旦出现大的暴雨，河水漫溢，将威胁两岸群众的生命财产安全，损失难以估量。

2 总体规划与布局
ZONGTI GUIHUA YU BUJU ....●

2.1 设计任务

依据 2007 年《衡水市城市防洪规划》，衡水市城市防洪标准为 50 年一遇，防洪任务由滏阳新河左堤承担；滹滏区间滏阳河规划功能定位为排沥河道，整体设计标准为 5 年一遇，衡水市区段结合规划的城防圈及侯庄分流工程，在 5 年一遇排沥标准的基础上，满足城防圈内排水要求。

面对滏阳河整治前排沥标准较低、两岸堤防不完整、部分河段滩地被严重侵占，河道过水能力减小，一旦出现大的暴雨，河水漫溢等问题，提出了滏阳河衡水市区段河道综合整治的方略，使防洪标准达到 50 年一遇，同时通过工程与生态措施使河段常年有水，做到水清岸绿，可供游人观赏。

滏阳河衡水市区段综合整治工程的主要任务是：修建侯庄分流枢纽工程，疏浚、开挖及规整河槽断面，调整、恢复及加固两岸堤防，提高城区河段整体防洪能力及标准，并结合景观工程利用河槽蓄水，改善河道及两岸生态环境。

2.2 工程总布置

滏阳河衡水市区段防洪排涝综合整治工程包括侯庄分流枢纽工程和滏阳河综合整治工程。

滏阳河综合整治主要包括河槽清淤、扩挖、开卡、复堤、生态景观蓄水工程及两岸排水闸涵、泵站等。其中河槽治理标准按 5 年一遇，结合两岸城市建设规划，对部分河段堤线进行调整，对破损及两岸侵占河滩地较为严重的河段重新设计堤线并进行复堤，对现有堤防原则上不进行大幅度的加高，以保持两岸视觉通透。

设计堤距一般不小于130m，弯道段适当加宽，堤距控制在200～350m。

2.3 工程设计

2.3.1 河道综合整治工程

1 堤防工程

滏阳河整治工程范围自河东刘庄开始至大西头闸，河长 13.75km。两岸需调整或新建堤防工程总长 23.1km，加固原有堤防 4.45km。

2 河槽清淤、扩挖工程

对现状河槽进行清淤、扩挖，

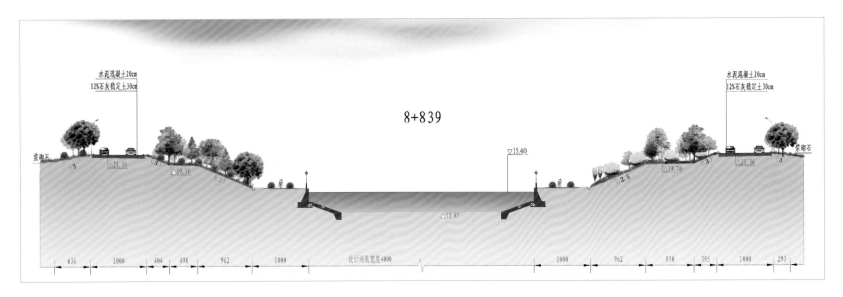

水泥混凝土20cm
12%石灰稳定土30cm

水泥混凝土20cm
12%石灰稳定土30cm

8+839

紫砌石

▽15.40

紫砌石

△21.36   △19.70   △19.76   △12.87   △19.70   △21.36

636 1000 404 498 962 1000 设计河底宽度4000 1000 962 850 395 1000 293

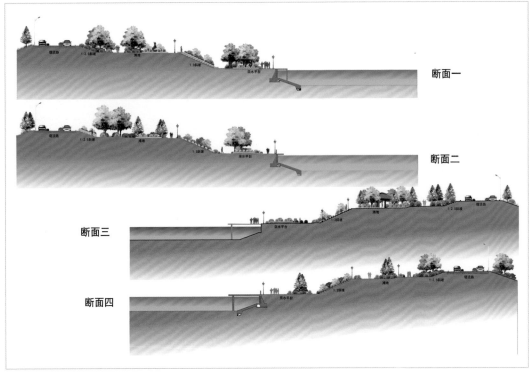

断面一

断面二

断面三

断面四

典型断面景观效果图

在满足排涝要求的前提下，为结合景观蓄水要求，适当调整河槽断面形式。

滏阳河市区段河道设计纵坡采用1/12000。滏阳河横断面设计为复式断面。

深水河槽一般河段底宽设计为40m，弯道段适当加宽为60～80m，深水河槽用于景观蓄水，自上而下深2.4～3.5m，结合两岸景观设计为矩形断面；深水河槽两侧布置亲水平台，平台宽度一般为2～13.5m；滩地高程以5年一遇排涝水位控制，滩地结合景观建设进行布置，可设计为绿地、广场或布置小型游乐设施等。

堤防断面根据所处位置及景观工程设计，拟采用缓坡垅岗式、梯形断面两种型式，堤顶宽度设计为10m。

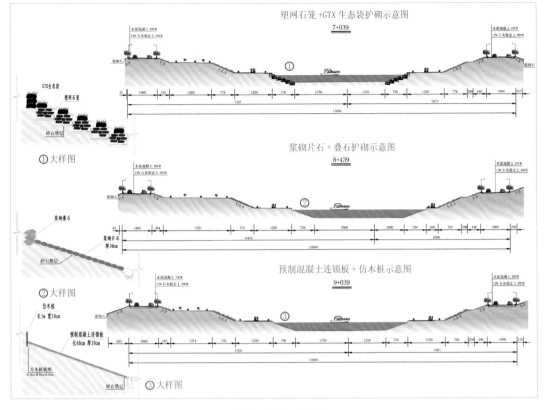

塑网石笼+GTX生态袋护砌示意图

7+039

① 大样图

浆砌片石+叠石护砌示意图

8+439

② 大样图

预制混凝土连锁板+仿木桩示意图

9+039

③ 大样图

典型断面设计图

3 堤岸防护工程

　　滏阳河在市区段弯道较多，而且多为急弯，形成许多险工段，需对堤岸做重点防护；另外考虑到整治后的滏阳河将成为衡水市的景观河道，两岸部分河段将设置一些亲水、娱乐、旅游等设施，因此对河槽及堤防边坡采取适当的防护措施。

4 堤顶路面工程

　　为便于汛期防汛抢险，结合交通需要，两岸堤顶铺设混凝土路面，路面宽度10m。堤顶设7m宽路面，采用沥青混凝土路面，考虑集中排水，设排水口。照明位置按景观设计确定。

2.3.2 侯庄分流枢纽工程

　　工程布置在桃城区侯庄村南，该处滏阳河与滏阳新河距离最近，滏阳新河左堤与滏阳河右堤外堤肩距约286m，滏阳河主槽右河口至滏阳新河深槽左河口距约500m。在滏阳河布置侯庄节制闸；在节制闸上游扩挖现有连接渠，将其改为分流渠；拆除现有滏阳河右堤侯庄穿堤洞，新建连接滏阳河右堤的交通桥；在滏阳新河左堤建分流穿堤洞；在分流渠右岸筑挡水堤，并在巨吴渠位置建排水闸；在分流渠左岸建防洪围堤，连接滏阳新河左堤、滏阳河右堤及节制闸，过节制闸后沿滏阳河主槽左河口向上游修筑防洪围堤，与附近滏阳河原左堤连接，初步形成防洪圈。工程布置结合原有滏阳新河左堤侯庄穿堤洞的引水要求，上游侧利用同一渠道，穿堤

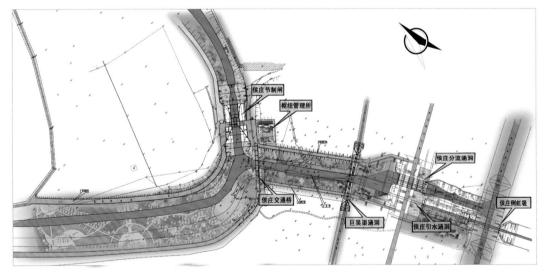

侯庄分流工程总布置图

侯庄分流工程总效果图

后引水和分流渠道分开。

工程建成后,通过滏阳河侯庄节制闸的节制使上游洪沥水进入分流渠,然后经滏阳新河左堤穿堤洞分流入滏阳新河。

侯庄分流枢纽工程包括滏阳河节制闸、滏阳新河左堤穿堤涵闸、滏阳河右堤桥梁、巨吴渠涵闸等4座建筑物及分流渠扩挖工程。

2.3.3 排水工程

滏阳河治理一期配套工程共有五座建筑物,分别为旧城排涝泵站、干马闸、东团马涵闸、东滏阳泵站。

旧城排涝泵站为重建,泵站主要有进水渠、进口渐变段、站前闸、进水池、主泵房、压力水箱、控制闸段、穿堤涵洞、防洪闸、出口渐变段、排涝出水渠、副厂房及管理用房组成。

三杜庄涵闸和干马闸为重建,其中三杜庄涵闸工程主要由上游连接段、闸涵段、穿堤涵管段、下游连接段四部分组成;干马闸主要由上游排水管道,穿堤涵管段、下游连接段三部分组成。

东团马涵闸、东滏阳泵站分别为拆除和维修工程,其中东滏阳泵站的现状机电设备、闸门维修和更换、上、下边坡加固维修。

2.3.4 截污导污工程

滏阳河为市区污水排放的主要出口,规划在两岸铺设截污导污管道工程。

滏阳河的污水主要来自两个途径:一是上游排放下泄;二是城区排放的生活及工业污水。上游下泄的污水可以利用规划的侯庄节制闸拦截导流至滏阳新河;本次是针对市区排放的污水规划截污导污工程。

2.3.5 蓄水节制工程

大西头闸维修加固工程: 大西头闸最早建于1973年,2003年进行了除险加固和改造。大西头闸包括东、西两座节制闸,设计流量分别为150 m³/s和100 m³/s。滏阳河整治工程完工后,大西头闸将成为城区河段唯一的蓄水节制工程,需进行必要的防渗、防腐、维修加固。

2.3.6 水源工程

滏阳河规划景观蓄水水源来自衡水湖、石津干渠、当地沥水、市区中水和污水植物净化水。规划修建吴公渠连通工程、胡堂排干连通工程和中水连通工程三条引水线路。

1 胡堂排干连通工程

利用现状胡堂排干,打通与石津灌区徐湾分干的连接,

治理后的滏阳河碧波荡漾

直接调引石津灌区水源，线路全长 14.76km，设计引水流量 2m³/s。石津干渠水通过军齐干渠引入徐家湾分干，在李石店村西北徐湾分干与胡堂排干连接处建退水闸，灌区水退入胡堂排干，沿胡堂排干往东至前进街，沿前进街往南，至旧城泵站入滏阳河。该线路需对胡堂排干进行疏浚、整治。

2 中水连通工程

衡水市污水处理厂位于班曹店排干与北环路交叉口西北部，日处理能力 10 万 m³/s。在该处建设立交穿越工程及挡水引水工程，疏浚闸西干渠，将污水处理厂排出的中水，通过闸西干渠引入滏阳河。

2.3.7 安济桥清淤、维修加固工程

安济桥位于桃城区胜利东路，东西横跨滏阳河。清乾隆三十一年（公元 1766 年）建成。桥修好后乾隆赐名"安济"，取保水安济苍生之义。此桥是一座七孔联拱石桥，桥身全长 116m，两侧各有望柱 58 根，每根柱顶有形态各异的石狮，望柱之间有石头拦板。由河水、石桥、狮子、明月等元素构成的"衡桥夜月"美景，曾是古衡水八景之一，可以和闻名全国的"卢沟晓月"相媲美。安济桥已有 240 多年的历史，因河床西滚，东侧桥孔已淤死，桥头的大石狮子已被土掩埋大半，安济桥久经风雨侵蚀，行人磨损，望柱上的石狮

治理后的滏阳河两岸不断开发的商业地产

治理后的滏阳河可乘船游览

已残缺不全，石栏板上的图案已模糊不清。

作为滏阳河整治的主要内容之一，应对安济桥进行清淤、维修加固。

3 景观设计

JINGGUAN
SHEJI ....

为体现滏阳河综合开发整治效果，结合河道堤防及建筑物工程总体布置及设计，对河道景观进行设计。

魅力滏阳湖，为建设"水市湖城"做好基础

衡水"水市湖城"，以水为魂，以河为脉，以湖为韵

3.1 设计原则

（1）安全性原则：在保证工程安全、水质安全、人员安全的前提下，对整体河道景观进行规划设计。

（2）生态原则：保护为主，生态优先，保护和利用相结合。

（3）经济性原则：以生态与自然作为景观基调，减少运行期的管理及养护成本。

（4）地方性原则：挖掘历史文化底蕴，体现地方特色。

（5）可持续发展原则：严格控制开发，保证河道的持续健康发展。

3.2 设计目标

（1）打造一条健康的河流，衡水市的"城市名片"及"形象代言人"。

（2）提升城市整体活力，点睛城市水景观系统。

（3）带动城市生态环境建设，示范河北省水利工程风景化建设。

3.3 整体景观设计

该河道景观以"水起风生"为主题创意，通过不同景观节点，结合人文、历史及自然多个层面资源，塑造风景水利工程的可视性、可达性、可融性的特点，打造全新的河道景观。

"上善若水，水利万物而不争"，老子《道德经》中高境界的善行就像水的品性一样，泽被万物而不争名利。通过综合整治，涵养滏阳河河水，以水为魂，藏水纳气，以扩大水面，抬升水位产生自然水

魅力滏阳湖，商业地产抢滩两岸

魅力滏阳湖，游览、休闲好去处

风景为设计基础，以河道水利景观建设美化城市环境。

3.4 设计理念及总体布局

将滏阳河恢复成一条健康的河流，打造象具有文化底蕴的魅力之河。

健康河流的标准为水清、河形水态自然和平衡生态护岸。

3.4.1 水清

水清是水环境良好的直观表现。水环境是城市维系和发展的基础。首先需增加生态用水量，使河流从无水到有水。按自然经济社会规律办事，统筹地表水、地下水和外来水，采取节、调、补等措施，增加滏阳河生态水量，使干涸的河道重现水域。二是需要控制和改善水质，从污水到清水。采取"源头控污""截污""减污"等措施，正本清源，改善水质。

3.4.2 河形水态自然

河形自然：我国古代治水理论强调水流曲曲有情，有一眷，二恋，三回，追求蓄积，寻求"水曲之美"。在本设计中充分尊重滏阳河蜿蜒曲折的特性，宜弯则弯，宜宽则宽，宜直则直，使河流形成主流、直流、河湾、沼泽、急流和浅滩等丰富多样的生境，恢复其生气和灵气。

水态自然：水面形态自然，在河道水面景观设计时，依地就势在适合的方位尽可能营造"大的水面"，并利用曲折有致，变化多端，逶迤迴绕的湖岸，设计出湖、港、湾、洲、池、塘等不同水体形态与景观特征，曲线化的河道使河岸线加长，可创造出更多的临水空间，丰富自然景观，进一步使周边土地升值。同时最大限度地体现水的形态特征，极大丰富水脉景观。

3.4.3 平衡的生态护岸

河道两侧堤坡护岸、堤防、滩地的设计，在主体结构稳定安全的基础上，建设沿堤景观生态走廊。在河堤和水面之间，着眼于季相变化，科学性和艺术性相统一，乔、灌、花、草等植物合理配置，花掩河湖，绿映堤岸。

在健康自然的基础上赋予河流以适宜

治理后实景

林带，设计河道蓝线控制范围内，利用现状的、大面积的池塘以及成片的树林，结合人工湿地技术，使滏阳河河道的水与湿地水面形成互动，完善湿地功能的同时营造一定的景观，为人们提供自然生态的良好环境。胡堂排干以北为现五中操场，设置为沙滩排球、攀岩等野外素质拓展等青少年运动区域。

3.4.5 水上世界游乐园

在位于京华桥与红旗大街之间，利用滏阳河河道自然的弯曲形成的大面积水域，结合现状地形，设计为以水上活动项目为主的娱乐园，不同的水体形态可适应不同游园活动的要求。在水池中，设计适量的水景、涌泉、跌水、雾泉等景观，以增强景区的可观性来活跃气氛。曲折多变的驳岸，在满足公园水上运动的同时也达到了观赏的功能。

3.4.6 历史民俗风情带

在红旗大街至铁道桥之间，即老桥上下游侧和老白干酒场以北的河段，设计一条具有历史风情与民俗文化相融合的景观长廊，力求展现衡水文化传统的内涵。位于该景观带的安济桥，是见证滏阳河兴衰的一座老桥，在设计中应该保护并运用现代技术进行修缮，重现"一弯长虹跨烟波，两岸绿树妆青青"的画卷场景。

的文化内涵，即适宜的造园文化，将其打造成一条气质非凡的魅力之河。结合周边城市规划和滏阳河工程河道设计现状的前提条件，设置了四个各具特色的景观节点，自上游至下游依次营造：生态湿地公园、水上世界游乐园、历史民俗风情带和水文化展示园。

3.4.4 生态湿地公园

在市区南环路滏阳河大桥以北，胡堂排干以南，现状为大片

3.4.7 水文化展示园

在西头桥枢纽管理所周围设计一个水文化展示园。水文化是人类社会历史发展过程中日积月累形成的关于如何认识水、利用水、治理水、爱护水、欣赏水的物质和精神财富的总和。要继承和发掘优秀的传统水文化，探索和发现现代都市的水文化，将现代技术、先进文化、科学理论引入城市河流整治中，采用多样的造景手法，将水幕电影、滨河文化广场、夜景灯光等有机融合，宣传和弘扬水文化，组织文学界、书画界、影视界等人士开展采风活动，创造优秀水文化产品，提升城市河流的文化价值。

3.5 绿化原则

因地制宜，适地适树，充分考虑当地的气候条件，进行合理分区，科学地应用植物材料，达到最好的生态效益，并使绿地系统能自我完善，减少养护工作量，保证可持续发展。

3.5.1 地域原则

尊重当地乡土树种，适当引入北方适宜生长的其他树种，同时注意选择耐旱省水、抗逆性强的品种，节约一定的施工造价、日常的养护工作，以及对水、中等费用的投资成本。

3.5.2 植物造景原则

突出植物造景，注重意境营造。以展示植物的自然美来感染人，充分利用植物的生态特点和文化内涵，针对不同的区域，突出不同的景观特色。同时运用植物材料组织空间，根据各区域位置和功能上的差异，有侧重地选择植物，体现植物在造园中的功能特性，创造有合有开，有张有弛，有收有放的不同的绿地空间。

3.5.3 变化发展原则

考虑植物的季相变化，和生长速度、树形树姿的变化。根据各种植物的观赏时期的不同，合理进行植物配置，做到各季有花可观，冬季有绿可见。注意不同树种的生长速度不同，将快长树和慢长树进行合理配置，既创造一定的短期就能实现的植物景观，又注意营造和维护长期的植物景观，再一次的保证可持续发展。

3.6 景观小品

3.6.1 街道家具的设计

在造型上要简洁大气，充分尊重人的使用需求，以实用为主，注意使用的舒适性、安全性和艺术性，要能在景观带中起到一定的美观点缀作用。

3.6.2 铺装设计

在铺装材质选用上可采用当地的花岗

治理后实景图

岩、板岩、木板等材料，再辅以其他的铺地材料，力求营造出活泼、自然、现代的铺装效果。

3.6.3 灯光照明设计

游步路进行方向布置庭院灯，满足基本照明功能。种植区中布置草坪灯，亲水堤岸的安全照明应重点设计，沿岸设计线性布置的地埋灯，可有效提示边界，增强安全性。在台阶处设计提示光源，以保证安全功能。

4 创新与总结
CHUANGXIN YU ZONGJIE....................●

滏阳河衡水市区段防洪排涝综合整治工程体现了新时期治水思路，在人水和谐的基本原则下，强调生态友好，实现水生态环境的可持续改善。滏阳河防洪排综合整治工程建成后通过补水恢复河道蓄水功能，同时通过对河道两侧堤坡护岸、堤防、滩地的设计，建设沿堤景观生态走廊。在河堤和水面之间，着眼于季相变化，科学性和艺术性相统一，乔、灌、花、草等植物合理配置，花掩河湖，绿映堤岸，使滏阳河成为一条健康、魅力和灵性的绿色生态带，既美化了城市环境又优化了生态。

通过综合整治，主要实现四个目标：一是营造出融合自然、历史、水文化、城市文化元素的"龙之韵"主题风景带，提高城市品位，改善人居环境；二是在防洪除涝安全的前提下，利用现状大西头闸及规划的侯庄节制闸，形成蓝色带状水域，维护河流健康生命，恢复滏阳河通航旧貌，体现人与河流、城市与河流、自然相和谐

的现代水利思想；三是根据分区和城市空间以及和周边用地性质的关系，在河道两岸修建绿色景观廊道及滨水园区；四是可腾出大片土地，用于城市开发建设。

整治后的滏阳河主河槽景观水面一般宽 60 ~ 120m，最宽处达 500m，水深 2.4 ~ 3.5m，河道整治将以"古河新韵、龙脉滏阳"为主题，结合城市规划和滏阳河工程河道现状，沿途布设多个各具特色的景观。其中，滏阳湖景区为滏阳河旅游景观项目的中心节点，以吴公河为主轴，建设滏阳楼、滏阳湖、滏阳广场、湖心岛、老龙亭古闸等。滏阳河主河槽水面 50 ~ 120m，最宽处 300m，水深 2.4 ~ 3.5m。目前效果显著，市民目前已经可以乘船游览滏阳湖，碧波荡漾的河水改善了衡水人民的生态环境，提升了城市品位，提高市民的生活质量和幸福指数，达到人与水、城市与河流相和谐，相信这项受广大衡水人民期盼已久的民心工程能够给人民带来真正的实惠，滏阳河也必将成为融深厚历史文化底蕴和现代秀美风情为一体的魅力之河。

滏阳河市区段综合整治工程使横跨在滏阳河上的安济桥迎来了新生。安济桥的桥墩包括分水尖等设施被从淤泥中挖了出来，桥两侧被土屯住的两个桥洞也被清理出来，远远看过去，安济桥又恢复了往日

的风貌。

安济桥已经深深融入衡水的历史文脉中，连名扬天下的衡水老白干，都是以老桥做商标。如果没有老桥，追寻衡水这座城市的根都会失去方向。如今，石桥还在，狮子还在，明月也在，将来河里面再引来清水，"衡桥夜月"的美景就可以重现了，衡水市民又多了休闲好去处。

滏阳河治理后实景图

水利部河北水利水电勘测设计研究院

河北省水利水电勘测设计研究院创建于1956年，并于1997年加冠了"水利部"称谓，亦称水利部河北水利水电勘测设计研究院（简称：河北院），总部驻美丽的海滨城市——天津，总院下属25个二级管理技术单位，其中在省会石家庄有总院下属的二级生产技术单位5个。

经历了半个多世纪的发展壮大，造就出了一大批高中级专业技术人才，积累了丰富的工程技术经验，取得了数百项精品工程成果。目前，是全国名列前茅的综合甲级工程勘测、设计、咨询单位。持有国家颁发的工程勘察、测绘、监测、设计、咨询、监理、地灾治理、招标代理、水利工程质量检测（岩土工程及量测）等甲级资质15项；近期以来新增建筑设计、给排水设计、水保监测、安全评价、安全生产标准化评审及生态修复等各类资质10余项，使业务范围得到了有效拓展。是"国家一级"科技档案管理单位；2013年5月取得了质量/环境/职业健康安全管理体系认证证书；2015年1月晋升为国家高新技术企业。

河北院现有在职职工1000余人，拥有正高级工程师、高级工程师400余人，持有注册建筑、结构、岩土、测绘、招标、监理、咨询、造价及水利水电等各类注册工程师780余人次，具有先进的勘察、测绘、设计、试验技术装备，藏有上百年历史形成的科技档案资料，是一支作风过硬、专业齐全、技术先进的专业技术团队，2012年获得省级文明单位称号。

河北院先后承担并完成了海、滦河流域规划和大型骨干河道治理、大中型水库的新建、扩建及除险加固工程、中小型水利水电工程和建筑、市政、交通等一大批重点工程的规划、勘察、设计、咨询、招标及监理等任务。近时期以来，承担完成了举世瞩目的南水北调中线总干渠工程（京石段）、省内配套工程的勘察设计工作及石家庄、唐山、承德、秦皇岛、衡水等城市河流水环境综合整治工程及河北省地下水压采项目。尤其在水库筑坝、防洪筑堤、城镇供水、农饮安全、水利景观、土地整理、3G技术应用以及三维协同设计等方面走在全国省院的前列，创造了显著的经济和社会效益。

河北院历经奋战，在科学技术进步方面取得了丰硕成果，共有270项勘测设计成果和科研项目获国家和省、部级奖励；其中60项成果达到了国际领先、国际先进和国内领先的水平。

图书在版编目（ＣＩＰ）数据

城市河湖生态治理与环境设计 / 孙景亮主编. -- 北
京 : 中国水利水电出版社，2016.1
ISBN 978-7-5170-4447-5

Ⅰ. ①城… Ⅱ. ①孙… Ⅲ. ①城市环境－水环境－环
境综合整治②城市环境－水环境－环境设计 Ⅳ. ①X52

中国版本图书馆CIP数据核字(2016)第138033号

书　　名	城市河湖生态治理与环境设计
作　　者	孙景亮 主编
出版发行	中国水利水电出版社
	(北京市海淀区玉渊潭南路1号D座　100038)
	网址: www.waterpub.com.cn
	E-mail: sales@waterpub.com.cn
	电话: (010) 68367658 (发行部)
经　　售	北京科水图书销售中心 (零售)
	电话: (010) 88383994、63202643、68545874
	全国各地新华书店和相关出版物销售网点
排　　版	中国水利水电出版社装帧出版部
印　　刷	北京博图彩色印刷有限公司
规　　格	260mm×250mm　12开本　24印张　436千字
版　　次	2016年1月第1版　2016年1月第1次印刷
印　　数	0001—3000册
定　　价	280.00元（附光盘1张）